U0380812

张 东 柯才焕 孙慧玲 主编

海珍品
绿色养殖新技术
——海马 鲍 海参

中国农业出版社

北 京

2月龄的幼海马

橙色幼海马

怀孕的雄海马

雌海马

聚群的海马

栖息的海马

鲍　苗

绿盘鲍

西盘鲍

杂色鲍"东优1号"

皱纹盘鲍

刺参苗种

正在产卵的雌参

海参养殖池塘铺设的附着基

池塘网箱中间培育

海上网箱中间培育

筏式吊笼养殖装苗

本书编委会

主　编　张　东　柯才焕　孙慧玲

副主编　林听听　谭　杰　骆　轩

编著者（按姓氏拼音字母排列）

　　　　高　菲　柯才焕　林听听

　　　　刘　鑫　骆　轩　荣小军

　　　　孙慧玲　谭　杰　王印庚

　　　　游伟伟　张　东

前　言

　　海马是传统名贵中药，素有"北方人参、南方海马"之称；鲍、海参是传统的名贵海珍品。

　　由于市场需求与日俱增，滥捕乱捞日益严重，加之生境破坏，致使全球海马资源量自20世纪90年代末期就急剧下降。调查显示，在过去10年间，全球海马产量下降近70%。我国海马资源也遭受严重破坏，曾经的常见种冠海马在20世纪90年代末已难觅踪迹，库达海马已于2015年起不见踪影。鉴于此，2004年海马属中的所有种均已被列入《濒危野生动植物种国际贸易公约》（CITES）附录Ⅱ中，我国也将海马列为二级保护动物。

　　我国是最早开始海马人工养殖的国家。自1958年广东汕头海水养殖场进行三斑海马养殖试验以来，国内逾10家科研单位开展了一系列卓有成效的研究工作。但因我国本土种养殖成活率低，不是适宜的大规模养殖对象，我国规模化海马养殖一直不理想。21世纪初，我国引进了灰海马（*Hippocampus erectus*），又称线纹海马，是目前公认的适宜规模化养殖的优秀品种。该种引进后，我国科研人员进行了系统研究，已实现了规模化生产，海马人工养殖已逐渐成为了我国沿海地区的新兴产业。

　　我国鲍养殖研究始于20世纪60年代，70年代先后取得杂色鲍和皱纹盘鲍的人工育苗成功，并于80年代中后期在辽东、山东半岛开展皱纹盘鲍人工养殖试验，并取得成功。经过近40年的发展，目前我国已成为世界鲍养殖大国，产量呈逐年攀升之势，逐步形成了以福建、山东为主养区和南北接力养殖的新格局。2017年，我国鲍养殖产量达148 539吨，占世界鲍养殖总产量的86%。这除了得益于我国拥有巨大的鲍市场和优良的养殖自然条件外，也归功于广大水产科技工作者及养殖业者的智慧和不懈努力。

　　海参种类繁多，主要经济品种是刺参，是我国北方最重要的养殖品种之一。我国规模化刺参人工育苗技术于 20 世纪 80 年代初步掌握，90 年代池塘养殖开始大规模发展。经过数十年的不懈努力，刺参人工繁育和养殖技术发生了巨大变化。2018 年我国刺参产量达到 174 340 吨，养殖面积达到 238 183 公顷，苗种产量达到 562 亿头，行业产值超过 200 亿元。

　　鉴于近年来我国在海马、鲍、海参的生物学、人工育苗与养殖技术、新品种培育等方面的研究取得重要进展，为了更好地推动海马、鲍、海参养殖产业健康发展，我们将海马、鲍、海参养殖研究和生产取得的新进展加以整理充实，编写了此书。本书内容丰富，相关基础理论扎实，技术先进，实用性和可操作性强，文字通俗易懂、图文并茂，可供沿海地区广大水产养殖者、水产技术推广人员以及有关院校师生阅读参考。

　　本书的三个编写团队是我国相关领域的优秀团队。中国水产科学研究院东海水产研究所张东研究员团队自 21 世纪初以来，致力于海马人工繁养的基础研究和生产研究，在科研和生产第一线积累了宝贵的知识和经验。本书汇集了东海水产研究所研究团队 10 年的研究成果，并总结了其他团队在海马领域的最新科技成果和养殖经验。

　　厦门大学柯才焕教授团队长期从事鲍的遗传育种研究，在鲍种质资源保存与利用、重要经济性状基础解析、基因组选择育种技术创新等方面取得一系列研究成果，培育出 3 个国家级水产新品种：杂色鲍"东优 1 号"、西盘鲍和绿盘鲍，所培育的鲍新品种养殖性能优异，深受业者欢迎。

　　中国水产科学研究院黄海水产研究所孙慧玲研究员团队从事刺参研究已有数十年，在进行基础研究的同时，长期深入刺参生产一线，对刺参养殖产业的发展具有深刻认识。数十年的科研工作积累和丰富的生产实践经验，是本书得以不断丰富和完善的坚实基础。

　　因基础研究、技术研发日新月异，而作者精力水平有限，疏漏和不足之处在所难免，恳请读者予以批评指正，提出宝贵意见，以便再版时修正。

编著者
2020 年 6 月

目　录

C O N T E N T S

第二部分　鲍

第三部分　海　参

第一部分 海 马

第一章 1

海马基础生物学

第一节 海马分类、种类及地理分布

一、分类地位

海马隶属于脊索动物门（Chordata）、硬骨鱼纲（Osteichthyes）、刺鱼目（Gasterosteiformes）、海龙亚目（Syngnathoidei）、海龙科（Syngnathidae）、海马属（*Hippocampus* Rafinseque，1810），是一种特别的海洋硬骨鱼类。因其外形独特，头部似马，头与躯干部近直角，且躯干曲线优美，故称海马（图1-1）。又名马头鱼、龙落子、水马。

图 1-1 海　马

二、种类及地理分布

海马喜欢生活在水质清洁，水藻、红树林、珊瑚等丰富的海域，广泛分布在太平洋、大西洋、印度洋沿岸 70 多个国家，以温带、亚热带和热带海域分布最多，尤其是北纬 40° 和南纬 40° 之间的沿岸浅水区域。海马属最早是由 Rafinesque 在 1810 年命名建立的，模式种为林奈 1758 年描述的

Hippocampus hippocampus，直到现在还有很多海马种被发现。目前，已知的海马属约有 60 个有效种，名称及主要的分布地区见表 1-1。

表 1-1 海马属的有效种及全球分布

序号	常用名	学名	命名人和命名时间	分布
1	膨腹海马	*Hippocampus abdominalis*	Lesson，1827	西南太平洋：澳大利亚和新西兰
2	翼海马	*Hippocampus alatus*	Kuiter，2001	西太平洋：澳大利亚北部和东南部
3	西非海马	*Hippocampus algiricus*	Kaup，1856	中大西洋东部：塞内加尔到安哥拉
4	窄腹海马	*Hippocampus angustus*	Günther，1870	印度洋东部：澳大利亚西北部
5	鲍氏海马	*Hippocampus barbouri*	Jordan & Richardson，1908	西太平洋：苏禄海南部
6	巴氏豆丁海马	*Hippocampus bargibanti*	Whitley，1970	西太平洋：印度尼西亚、巴布亚新几内亚、昆士兰
7	假眼海马	*Hippocampus biocellatus*	Kuiter，2001	东印度洋：西澳大利亚鲨鱼湾海区
8	留尼汪海马	*Hippocampus borboniensis*	Duméril，1870	西印度洋：毛里求斯和南部非洲东海岸
9	短吻海马	*Hippocampus breviceps*	Peters，1869	印度洋：澳大利亚西南部
10	驼背海马	*Hippocampus camelopardalis*	Bianconi，1854	西印度洋：坦桑尼亚、莫桑比克和南非（假湾）
11	南非海马	*Hippocampus capensis*	Boulenger，1900	大西洋东南部：南非
12	卡氏短吻海马	*Hippocampus casscsio*	Zhang，Qin，Wang & Lin，2016	中国海南沿海
13	克里蒙氏豆丁海马	*Hippocampus colemani*	Kuiter，2003	太平洋西南：豪勋爵岛
14	虎尾海马	*Hippocampus comes*	Cantor，1849	西太平洋：马来西亚、新加坡、越南和菲律宾
15	冠海马	*Hippocampus coronatus*	Temminck & Schlegel，1850	太平洋西北：日本
16	新喀里多尼亚多刺海马	*Hippocampus curvicuspis*	Fricke，2004	西太平洋：新加勒多尼亚

（续）

序号	常用名	学名	命名人和命名时间	分布
17	低冠海马	*Hippocampus dahli*	Ogilby，1908	澳大利亚东北海岸：达尔文到布里斯班
18	软珊瑚海马	*Hippocampus debelius*	Gomon & Kuiter，2009	红海：埃及赫尔格达
19	丹尼斯豆丁海马	*Hippocampus denise*	Lourie & Randall，2003	西太平洋：印度尼西亚、瓦努阿图和帕劳
20	灰海马/线纹海马	*Hippocampus erectus*	Perry，1810	西大西洋：加拿大、墨西哥海湾北部、巴拿马和委内瑞拉
21	费雪氏海马	*Hippocampus fisheri*	Jordan & Evermann，1903	西太平洋：夏威夷、豪勋爵岛和新加勒多尼亚
22	西印度洋海马	*Hippocampus fuscus*	Rüppell，1838	印度洋：红海、沙特阿拉伯、吉布提和斯里兰卡
23	大头海马	*Hippocampus grandiceps*	Kuiter，2001	西太平洋：卡奔塔利亚湾、澳大利亚
24	欧洲长吻海马	*Hippocampus guttulatus*	Cuvier，1829	荷兰、摩洛哥，不列颠、加那利、亚速尔群岛、马德拉群岛，地中海
25	韩国海马	*Hippocampus haema*	Han，Kim，Kai & Senou，2017	太平洋西北部：日本、韩国、朝鲜
26	东方多棘海马	*Hippocampus hendriki*	Kuiter，2001	西太平洋：澳大利亚昆士兰州
27	欧洲短吻海马	*Hippocampus hippocampus*	Linnaeus，1758	不列颠、亚速尔、加那利群岛和非洲海岸的几内亚、地中海
28	刺海马	*Hippocampus histrix*	Kaup，1856	印度洋：坦桑尼亚和南非，夏威夷和塔希提岛，日本
29	太平洋海马	*Hippocampus ingens*	Girard，1858	东太平洋：美国加州圣地亚哥和秘鲁
30	贾氏海马	*Hippocampus jayakari*	Boulenger，1900	西印度洋：红海和阿拉伯海
31	领海马	*Hippocampus jugumus*	Kuiter，2001	太平洋西南：豪勋爵岛
32	平滑海马	*Hippocampus kampylotrachelos*	Bleeker，1854	

（续）

序号	常用名	学名	命名人和命名时间	分布
33	大海马/克氏海马	*Hippocampus kelloggi*	Jordan & Snyder, 1901	印度洋：巴基斯坦、印度、日本南部及夏威夷
34	库达海马	*Hippocampus kuda*	Bleeker, 1852	西太平洋：东非、红海、日本和豪勋爵岛及澳大利亚
35	勒氏海马	*Hippocampus lichtensteinii*	Kaup, 1856	西印度洋：红海
36	牛颈海马	*Hippocampus minotaur*	Gomon, 1997	西南太平洋：澳大利亚东南部
37	日本海马	*Hippocampus mohnikei*	Bleeker, 1853	西太平洋：日本和越南
38	蒙特贝洛海马	*Hippocampus montebelloensis*	Kuiter, 2001	东印度洋：蒙特贝洛群岛、澳大利亚西部
39	北方刺海马	*Hippocampus multispinus*	Kuiter, 2001	西太平洋：澳大利亚北部及巴布新几内亚
40	矛盾海马	*Hippocampus paradoxus*	Foster & Gomon, 2010	东印度洋：西澳大利亚
41	巴塔哥尼亚海马	*Hippocampus patagonicus*	Piacentino & Luzzatto, 2004	大西洋西南：阿根廷
42	平面海马	*Hippocampus planifrons*	Peters, 1877	印度洋、珊瑚海：澳大利亚东北、西北部
43	彭氏豆丁海马	*Hippocampus pontohi*	Lourie & Kuiter, 2008	东南亚：印度尼西亚
44	高冠海马	*Hippocampus procerus*	Kuiter, 2001	西太平洋：澳大利亚昆士兰州
45	豆丁刺海马	*Hippocampus pusillus*	Fricke, 2004	西太平洋：新加勒多尼亚
46	昆士兰海马	*Hippocampus queenslandicus*	Horne, 2001	西太平洋：澳大利亚昆士兰州
47	长吻海马	*Hippocampus reidi*	Ginsburg, 1933	西大西洋：美国北卡罗来纳、百慕大、巴哈马群岛、巴西
48	萨托米豆丁海马	*Hippocampus satomiae*	Lourie & Kuiter, 2008	东南亚：印度尼西亚
49	半柱海马	*Hippocampus semispinosus*	Kuiter, 2001	西太平洋：印度尼西亚

（续）

序号	常用名	学名	命名人和命名时间	分布
50	塞氏豆丁海马	*Hippocampus severnsi*	Lourie & Kuiter, 2008	太平洋：印度尼西亚、日本、巴布亚新几内亚、所罗门群岛
51	花海马	*Hippocampus sindonis*	Jordan & Snyder, 1901	西北太平洋：日本南部和南部的朝鲜半岛
52	棘海马	*Hippocampus spinosissimus*	Weber, 1913	印度洋：斯里兰卡、中国台湾和澳大利亚
53	西澳海马	*Hippocampus subelongatus*	Castelnau, 1873	东印度洋：澳大利亚西南地区
54	普通海马	*Hippocampus taeniopterus*	Bleeker, 1852	印度尼西亚莱姆贝海峡
55	三斑海马	*Hippocampus trimaculatus*	Leach, 1814	印度洋：印度南部到日本、澳大利亚和塔希提岛
56	泰洛海马	*Hippocampus tyro*	Randall and Lourie, 2009	西印度洋：塞舌尔
57	瓦利亚软珊瑚豆丁海马	*Hippocampus waleananus*	Gomon and Kuiter, 2009	亚洲：印度尼西亚
58	怀氏海马	*Hippocampus whitei*	Bleeker, 1855	西南太平洋：所罗门群岛和澳大利亚
59	条纹海马	*Hippocampus zebra*	Whitley, 1964	西太平洋：澳大利亚东北部
60	小海马	*Hippocampus zosterae*	Jordan and Gilbert, 1882	西大西洋：百慕大群岛、美国佛罗里达、巴哈马群岛和墨西哥湾

三、我国海域的主要海马种类

关于我国海域的海马种类，早期认为有 6 种。韩松霖研究发现，我国海域主要分布有克氏海马（*H. kellogi*）、日本海马（*H. mohnikei*）、三斑海马（*H. trimaculatus*）、刺海马（*H. histrix*）、库达海马（*H. kuda*）和冠海马（*H. coronatus*）6 种。渤海有冠海马和日本海马；黄海有日本海马和三斑海马，主要以日本海马为主，三斑海马偶见；而东海则以三斑海马为主，日本海马偶见；南海种类较多，有刺海马、库达海马、日本海马、三斑海马、克氏海马。资源量方面，冠海马自 2000 年起在资源调查中已难见踪迹；而库达海马自 2015 年起在南海海域已极少捕获；日本海马、三斑海马、刺海马和克氏海马虽常有渔获，但资源量较 1962 年《南海鱼类志》、1963 年《东海鱼类志》所记载的大幅下降。目前，我国海马干品每年产量仅为 35～40 吨，较 20 世纪 60～70 年代下降了 50% 以上。

2010 年起，中国科学院南海海洋研究所科研团队对我国沿海的海马资源进行了普查。结果发现，除了普查到上述的 5 种海马外（冠海马因灭绝原因没有被普查到），此次普查还发现了虎尾海马（*H. comes*）、鲍氏海马（*H. barbouri*）、太平洋海马（*H. ingens*）和棘海马（*H. spinosissimuis*）。其中，虎尾海马主要分布在南海海域，鲍氏海马和太平洋海马主要分布在东海和南海海域，而棘海马主要分布在黄海和渤海海域。资源量方面，虎尾海马和棘海马居多，太平洋海马次之，而鲍氏海马最少。

四、我国海域主要海马种类的特征

我国海域主要海马种检索表如下：

1（2）背鳍基短，具 10～13 分支鳍条；顶冠高；棘也高；体环 10＋38～48（分布：黄海、渤海）……………………………………………………… 冠海马 *H. coronatus*

2（1）背鳍基长，具 15～21 分支鳍条

3（10）背鳍 16～18；体环 11＋35～38

4（7）体上具发达的棘

5（6）背鳍 18；胸鳍 18；体环 11＋35～36（分布：东海、南海）…… 刺海马 *H. histrix*

6（5）背鳍 17～18；胸鳍 16～17；体环 11＋36～37（分布：东海、南海）…………………………………………………………………… 棘海马 *H. spinosissimuis*

7（4）体上无发达的棘

8（9）背鳍 17；胸鳍 16；体环 11＋35～38（分布：渤海、东海、南海）…………………………………………………………………… 库达海马 *H. kuda*

9（8）背鳍 16～17；胸鳍 13；体环 11＋37～38（分布：黄海、渤海、东海、南海）…………………………………………………………………… 日本海马 *H. mohnikei*

10（3）背鳍 18～21；体环 11＋39～41

11（12）背鳍 20～21；胸鳍 17～18；体环 11＋40～41；体侧背方第一、四、七节各具一大黑色圆斑（分布：东海、南海）…………………… 三斑海马 *H. trimaculatus*

12（11）背鳍 18～19；胸鳍 18；体环 11＋39～40；体上具有线状斑点或呈纹状（分布：渤海、东海、南海）………………………………………… 克氏海马 *H. kellogi*

1. 克氏海马 身体呈扁长形且弯曲，体型较大，体长可达 30～35 厘米，体色多呈黄白色。躯干部体环 11 节，尾部体环 39～40 节；背鳍鳍条 18～19 根，胸鳍鳍条 18 根；体表各骨环的棱棘短钝而不发达，但头部及腹侧处的棱棘较突出。嘴巴（吻）较长，相当于眼眶后之头长。克氏海马分布于我

国台湾、广东、海南、广西沿海一带，常栖息于水深 100 米以下较深的海区。

2. 三斑海马 又称斑海马。体型中等，最大个体可达 18～20 厘米。躯干部体环 11 节，尾部体环 40～41 节；背鳍发达，鳍条 20～21 根，胸鳍短宽略似扇形，鳍条 17～18 根；体上各骨环略呈突起状，除头部眼上方及颊部下方的小棘较发达外，其余各棱棘均不明显。体色通常呈黄褐色或黑褐色，眼上有放射状褐色斑纹，幼体多呈金黄色。三斑海马与其他海马比较，最明显的特征是雄性体侧背部第一、四、七体环的背处各有一大黑色圆斑，故称三斑海马。三斑海马广泛分布于我国广东、福建、广西等地的沿海一带，一般栖息的水域较浅，大多数在 60 米水层之内。

3. 日本海马 又称莫氏海马。体型最小，最大个体仅 8～10 厘米，一般个体仅 6～8 厘米。躯干部体环也为 11 节，尾部体环 37～38 节；背鳍鳍条 16～17 根，胸鳍鳍条 13 根；体上骨环隆起，以背侧棱棘较发达，其他棱棘均短钝或不明显；吻短，约为头长的 1/3；身体常卷曲成一团，呈黑色。日本海马在我国南北沿海一带均有出现，一般栖息的水域较浅，大多数在 50 米水层之内。

4. 刺海马 体型较大，最大个体为 24～26 厘米，体色呈淡黄褐色。躯干部体环也为 11 节，尾部体环有 35～36 节；背鳍鳍条 18 根，胸鳍鳍条也为 18 根；体上各骨环隆起之棱棘特别发达，像一个个尖锐的小刺，尤以背部第一、四、七节棱棘更其（这是刺海马有别于其他种类的特征），但腹部及靠近尾尖处的棱棘，则较为短钝；吻长，稍长于眼眶后之头长；头冠不高，顶具 4～5 个尖锐的小刺。刺海马数量较少，年产量很少，主要分布于我国广东省西部及海南省南部沿海较深水域。

5. 库达海马 又称管海马，大海马，部分地区也称黄海马。体型稍大，最大个体为 22～24 厘米。体色呈淡黄褐色或灰黑色，带有细小暗黑斑纹和白色绒状小斑点。身体环节与刺海马相同；背鳍发达，呈扇形，鳍条 17 根，胸鳍短小，鳍条 16 根；头冠顶端具 5 个短钝粗棘；体上各骨环隆起的棱棘较钝，不尖锐；头部弯曲与躯干部所形成的夹角较小；吻呈管状细长，其长恰等于眶后头长。库达海马分布广、产量高，在我国广东省汕头、惠阳、湛江以及海南省沿海及北部湾沿岸均有分布，目前已难见踪迹。

6. 冠海马 体长较短，体长在 10 厘米左右，侧扁且较小。体色呈淡褐色，且具有暗色的斑纹，有时也呈褐色，背鳍也有暗色的纵带。吻短，头长为吻长的 2 倍左右；头冠特别高大，几乎等于吻长；背鳍鳍条较少，为 13～14 根，胸鳍鳍条 14 根；体环 1、4、10 各节及尾环 4、10、15 节上的突起较长。

在我国仅产于渤海和黄海北部。

7. 棘海马 棘海马头部与躯干部几成直角,顶冠中等高,具 4~5 个长而尖锐之棘,最长棘短于顶冠;体部各棱脊上之结节发育完全呈长而尖锐之棘,但长度短于眼径。吻部略长,但不及头部的 1/2,约为头长的 3/4。骨环 11+36~37;背鳍鳍条 17~18;胸鳍鳍条 16~17。体色多样,包括绿褐色或灰褐色。主要栖息具海藻床的礁石区,栖息深度可达 70 米。分布于印度-西太平洋海域,包括斯里兰卡、中国台湾及澳洲等附近海域。中国台湾分布于南部、东北部、小琉球及澎湖海域。

五、我国从境外引入的海马种类

由于攻克海马规模化人工繁养技术的需要,自 2009 年起,我国从境外引入海马,以期与我国的土著种相互比对和相互借鉴。主要引入种类有两个:分别是灰海马($H.$ $erectus$)和膨腹海马($H.$ $abdominalis$)。

1. 灰海马 又名线纹海马。原产于美洲地区,分布于西大西洋周围的美国、加拿大、墨西哥、巴拿马和委内瑞拉等海域。体长可达 27~30 厘米,躯干部体环 12 节,背鳍鳍条 18~19 根,胸鳍鳍条 18 根。身体侧扁,腹部凸出,除头及腹侧棱较发达外,体上各棱均短钝,呈瘤状;头冠低小,尖端有 5 个短小棘;体侧有不规则的白色斑块及深浅不一的线纹(图 1-2)。

2. 膨腹海马 又称大肚海马。分布于西南太平洋周围的澳大利亚南部和新西兰等海域。体长可达 35 厘米,躯干部体环 12~13 节,背鳍鳍条 27~28 根,胸鳍鳍条 15~17 根。肚子圆鼓,具有突出的圆形眼棘。体灰白色,在头部与躯干上有数量较多的黑色大斑点,并且雄鱼的黑色斑点比雌鱼多(图 1-3)。

图 1-2 灰海马

图 1-3 膨腹海马

第二节 海马生物学特性

一、外部形态

海马名字很大程度源于其极具特色的形貌，头部呈马头状，外形也与普通鱼类差异很大（图1-4）。海马头部弯曲，与躯干部成一大钝角或直角。头每侧有2个鼻孔，顶部具突出冠，冠端具小棘；体表无鳞；吻呈管状，口小，端位，不能张合，无齿；鳃孔小；全身完全由骨环包裹；有一无刺的背鳍，无腹鳍和尾鳍，背鳍位于躯干及尾部之间，臀鳍短小，胸鳍发达；尾部细长呈四方棱形，尾部由多个骨环组成，尾端细尖，能卷曲，常呈卷曲状（图1-5）。据最新研究发现，海马方形的尾巴构造使其能更好地发挥抓握和抗压作用。这种构造可用于工业、军事、医药领域的机械臂、假肢、支架等仿生设计中。成年海马的性别从外观上很容易区分，雄鱼具有育儿囊，位于躯干下腹面，且身体与头有较发达的棘，而雌鱼没有育儿囊，体表相对平滑。海马体色多变，斑纹

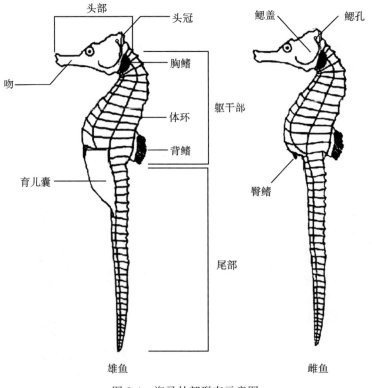

图 1-4 海马外部形态示意图

多样，常见的体色有橘色、黄色、米黄色、墨绿色、灰白色、棕褐色、灰黑色等；斑纹有线条状、放射状、圆点状、不规则块状等。海马大小因种而异，体长一般为3～30厘米，最大个体可达35厘米。

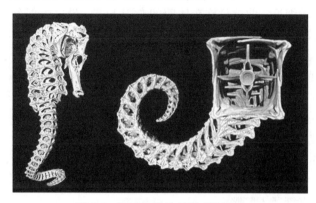

图1-5　海马骨骼的显微CT图像

（摘自Porter et al.，2015）

二、内部构造

将海马的头部自吻端至鳃盖后缘侧面解剖开，即可见到口腔和鳃。口腔很大，但光滑无物。再将海马的腹部从肛门向上剪开，掀起其骨质皮膜，便可见到海马的内脏是由一层白色结实的腹膜包裹着，打开腹膜，即可清楚地见到内脏器官（图1-6）。

1. 呼吸器官——鳃　鳃为鲜红色，位于头冠下方咽喉的两侧，每侧一副，各有5条鳃弧。第一条鳃弧只有3～4个鳃片附在鳃腔壁上，无鳃弧骨与血管相通，故为假鳃。其余每侧4条鳃弧上均有许多楔形鳃片，其中第二与第五鳃弧有12～14片，第三与第四鳃弧为14～16片，鳃片交错排列成2列。每个鳃片由许多鳃丝构成，有粗大的出鳃和入鳃血管及许多毛细血管。每条鳃弧骨有2行细小的鳃耙。

2. 消化系统

（1）口　管状，无齿、无舌。食物和水进口腔，水流经过鳃耙过滤入鳃腔，食物经咽喉被送入食管。

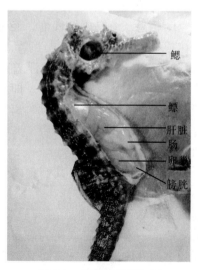

图1-6　雌海马脏器解剖

（2）**食管**　短而较粗，适应海马吞食完整的食物。前端接咽喉，后端通入肠。

（3）**无胃**

（4）**肠**　较细长，曲折盘旋在体腔的左腹下方。最后一部分为直肠，较粗大，肠壁也比较厚。直肠末端即为肛门，肠的总长度约等于海马体全长的1/2。

（5）**肝、胆**　肝脏为黄色片状。分为前后两部：前部接近于心腹隔膜，为2小叶，把胃的前端包围住；后部为1叶，较长，超过胃的长度，位于体腔右腹侧，有管与胃相通。肝脏布满许多树枝状的红色毛细血管。胆囊埋在肝脏中部靠近胃的一侧，呈椭圆形，为深绿色。

3. 泄殖系统

（1）**肾脏**　为排泄器官。位于脊柱之下，紧贴在体腔的背面，几乎等于整个腹腔的长度，由腹膜与其他内脏相隔开，暗红色，呈长片状。前端窄而薄、后端较宽厚，有管通入膀胱。

（2）**精巢**　为雄性生殖器官，左右各1个。呈白色管状，细而长，位于腹膜背侧下方。输精管较短，左右两管合二为一，通入泄殖腔。

（3）**卵巢**　为雌性生殖器官，也是1对。较粗大，呈长囊状，位于体腔背侧下方。成熟时，体积占腹腔很大的一部分。卵巢膜较薄而透明，卵粒清晰可见，呈橘红色。2个卵巢也是由1条很短的输卵管通入泄殖腔。

（4）**泄殖腔**　输卵（精）管和膀胱均开口于此，最后由泄殖孔排出体外。

三、生态

1. 栖息　海马生性懒惰，经常缠绕在或附着于珊瑚、海藻的茎枝上（图1-7），有时也倒挂于漂浮着的海藻或其他物体上，随波逐流。即便为了摄食或调情等其他原因暂时离开附着物，但游动一段时间之后，又会找到附着体附着其上。

不同种类的海马，其栖息的自然环境也不同。根据海洋生物学家观察，库达海马喜欢栖息在风平浪静、水质清洁、水较深、底质为礁石、沙砾较多的外海港湾；三斑海马则喜欢栖息在沿海海藻繁生和岩礁较多的地

图1-7　海马常用尾部缠绕在海藻茎枝之上

方；克氏海马和刺海马则喜欢栖息在离岸较远、水较深的岩礁、珊瑚礁海底；日本海马常见于内湾有沙砾、碎贝壳的浅滩上。

2. 运动 海马的运动能力不强，游泳能力较其他鱼类弱。海马的游泳姿态分为直立泳姿和水平泳姿两种。①直立泳姿：泳姿十分优美，常见于觅食时的漫游。海马身体直立于水中，头部与躯干接近直角，尾部通常卷曲，几乎不起推动作用，推动力完全来自背鳍和胸鳍高频率地摆动（图 1-8）。直立游动时，海马的背鳍扮演着其他鱼类尾鳍的作用，各鳍条有节律地摆动，每秒钟可摆动 10 余次，击荡着海水，向前游动。直立游泳速度缓慢，每秒钟仅达 1.6～5 厘米，持续时间可达数分钟。②水平泳姿：常见于追逐食物或避敌时的急游。海马身体水平，尾部伸直，头部尽量往前探，与躯干呈很大的钝角，这种泳姿与其他梭型鱼类无异（图 1-9）。水平游泳速度较快，每秒钟可达 30 厘米，但持续时间短，仅能保持数秒或十几秒。

图 1-8 海马直立泳姿

美国亚利桑那州立大学和德州理工大学的研究团队通过生物力学和运动学模型分析指出，海马是种不善游泳的鱼类，这使得它们与其他鱼类竞争食物时处于劣势，但海马的直立头部很好地弥补了这种劣势。海马直立的头部，加上能转动的眼睛，确保了它们能比其他鱼类获得更广的视野范围。所以，海马在寻找食物时是直立游泳，为了获得更广的视野范围。一旦发现食物，它们依旧选择直立游泳，缓慢靠近以免惊扰食物，只有相当接近食物时才转为水平游泳奋力一击，这是一种很高明的捕食策略。另外，海马管状的吻部还能使海马在直立游泳中获得一个额外向前的捕食位移，这对海马瞬间吞吸猎物具很大的辅助作用（图 1-10）。

图 1-9　海马捕食时的水平泳姿

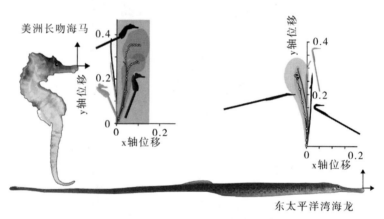

图 1-10　运动力学模型表明捕食过程中，相较于头部水平的海龙，头部
直立的海马能获得一个额外向前的捕食位移（x 轴位移）
（摘自 Wassenbergh et al.，2010）

　　海马一般多在上午或下午或饥饿觅食时活动，尤其是黎明、早晨、傍晚更加活跃，幼体比成体活跃。海马吃饱后活动较少，晚上则缠绕在附着物上处于休息状态（图 1-11、图 1-12）。

　　3. 摄食　海马依靠视觉和嗅觉寻找食物，通过鳃盖、吻的伸张和回缩活动来吞吸食物。海马对饵料的类型具有一定选择性，主要以与吻径合适的新鲜活饵为主。在自然海区，海马主要摄食小型甲壳类动物，包括枝角类、桡足类、蔓足类藤壶幼体，虾类如丰年虾、萤虾、糠虾和钩虾的幼体和成体。海马觅食视距为 1 米左右，发现小活虾时，便跟踪追逐直至游近。当到达捕食范围

图 1-11　成体海马吃饱时常
缠绕在塑料管上

图 1-12　夜间海马缠绕在附着物上
处于休息状态

之内时，海马颊部鼓起，双眼和吻部紧盯瞄准猎物，猛一瞬间管状长吻一探一吸，将活虾吞食下去（图 1-13、图 1-14）。当遇到个头稍大、无法直接吞咽的活虾时，数条海马会选择撕扯的方式，将活虾撕开吞咽下去。

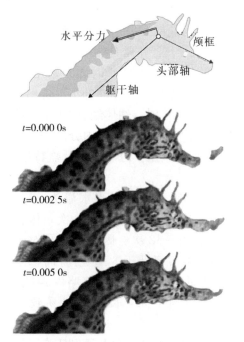

图 1-13　海马捕食活饵瞬间
（摘自 Wassenbergh et al.，2010）

图 1-14　海马摄食冰冻糠虾

海马的摄食量与海马个体大小、水温高低、水质好坏密切相关。个体小，相对摄食率高；个体大，相对摄食率降低。在正常情况下，小于 5 厘米的幼苗，每天可进食超过 500 只桡足类，大概相当于其体重的 15%～18%；体长 6～10 厘米的幼苗，每天摄食量为其体重的 10% 左右；成体海马每天可进食超过 100 只糠虾，摄食量占其体重的 6%～8%。当水温升高时，海马食欲相应增强；如果水质较差或者恶化时，则食欲下降，甚至拒食。

4. 对水环境的适应性

(1) 温度　海马适宜水温为 12～32℃，因种而异，差别很大。一般而言，暖水种适温高（如虎尾海马最适温度为 26～28℃）；冷水种适温低（如膨腹海马最适温度为 18℃ 左右）。地理分布广的种适温广。海马最高临界水温因种而异，日本海马适应性稍强，可达 35～36℃；库达海马和三斑海马为 33～34℃。海马生存的临界低温也因种而异，日本海马可生活在 3～4℃ 的水温中；库达海马在水温 8～9℃ 时将出现死亡的危险；而三斑海马在水温 10℃ 左右即会发生死亡。

(2) 盐度　海马对盐度的适应范围较广，在盐度 8～34 范围内均可生活，其中，最适盐度为 12～30。海马成体和幼体的耐盐能力差别不大。海马具较强的耐低盐能力，低盐条件下的生长存活表现甚至优于正常自然海水。研究表明，当盐度从 32 缓慢降至 10 时，库达海马的幼体经过 24 小时即开始死亡；但在盐度 15 时，幼体的存活率和生长率显著高于盐度 32。相同的情况也出现在灰海马（*H. erectus*）中，当盐度从 32 缓慢降至 7 时，幼体经过 24 小时即开始死亡；但在盐度 14 时，幼体的生长存活、渗透调节、免疫内分泌表现均优于盐度 30；在盐度 14 的水中，灰海马也能正常繁殖。海马的耐低盐特性，证实了其在低盐水域养殖的可行性。

(3) 溶解氧　海马新陈代谢较为旺盛，呼吸率较高。当水温为 28～29℃ 时，体长 7～8 厘米的三斑海马，每分钟呼吸可达 120～128 次；体长 16～18 厘米的库达海马，每分钟呼吸次数为 55～62 次。因此，海马对水体中的溶解氧要求一般需在 4 毫克/升以上；溶解氧低于 3 毫克/升时，海马食欲减弱、易浮头，常因呼吸加快通过咽肌收缩而发出"咯咯"声响。这与其摄食水面饵料时所发出的"咯咯"声响不同，长期缺氧易致死亡。

(4) 光照　海马对光照度有一定的要求，光线太弱或太强均不利于海马的活动和摄食。成体适宜的光照度为 1 000～5 000 勒；幼体适宜的光照度为 1 000～3 000 勒，并且幼体具有较强的趋光性。

第三节 海马价值

一、药用价值

海马的药用价值很高，是传统名贵中药材，素有"南方人参"之称（图1-15）。海马性温、味甘，具有温肾壮阳、舒筋活络、消炎止痛、止咳平喘、镇静安神、抗衰老、抗血栓、抗肿瘤等效果。作为传统的补益中药，在我国已有几千年的历史。早在南朝梁时陶弘景编著的《本草经集注》中已有记载，时称"水马"；公元741年陈藏器在《本草拾遗》中首次使用海马之名；而明朝李时珍在《本草纲目》中记载："海马，主难产及血气通；暖水脏，壮阳道；消瘕块，治疗疮肿毒"。历经千年的实践和验证，海马被收录于《当代中国药典》。因此，海马在我国中医药上具有特殊的地位，与人参、灵芝、龙涎香、雪莲、何首乌、燕窝、麝香、冬虫夏草、鹿茸并列为中国中医的十大名贵药材。除我国外，韩国、日本、新加坡、马来西亚、菲律宾、印度尼西亚（爪哇和苏拉威西）等国家（地区）也都有将海马入药的记载。

另外研究发现，海马体内含有丰富的微量矿物元素，如锌（Zn）和硒（Se）。海马的锌是所有微量元素中含量最高的，约80毫克/千克，与传统的富锌水产制品如牡蛎等（100毫克/千克）相差无几。另外，海马的硒含量非常高，约2.5毫克/千克。根据富硒食品硒含量分类标准（DB36/T 566—2017）记载，水产制品硒含量一般为0.05～0.1毫克/千克，可见，海马的硒含量是富硒水产制品的20倍，这也是海马极具药效价值的原因之一（图1-15）。

图1-15 海马为名贵中药材

1. 药用海马种类 从进化角度讲，所有海马都能入药。全球海马据记载可以作为药物使用的共有13种（表1-2），我国药典收录了本土产5个药用种，即克氏海马、三斑海马、库达海马、刺海马和日本海马。其中，克氏海马被列为一级品。药典的分级标准尚缺乏较为严谨的科学依据，有待进一步研究和修正。

表1-2 全球药用海马种类

中文名	拉丁名	中文名	拉丁名
膨腹海马	*H. abdominalis*	太平洋海马	*H. ingens*
鲍氏海马	*H. barbouri*	克氏海马	*H. kelloggi*
驼背海马	*H. camelopardalis*	库达海马	*H. kuda*
虎尾海马	*H. comes*	日本海马	*H. mohnikei*
冠海马	*H. coronatus*	棘海马	*H. spinosissimus*
灰海马（线纹海马）	*H. erectus*	三斑海马	*H. trimaculatus*
刺海马	*H. histrix*		

2. 影响药用价值的因素

（1）**海马种类** 比较研究发现，库达海马、三斑海马、刺海马、虎尾海马、克氏海马、日本海马这6种海马之间的氨基酸、脂肪酸、矿物元素和微量元素都存在显著差异。张朝晖等、陈璐等比较了7种海马功能性成分（胆甾烯酮、胆甾二酮、胆甾醇）的差异，均得出功能性成分的含量因种而异。目前已检测的野生海马中，三斑海马的功能性成分含量相对最高。

（2）**海马性别** 闫珍珍等发现，三斑海马和灰海马雌性个体的饱和脂肪酸总量、单不饱和脂肪酸总量和多不饱和脂肪酸总量均显著高于雄性；另外，雌性个体的胆甾醇和次黄嘌呤含量也显著高于雄性，但尿苷含量低于雄性。

（3）**摄食饵料** 闫珍珍等比较分析了3种饵料（卤虫、活虾和冰虾）对灰海马生化成分（包括粗组分、氨基酸、脂肪酸、胆甾醇、核苷类物质和矿物元素）的影响，发现海马的基本营养成分不受饵料影响，但氨基酸和胆甾醇则表现为活虾组优于另两组；矿物元素（钙、锌、镁、磷）则是冰虾组优于另两组。

与野生三斑海马比较发现，养殖灰海马的所有功能性成分含量皆高于野生三斑海马。这个结果不难理解，在人工养殖条件下，饵料不仅优质，且供给比野生状态充足，因而确保了各种成分含量高于野生产品。

二、观赏价值

海马因其特别的体型、鲜艳的色泽（图 1-16）、优雅的泳姿以及独特的雄性育儿繁殖方式，深受水族界的热捧。在全球各地的海洋世界、海洋生物馆、水族馆甚至是娱乐场所，都会把海马作为水族的珍贵物种进行展示和观赏。

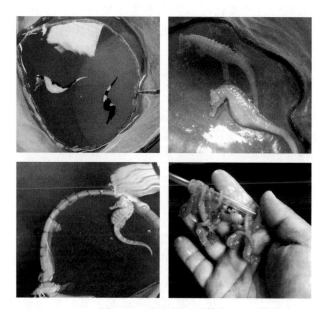

图 1-16　海马靓丽的体色

三、科研价值

1. 旗舰物种　海洋保护活动中，旗舰物种需要具备一个或多个吸引公众关注的特质。动物保护组织已使用旗舰物种数十年，常用其强化公众对生物多样性的保护意识和筹集资金等。因海马游泳能力弱，导致栖息地较固定且对居住环境较敏感，所以，海马易受到栖息地污染和退化的影响。海马的栖息地（如珊瑚礁、海草、海藻和红树林）是海洋中受影响最严重的地区，气候变化也会对海洋生境和珊瑚礁产生巨大影响而威胁海马生存。此外，海马是因雄性繁衍后代而吸引天下、且具有广泛用途的濒危物种，这些因素均符合旗舰物种的特质。因此，近年来已有国家开始将海马用作旗舰物种，挖掘其海洋保护作用。20 世纪 90 年代，菲律宾开创性的将海马作为旗舰物种保护其自身与栖息地，以帮助地方建立强制执行的海洋保护区；一个致力于海马保护的海洋保护组织（Project Seahorse）利用海马作为旗舰物种，帮助菲律宾在中部建立了34个小型强制管理的非海洋保护区。澳大利亚学者评估了将海马作为旗舰物种对河口海草床的保护价值，结果表明，将海马作为旗舰物种也有利于保护其他物种。

2. 污染物指示作用　生物监测是利用指示生物个体、种群或群落对环境变化或环境污染所产生的反应，从生物学的角度为环境质量的监测、评价提供依据。由于鱼类可有效地代谢和积累水生环境的化学污染物，一些海洋污染监测项目已利用鱼类对毒性污染物的反应，成功评估了污染物潜在危害与污染。从20世纪初Kolkwitz和Marsson首次采用生物监测评价水质至今，指示生物已成为评估水生环境潜在污染风险的得力助手。由于海马分布广泛且不善游泳，更易接触到急性污染物。已有研究证明，重金属、多环芳烃和有机氯农药在海马体内有生物积累效应；另有研究表明，可以通过检测石油烃对长吻海马（*H. reidi*）的基因毒性等来评估原油污染，表明海马是一种良好的指示生物。

第四节　海马资源现状

长期以来，海马市场需求量和贸易额都较大。英国伦敦动物学会的Koldewey博士于1990—2000年，对世界400余个海马贸易地进行了实地调查。结果表明，仅亚洲，海马每年的贸易量已接近4 000万尾。截至2012年，全球每年海马交易量已超2亿尾（如果考虑走私，实际贸易量应该更高），其中，我国占了近2/3。由于市场需求量的与日俱增，滥捕乱捞的现象日益严重，加之生境破坏，致使全球海马资源自20世纪90年代末期就急剧下降。据调查显示，在过去的10年间，全球海马产量下降近70%。许多原来盛产海马的海域，已出现了无海马可捕的局面。我国海马资源也遭受严重破坏，目前每年产量不足40吨（干品）。曾经的常见种冠海马在20世纪90年代末已难觅踪迹，库达海马已于2015年起不见踪影。鉴于此，2004年海马属中的所有种均已被列入《濒危野生动植物种国际贸易公约》（CITES）附录Ⅱ中，我国也将海马列为二级保护动物。

我国是海马消费大国，自2015年起，我国每年用于入药的干海马量已超250吨。巨大的供需缺口，使得我国不得不依靠进口来满足市场的需求，价格也不断上涨，截至目前我国干海马平均价格已达7 000元/千克。

第二章 2

海马生活史

海马寿命 3～5 年不等，依种不同，新生稚海马经 5～8 个月即可性腺发育成熟。性成熟的成年海马，在繁殖季节即可交配繁殖。交配时，雌海马将发育成熟的卵子排放到雄海马育儿囊内，同时，雄海马向育儿囊内释放精子，精卵在育儿囊内受精和孵化。依种和温度不同，一般经过 10～20 天，发育正常的稚海马即可由雄海马育儿囊内排出体外，营独立生活。海马繁殖频率高，一年可繁殖 10 余次，个别热带种甚至可常年繁殖，加之体内受精、体内发育的繁殖模式，幼仔成活率高，因此海马的繁殖力相当强。

第一节 性腺发育

海马性腺成熟较快，从稚海马到性成熟所需时间因种而异，但基本不会超过 8 个月。日本海马和小海马只需要 3 个月左右；鲍氏海马、西印度洋海马、灰海马和太平洋海马则需 4～5 个月；库达海马和棘海马等多数海马需要 6～8 个月。此外，性腺发育和成熟的速度，受水温影响较大。5～6 月出生的稚海马，当年可达性成熟；而 8～9 月出生的稚海马，则需翌年 4～5 月方可性成熟。另外，在适宜的水温范围内，性腺成熟速度是随着水温的上升而加快。在水温 18～22℃时，雌海马的性腺由Ⅲ期发育至Ⅳ期需要 10 天左右；当水温为 24～26℃时，需要 5 天；当水温为 26～28℃时，仅需 3～4 天。同时，雌海马的性成熟度指数，在Ⅲ期时为 1.5%～7.3%；在Ⅳ期时达到 3%～11.3%；而在Ⅴ期时则达到 6.8%～23.8%。性腺成熟完好的雌海马表现为：腹部膨大，轻按腹部有卵子流出，并且生殖乳突外突（图 2-1）。

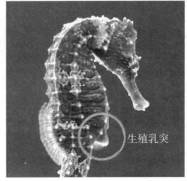

图 2-1　雄海马的育儿囊口和雌海马的生殖乳突

第二节　交配繁殖

一、繁殖季节

海马的繁殖季节，受水温的影响比较大。每年 4～11 月海马均能繁殖，其中，以 6～9 月为繁殖最盛期。温带种一般一年有两个繁殖季节，即春秋季。适宜繁殖的水温为 20～26℃，以 22～25℃为最佳。热带地区如菲律宾热带海域，全年水温相对较高，该地区的虎尾海马可常年繁殖。除了水温，光照和饵料也能影响海马繁殖。研究发现，在繁殖水温范围内，小海马的繁殖周期和光照时间具很强相关性；喂养活糠虾的灰海马，能显著提升繁殖求偶行为（也称"问候行为"）的出现频率。

二、繁殖过程

1. 繁殖模式　海马的繁殖模式比较独特，由雄海马负责抚育后代，也由雄海马负责繁殖竞争；海马的性选择权主要在于雌性，由雌性选择配偶。换句话说，虽然海马由雄性抚育后代，但其性别角色未发生转换，性选择模式和性别角色与传统动物一样。另外，雌海马倾向于选择与自己大小相近或者更大的对象进行交配，完成配对后的海马在没有意外情况（配偶失散或者患病等）下，会始终保持"一夫一妻制"进行后续多次交配。海马在自然界中分布密度低、游泳能力差，"一夫一妻制"的繁殖模式能降低寻找新配偶的能量消耗；另外，研究也表明，海马与配偶交配成功所需时间，远低于海马与新对象所需的时间；这些都是对"一夫一妻制"所致繁殖力受限的有效补偿。此外，研究还发现"清晨问候"是海马维系"一夫一妻制"的重要基础。怀孕期间，雌海马每天早上会与配对的雄海马相互"问候"，时间持续 6～10 分钟。这种"问候"有助于巩固"夫妻"关系，并协调卵子同步发育。当雄海马生产后，这种"问候"就进入整个求爱过程并完成受精。

2. 问候交配 在繁殖季节，当水温和其他环境条件适宜时，达到性成熟的雌雄海马均有问候（发情）现象。繁殖过程包括问候和交配。问候时，雄海马不时地向育儿囊内灌水，使之膨胀，继而挤压排出，反复多次，向雌海马"展示"着自己的育儿囊；当雌雄海马"来电"时，它们最初相互追逐、急速游泳，雄海马用吻端触碰雌海马的腹部以探卵子成熟度，当雌海马卵子发育成熟时，雌雄海马体色变成灰白色或淡黄色，双双贴近，并列游泳于水层中（图2-2）。雄海马不断用腹部碰撞雌海马的生殖孔，一段时间后，雌雄海马紧密靠拢，腹部相对并向水面慢慢游动。此时，雄海马将尾巴弯向腹部，迫使育儿囊口张开；而雌海马将尾巴向后翘起，使生殖乳突对准雄海马的育儿囊，把卵产入育儿囊内（图2-3）。雄海马在接受卵子的同时，排出精子，精卵在育儿囊中受精。封闭的受精环境保证了高受精率。雌海马一般都是一次性把卵产入育儿囊，但有时则要连续重复多次。

图 2-2 雌、雄海马求偶问候时身体灰白色，双双贴近，并列游泳于水层中

图 2-3 正在交配产卵的配对海马

　　雌雄海马相互追逐、问候和交配，多出现在清晨或傍晚光线较弱时。每次追逐、问候，并非都是进行交配受精。此外，两尾同性海马（主要发生在雄性）也易出现双双问候、相互追逐的场面（图2-4），甚至在雌雄比例失调的情况下，出现一尾海马与另两尾或多尾异性海马间相互问候的现象。海马的交配行为很容易受到外部因素干扰而导致交配失败，时而会出现卵未进入育儿囊而沉落池底的现象（图2-5）。

图2-4　同性（雄）求偶调情的海马

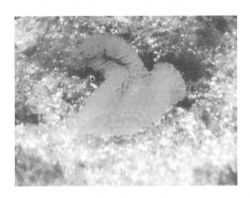

图2-5　交配失败导致雌海马直接把卵排入了水中

第三节　孵卵产仔

一、胚胎发育

　　雄海马怀孕后，育儿囊膨大、柔软富有弹性，内侧上皮细胞毛细血管密布，免疫代谢能力旺盛。雄海马育儿囊有着多重功能，除了传统的保护、提供氧气和调节渗透压外，最新的研究表明，育儿囊类似假胎盘

（pseudoplacenta），能通过丰富的毛细血管网为胚胎提供营养和免疫物质（如凝集素等）；另外，育儿囊分泌的催乳素，也能激活卵黄蛋白的分解和利用。怀孕的雄海马通过左右摇摆等行为，调整受精卵在育儿囊中的位置，保证其获得良好的空间和母体营养。受精卵在育儿囊内孵化发育，约 5 天便可破膜而出。孵化出来的仔海马仍留在育儿囊中，依靠自身卵黄和母体营养继续发育。以库达海马为例，海马的胚胎发育大致可分为以下几个时期（表 2-1）。

表 2-1 库达海马的胚胎发育时序（水温 27～28℃）

（摘自《海马养殖技术》，谢忠明，2004）

分 期	所需时间（小时）	特 征
1. 受精和极体形成期	0～2.5	受精后卵膜胀大，卵质收缩与卵膜分离，受精卵慢慢变成圆形，卵黄颗粒变大，颜色变深，弥散在卵子中央。细胞质向动物极集中形成胚盘，经 2～2.5 小时，胚盘顶端逐渐隆起形成极体
2. 卵裂期	2.5～26	开始第一次卵裂，单细胞行经线分裂成 2 个大小相似的细胞。以后每隔 3～4 小时，依次进行第二次、第三次和第四次纵分裂，分别出现 4 细胞期、8 细胞期和 16 细胞期。第五次为横分裂，每个单细胞行纬线分裂成 2 个细胞，进入 32 细胞期，此时各分裂球间的轮廓变得模糊
3. 囊胚期	26～28	细胞继续不断分裂，细胞数目成几何级数增加，单个体积越来越小，以致肉眼分辨不清。排列层数也逐渐增多，使整个胚胎隆起形成囊胚。细胞集中在卵黄囊的上方
4. 原肠期	28～58	受精 30 小时左右，囊胚层细胞向下（植物极）包围，内卷，并不断地集中、伸展，出现胚环和胚盾，即进入原肠期。此期伴随着卵黄的增生
5. 胚体形成期	58～85	胚体形成，体环明显，出现脑泡、视泡。胚体初期长 1.2～1.4 毫米（图 2-6）
6. 心脏形成和血液循环开始	85～100	受精后 85～90 个小时，开始形成心脏，并有节律地搏动。此时胚体长为 2.2 毫米，出现黑色素和背鳍、胸鳍褶。90～100 个小时，心脏有节律地搏动，把血液压入胚体，开始血液循环
7. 孵出阶段	100～120	胚体进入第 5 天，胚胎活动，卵膜破裂，孵出为自由胚体，腹部仍带着 1 个圆形的大卵黄囊。背鳍和胸鳍明显发育。此时胚体长 2.8～3.0 毫米
8. 仔海马前期	120～168	胚胎孵出后，仍以卵黄为营养在育儿囊内孵育，各种器官逐渐完善，头部脱离卵黄囊表面，胚体不断长大。进入第 7 天，胚胎长 7～7.2 毫米，口能伸张，眼球呈灰黑色。出现臀鳍鳍褶，背鳍、胸鳍条已明显。卵黄囊缩小，身体黑色素增多（图 2-7）

（续）

分　　期	所需时间（小时）	特　　征
9. 仔海马期	168～240	第 8～9 天，胚体长 8～9 毫米，身体骨节突起，鳍条清晰，嘴巴伸长呈管状；第 10 天，卵黄囊消失，身体黑色素浓密，眼球银色素增多，即将由育儿囊产出
10. 稚海马期	240～264	经过 10～11 天的孵化和孵育，稚海马体长 1～1.1 厘米，各器官发育完善，具备独立游泳和摄食的能力。此时，稚海马即可从育儿囊产出

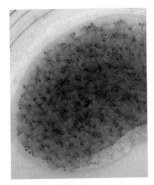

图 2-6　库达海马胚体形成期

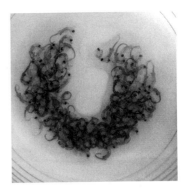

图 2-7　库达海马仔海马前期

　　受精卵和仔海马在育儿囊中的孵育时间因种和水温而异。一般需要 12～14 天，最短 9 天，最长则要 25 天左右。另外，随着水温的升高，受精卵的孵化时间则缩短。三斑海马在 22.5℃孵化时间约为 19 天，24℃约为 16 天，28.5℃约为 11 天；灰海马在 22℃孵化时间约为 17 天，25℃约为 14 天，28℃约为 12 天。

二、产仔

　　临产前的雄海马，育儿囊异常膨大（图 2-8）。除了日常的摄食外，经常缠于固着物上栖息，身体前倾，使育儿囊尽量处于身体下方起保护作用。临产时，雄海马寻找安静处所，用尾部紧于固着物上，呼吸加速，每分钟从 50 多次增加到 90～100 次，身体一仰一俯地前后摇摆，即将"分娩"。经过数分钟之后，随着身体每一次的仰伏，迫使育儿囊口张开，压缩腹部将稚海马挤出体外（图 2-9）。每次产出的稚海马数量不一，一般刚开始较少，为一尾至数尾，继而增多，可达几十尾，之后逐渐减少直至产完为止。海马产仔多在黎明时进行。

图 2-8 怀孕即将生产的雄海马

图 2-9 正在产仔的雄海马

三、繁殖能力

海马繁殖周期较短，虽然怀卵量不多，但因产仔次数频繁，而且在育儿囊内孵化，成活率较高，因而繁殖能力仍相当强。具有繁殖能力的雌海马，在每次产卵之后，卵巢又立即开始第二次发育，两次产卵的时间间隔为 10～20 天（具体视种和水温而定）。雄海马在每次产仔之后，当天就可以再次交配怀孕。一经怀孕，当水温在 26～28℃时，10～13 天便可产仔。

在一年之内，一尾亲海马的产仔次数因种而异。日本海马 20 余次；三斑海马 16 余次；灰海马 8～10 次；库达海马则较少，一般一年产仔 4～5 次。即使同一种海马，不同地区水温的差异，也会导致繁殖次数的差异。水温高的地区繁殖季节长，繁殖周期短，繁殖次数相应增多；反之，水温低的地区繁殖次数相应减少。海马的产仔量也视种类而异，每次少则几十尾，多则可达 2 000 尾以上，一般为 300～800 尾。小海马产仔量最少，每次只能产数尾或几十尾稚海马；太平洋海马每次产仔量最多，最多可产 2 000 余尾稚海马。除了种类差异，同一种海马不同大小，产仔量差异也比较大。初次性成熟的三斑海马产仔一般低于 400 尾，而 1～2 龄的亲海马产仔量可达到 800～1 200 尾；灰海马初次产仔一般为 100～200 尾，随着个体的增长，第 5、6 次的产仔量可达 400～500 尾（图 2-10）。3 龄以上的亲海马，虽然每次产仔量仍居于高位，但产仔次数明显降低，总的繁殖能力呈衰退的趋势。

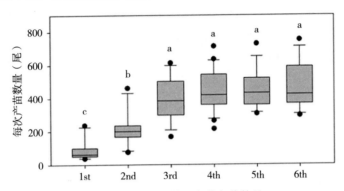

图 2-10　灰海马前 6 次的产苗数量

（不同小写字母 a、b、c 表示各次产苗的数量有显著差异）

（摘自 Lin et al.，2012，Biology Open 1，391 - 396）

第四节　生长发育

　　稚海马的个体大小因海马品种而异。如三斑海马和库达海马新生稚海马个体为 5~8 毫米；灰海马新生稚海马个体达 1 厘米左右。稚海马从育儿囊产出后，即可自行游泳和独立摄食。刚产出的稚海马快速游动，几小时后开始摄食，喜摄食单胞藻类、轮虫以及桡足类、枝角类和卤虫的无节幼体。早期小海马喜在水体上层活动，不需要附着物攀附；1 周以后，小海马开始选择合适的附着物攀附；2 周以后体长可达 2~3 厘米，喜在水体中下层活动，喜摄食桡足类和枝角类成体。

　　海马的生长速度较快（图 2-11），一般 1 个月体长可达 4~5 厘米；3 个月后可达 8~9 厘米，开始摄食小型甲壳动物（如钩虾、糠虾、丰年虾等），并开

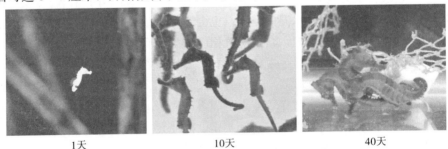

| 1天 | 10天 | 40天 |

图 2-11　灰海马的生长

（刚出生稚海马约 1.0 厘米，10 天后约 2.5 厘米，40 天后约 5.5 厘米）

始性别分化，雄性个体腹部出现育儿囊，雌雄个体腹腔内出现卵巢和精巢的分化；5个月后可达 11～13 厘米，性腺已成熟，可繁殖交配。现在普遍认为，海马寿命为 3～5 年。但由于受到捕食和疾病等因素影响，实际上多数海马的寿命并没有彻底调查清楚。

第三章 3

海马人工养殖

第一节 海马人工养殖现状及养殖种类

一、人工养殖现状

1. 国外海马人工养殖现状 在欧美各国，认为海马是一种无经济价值的鱼类，研究主要集中在基础生物学方面，有关人工养殖海马的研究报告不多，文献偏重于形态分类和分布、生理生态和生殖的报道。

从20世纪50年代后期开始，有部分学者对雄海马育儿囊的皮膜构造和生理学及生态习性做过一些研究。20世纪90年代，由于天然海马资源的日益减少及人们对海马需求量的增加，尤其是海马具有较高的观赏价值，使得海马在欧美各国逐渐引起了人们的重视，许多学者开始对海马进行了研究，包括对海马的发声、生物学特性、饵料问题、产苗量、幼苗成活率及人工养殖技术等问题。到目前为止，还没有把海马的生物学特性研究清楚，尤其在人工养殖技术的研究方面，目前还仅限于捕捉已孕海马，待其产苗后，研究环境因子（如饵料）对海马幼苗生长的影响。从已发表的文献报道看，国外在海马养殖的研究方面，还处于初期试验阶段，在养殖规模上处于小试阶段。

2. 我国海马人工养殖现状 我国是最早开始进行海马养殖的国家，始于1957年。自从1957年广东汕头海水养殖场成功试养三斑海马以来，我国海马研究、生产发展史大致可分为四个阶段：萌芽期（1957—1989年）、探索期（1990—2010年）、暴发期（2013—2015年）、稳健发展期（2016年至今）。1957—1989年，该阶段基本为科学研究，沿海很多研究单位都曾涉足过海马养殖研究。1990—2008年，海马养殖科研取得了一定突破，有个别企业和养殖单位合作开展大规模养殖。然而研究发现，我国沿海分布的几个种都不是理想的养殖对象，养殖成活率低、易发病，因此大规模养殖一直未能发展起来。

直到 2009 年，引进优良养殖对象灰海马后，适逢鲍价格低谷，很多养殖企业寻求优良的替代养殖品种，我国海马养殖因而首先在福建省东山县实现暴发式发展。2014 年，仅东山县就有超过 30 家鲍养殖场转养海马，全国超过 100 家。但是，由于很多养殖企业对海马并不熟悉，转养海马带有一定的盲目性，加之缺乏技术指导，导致大部分养殖场都未能获得效益，只得又回头养殖鲍。经过几年的坚持、摸索、交流，2018 年又迎来快速发展，全国产能超过 1 500 万尾。截至目前，2018 年已产海马超过 700 万尾（约合干品 15 吨）。此次恢复发展，截然不同于 2013—2015 年的暴发。以福建省东山县为例，2018 年虽仅有 10 家海马养殖企业，但无论规模还是经验都有很大提高，产量也显著提升。目前，常见的养殖模式主要有水泥池养殖、池塘养殖和循环水工厂化养殖。

二、人工养殖种类

目前，已尝试进行人工养殖的海马种类约 14 种，分别是膨腹海马（H. abdominalis）、窄腹海马（H. angustus）、鲍氏海马（H. barbouri）、南非海马（H. capensis）、虎尾海马（H. comes）、灰海马（H. erectus）、欧洲长吻海马（H. guttulatus）、刺海马（H. histrix）、太平洋海马（H. ingens）、库达海马（H. kuda）、长吻海马（H. reidi）、西澳海马（H. subelongatus）、三斑海马（H. trimaculatus）和怀氏海马（H. whitei）。2009 年以前，我国养殖的海马种类主要是库达海马和三斑海马；2009 年，我国学者从国外相继引入了灰海马和膨腹海马，因其体型大、幼苗个体大、生长快、养殖密度高等特点，已替代了库达海马和三斑海马，成为我国目前的海马养殖主流品种。

第二节　海马饵料

饵料是养殖海马的物质基础。海马专以小型甲壳类动物为食。海马在不同发育阶段，对饵料的种类、规格大小、完整性、新鲜度等，都有一定的选择性。虽然人工条件下可驯化摄食死饵料（如冰冻糠虾），但更喜食活饵料。因此发展海马养殖生产，首先要确保海马各个阶段合适饵料的供应。

一、饵料种类

1. 活的生物饵料　海马特别喜欢摄食活的生物饵料。成体海马（体高 9 厘米以上）摄食的活饵主要是一些小型虾类，如钩虾、跳虾、麦秆虫、糠虾、毛虾、沼虾、白虾、米虾等。其中，糠虾因个体小（体长在15毫米以下）、壳薄且软（易消化）、营养价值高、避敌能力弱（易被捕食，不会跳跃）、喜集群等特点，是海马大规格幼体（5～9厘米）和成体的理想优质活饵。幼体海马摄食的活饵，主要是一些小型浮游动植物。研究发现，刚出生海马幼苗（稚海马）的适宜饵料为轮虫（新生苗5～7毫米的种会摄食，而灰海马等产的大型苗几乎不吃轮虫，直接摄食桡足类成虫）和桡足类无节幼体，1周后的适宜饵料逐渐转变为枝角类、桡足类和丰年虫（卤虫）的无节幼体。其中，桡足类因营养丰富全面（营养价值高于未强化的轮虫和卤虫，氨基酸和蛋白质含量还略高于枝角类）、个体规格（无节幼体<0.5毫米，成体1～3毫米）、容易培养等特点，是海马小规格幼体（1～5厘米）的理想优质活饵；海马大规格幼体（5～9厘米）的适宜活饵为桡足类、丰年虾（丰年虫成体）、糠虾以及小型虾类的幼体和仔虾。

2. 冰冻饵料 试验表明，略经短期的驯化适应后，海马大规格幼体和成体也能摄食冰冻饵料，而且消化情况良好，生长、繁殖正常。冰冻饵料主要是冰冻的小型虾类，如丰年虾、糠虾和毛虾等。冰冻饵料是解决海马养殖过程中遇到天然生物饵料匮乏或者季节性淡季时的有效缓解手段。

3. 配合饵料 探索人工配合饲料养殖海马，是寻求解决海马养殖饵料问题的根本措施。鉴于在野生海马的肠道中发现了小型鱼类，因此，不少研究者采用以新鲜纯净的鱼肉和去壳后的虾肉等作为原料，经绞肉机绞碎，再挤压成条状，切成小段的软颗粒饲料投喂海马。发现加工后的鱼肉、虾肉也跟冰冻饵料一样，略经短期的驯化适应后，海马也能摄食。只是因为成型上的差异，摄食量略不及冰冻饵料。因此，只要在成型上有所突破，海马人工配合饲料的开发值得期待。

二、饵料获取

1. 天然水域捕捞 天然生物饵料具有种类繁多、大小齐全、营养全面、储量丰富等优点，是海马养殖的理想优质饵料。养殖单位需对养殖场附近的所有天然水域（河口、池塘、海边、湖泊等）进行详细调查，了解当地生物饵料资源的状况，包括饵料生物的种类、分布、数量、季节变化等。根据调查结果，有计划地加以利用。捕捞工具通常为用80～120目筛绢网做成的抄网、推网和拖网，一般采用陆上捕、海（船）上捞、水中拖，或夜间灯诱（图3-1）的捕捞方式。不宜在同一水域频繁的捕捞，应根据该水域每天捞取固定生物饵料量的难易程度，判定该水域的生物饵料储量。遇到储量不足，让该水域自行恢复一段时间（10天左右），另行其他水域捞取，实行多个水域间轮作的方式。饵料生物捞起后迅速装入盛有水并充氧的容器中，捞足后尽快运回。运到场里后，用不同孔径的筛绢网将饵料生物逐级过滤，分别用于投喂不同规格大小的海马。

图 3-1　天然水域中利用夜间灯诱所捕捞的活糠虾

2. 人工培养　鉴于天然生物饵料季节性强、易受自然灾害影响而致产量不稳定的缺点，开展生物饵料的人工培养，是解决海马养殖饵料问题的有效辅助手段。目前，已规模化人工培养的饵料生物，主要有光合细菌、单胞藻类、轮虫、枝角类、桡足类和糠虾等。如桡足类的水池培养，可先用 2 毫克/升的鱼藤精清洗水池，再用 80 目筛绢网过滤后进水，将桡足类引种入池。根据其营养需求，施入一定成分的化肥、有机肥、藻液和豆粉，促其繁殖，约 20 天即可捕获用于投喂海马，边捕边繁殖。糠虾也可用此法繁殖，只是要投喂鱼粉及豆粉饼等固体饲料。饵料生物人工培养的具体方法，参考《水产饵料生物培养》等专业书籍。总体而言，饵料生物人工培养专业性较强，宜在专业人员或专业书籍的指导下进行。

3. 市售　对于天然生物饵料匮乏、人工培养饵料产量不高的养殖单位，通过购买市面上的商品化饵料，也是解决海马养殖饵料问题的有效辅助手段。目前，市售的商品化饵料主要有丰年虾休眠卵，冰冻丰年虾、糠虾和毛虾。休眠卵在指定条件下孵化 24 小时即可得到无节幼体，无节幼体经单胞藻或营养强化剂强化 12～24 小时后，即可用于投喂海马小规格幼体。多余的无节幼体继续喂以单胞藻、酵母和豆粉等至 10 天左右，即可得丰年虾成体，用于投喂海马大规格幼体。海马大规格幼体略经短期的驯化适应后，也能摄食冰冻饵料，如冰冻丰年虾、糠虾和毛虾等。投喂冰冻饵料应遵循少量多次的原则，视摄食情况而定，不要过量投喂而败坏养殖水质。

三、饵料处理

由于天然生物饵料采集于天然水域，天然水质和饵料生物中往往携带细菌、病毒、甲藻、寄生虫等敌害生物，直接投喂易将这些敌害生物引入海马养殖系统，继而增加海马患病的风险。因此，建议将生物饵料先用50毫克/升的二氧化氯消毒60分钟，然后用淡水冲洗干净后再进行投喂。此外，为改善海马的健康状态，冰冻饵料中可以拌一些免疫增强剂（如维生素、免疫多糖、免疫多肽等）和诱食剂（如大蒜素等）。

建议在养殖场附近建造1个生物饵料暂养池，把捕获较多或暂时投喂不完的活体生物饵料放入池内暂养，其目的是做到充分利用和方便投喂。特别是遇到狂风、暴雨、雷电等恶劣天气而致外捞饵料生物困难时，暂养池的作用就显得更为重要。暂养池的面积不宜过大，其形状和深浅以便于捞取为原则。暂养密度也不宜过大，一般以能供应2～3天的海马摄食量为度。暂养期间，可适当投放一些单胞藻、酵母和豆粉等。

天然饵料生物（特别是糠虾、毛虾等）储量丰富、生长繁殖旺盛时，除了保证每天的投喂量以及预备的暂养量外，还应着手冻存一批天然饵料，以期为饵料匮乏期做储备。在养殖场附近设有冷冻厂的条件下，饵料生物可借助冷冻厂速冻保存；在有电源的情况下，饵料生物也可借助数个低温冰箱速冻保存，保存温度控制在-20～15℃。每块冻存饵料的量，以海马一顿或半顿的摄食量为宜。解冻时应把整块冻存饵料放入盛有海水的容器中，让其自然解冻。其目的是以求恢复原来较为完整的生物饵料体型，切勿为了加快解冻速度，将饵料块击碎或者使用外力搅动饵料块。

另外，市售丰年虾卵及初孵无节幼体由于其体内高度不饱和脂肪酸（HUFA）含量偏低，特别是DHA缺乏，在营养全面性上往往不及天然或人工培养的生物饵料，因此，需对初孵无节幼体进行营养强化。常见的营养强化剂有单胞藻（等边金藻、星月菱形藻、螺旋藻、裂壶藻等），以及鱼油提取物（如50DE微囊等），强化时间通常为12～24小时。

第三节 亲海马繁殖技术

一、养殖设施

亲海马养殖可在室内和室外进行。室内需要安装照明光源；而室外常以钢架大棚形式，顶部备有遮阴、避雨、保温等装置。亲海马养殖常见的容器有玻璃缸（图3-2）、玻璃钢桶（图3-3）和水泥池（图3-4）。养殖容器主要以坚固耐用、便于操作管理、进排水和吸污方便为原则，规格大小以500～2 000升为宜，深度0.8～1.0米。若遇水泥池规格过大，则可通过制作合适规格的网箱放入水泥池中来养亲海马（图3-5）。养殖容器中配备有气管、气石、进水管和排水管，排水管处设有限位孔，进水时可保持固定水位。

图 3-2　用于养殖亲海马的玻璃缸

图 3-3　用于养殖亲海马的玻璃钢桶

图 3-4　用于养殖亲海马的水泥池

图 3-5 用于养殖亲海马的网箱

二、养殖用水

目前，人工养殖海马的用水，多采用机械抽水灌注，因此，需要建蓄水塔或蓄水池。天然海水从自然海区抽进蓄水池，经二级沉淀、砂滤和消毒，符合《无公害食品　海水养殖用水水质》（NY 5052—2001）后方可使用。水质消毒是海马养殖工作中十分重要的环节，天然海水经暗沉淀、物理过滤（网滤或砂滤）后，另需通过物理和化学的消毒方法，来杀灭水体中的有害生物。目前，生产中常用的水质消毒方式有：

1. 过氯消毒　在大水体中加入漂白粉或漂白精，使水中有效氯含量达 15～20 毫克/升。加入漂白粉前，可先用水浸泡充分溶解后，再用 60 目的尼龙筛网过滤，最后泼洒入水，搅动水体，使混合均匀。处理 12 小时后，再加入硫代硫酸钠（一般 20 毫克/升）中和，以去除余氯。经过氯消毒的海水，必须充分曝气后才可使用。

2. 紫外线消毒　紫外线可破坏微生物核酸物质的分子结构，造成微生物死亡。因此，可采用紫外线消毒的方法杀灭养殖水体中的微生物。使用紫外线消毒时应注意遮挡，在紫外线灯照射的范围，水流不宜过急，应保证单位水体在紫外线照射范围内的停留时间在 1 秒以上，方可达到较好的消毒效果。

3. 臭氧消毒　臭氧的强氧化性，可杀灭细菌、病毒等微生物。每立方米水体投放 1～3 克臭氧，即可达到杀菌消毒的作用。臭氧不改变海水的原有成分，能保留水中所含对养殖生物有益的矿物元素。在实际操作中，每天定期在养殖水体中加充臭氧，可使水体清澈、不发臭。然而，加充臭氧也易增加养殖水体中超氧阴离子等氧化性很强的自由基，这些自由基在杀灭微生物的同时，对养殖生物也有危害。因此，加充臭氧时间不宜过长，加充臭氧完之后应调大增氧量，使自由基充分转换成水或氧气。

除了水质消毒以外，对于有条件的养殖场，尤其是循环水养殖系统，还可配备泡沫分离装置。在装置中接入空气泵和水泵，利用泡沫与水界面的物理吸附作用，以表聚物形式去污净水。

三、亲海马的选择和培育

1. 亲海马的选择 亲海马选择主要遵循以下几点：①体健完美。选择个体大、身体健壮、运动活泼、无损伤、无畸形、无病害的个体。②年龄适中。一般选择当年孵出经过养殖 10 个月之后的 1 龄海马，其繁殖率最强。③性腺发育良好。雌海马要挑选腹部膨大、泄殖腔区稍扩大、生殖乳突明显者为佳；雄海马选择以育儿囊宽大松软者为佳，紧缩者为次（图 3-6，图 3-7）。

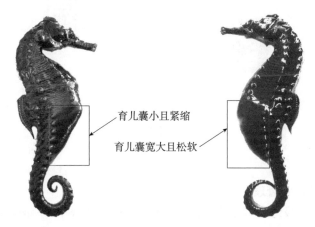

育儿囊小且紧缩

育儿囊宽大且松软

图 3-6 雄海马选择以育儿囊宽大松软者为佳，紧缩者为次

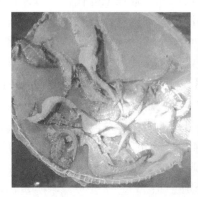

图 3-7 灰海马优质亲本

2. 放养前的准备　亲海马放养前，养殖容器通常需用氯制剂进行消毒，如有效氯浓度为5～15毫克/升的漂白粉、次氯酸钠或强氯精。消毒完之后用养殖用水冲洗干净，再干晒2天，之后将养殖用水引入养殖容器中，水深0.8～1.0米为宜。池子需均匀放置一些带有坠子（石块）且圈成不同形状的橡皮管，以供亲海马附着栖息用。橡皮管表面需光滑，外径视海马大小而定，通常为海马体高的1/10。

3. 亲海马放养密度及配对原则　亲海马配对前，雌雄个体分开养殖至少15天至性腺成熟。待性腺成熟后，挑选优质亲本进行配对。配对的原则是，雄性个体体高高于雌性个体1～2厘米，配对的密度视养殖容器水体大小而定，一般以100升水体1对为宜（图3-8）。

图3-8　水泥池中培育的亲海马

4. 亲海马日常管理

（1）投饵和吸污　若有鲜活饵料（活糠虾、毛虾等），则消毒后即可投喂，每天按体重的12%～15%投喂，分别于8：00（投喂70%）、15：00（投喂30%）投喂2次；若没有鲜活饵料，则用冰冻糠虾或毛虾代替，每天按体重的15%～20%投喂（考虑到有一部分冰虾沉底未被摄食，投喂总量比活饵稍多一些），分别于8：00（投喂40%）、10：00（投喂20%）、15：00（投喂40%）投喂3次。投喂冰冻饵料时，要定时、定点，诱使海马群集摄食，不宜全池均匀撒布。坚持多次、少投，即每次投饵采用一小撮一小撮地投喂。要仔细观察，摄食完毕一批再投喂一批，切勿贪多求快地把应投的饵料全部一次性倾入池中。投饵后，水泥池中的残饵、海马自身的粪便以及海水中其他有机物的沉淀积聚，容易引起水质恶化，严重影响海马的正常发育或降低海马的抗病能力。因此，必须及时地清除池底污物。吸污时，推动吸污工具动作要轻柔，尽量不要将污物搅碎造成吸污不彻底，分别于6：30、12：00、14：00、17：00吸污4次。

(2) 流水和换池 养殖池每天要保证一定时间（4 小时左右）的微流水，流速 8～10 升/分钟。这部分流水除了填补吸污所损失的水外，也将用于更新池中的养殖用水，使水质保持在新鲜优质状态。养殖 10 天后，由于海水中自带的小型生物以及阳光的长时间照射，池底和四壁容易滋生藻类、牡蛎、藤壶、海葵、海苔等，常规的吸污已无法将这些生物清除，此时可能需要对亲海马进行换池。换池一般采用捞海马搬迁过池的方法。新的水泥池提前消毒准备好，注进新鲜海水待水温稳定并与原池水温接近时，再将亲海马捞入新池，捞海马时动作要轻柔。原池彻底清池消毒，待用。

(3) 巡池观察 亲海马养殖期间要勤巡池、勤观察。一旦发现死亡的、或患病的、或活动不正常的个体要及时地检查、隔离和用药。要特别观察吸污前的粪便量。粪便量是判断海马健康状况的一个重要指标，粪便量多，表明海马摄食旺盛，健康状况较好；粪便量少，可能是投饵不够，若通过增加投饵，粪便量仍不见增多，则可能是海马处于非健康状态，需要引起高度重视。通过逐级排查，找出原因，也要特别观察海马的摄食行为和残饵量。投喂时，若海马集群快速游向投饵点争相摄食，表明海马健康状况好；若游泳缓慢，摄食不积极，残饵较多，可能是海马处于非健康状态，需要引起高度重视。

5. 亲海马交配和产仔 在人工养殖条件下，亲海马可自行发情和交配，因此，无需用人工授精的方法进行繁殖。海马发情和交配行为多出现在清晨或傍晚。发情交配时，具明显的特征，表现为：雌雄海马体色变成灰白色或淡黄色，双双贴近，并列游泳于池底，时而紧密靠拢，时而腹部相对上下缓慢游动；一段时间后，雄海马将尾巴弯向腹部，迫使育儿囊口张开，而雌海马将尾巴向后翘起，使生殖乳突对准雄海马的育儿囊，把卵产入育儿囊内；雄海马在接受卵子的同时，排出精子，精卵在育儿囊中受精。因此，每天早晨需观察养殖容器中亲海马的发情情况，并定期检查雄海马的怀孕情况。若在繁殖旺季，出现亲本发情现象少、怀孕率低的情况，则需及时更换亲本。

怀孕成功的雄海马除摄食活动外，经常缠于附着物上休息护卵。受精卵在育儿囊内，依靠自身的卵黄以及母体的营养孵化发育。临产时，雄海马用尾部紧缠于附着物上，身体一仰一俯地前后摇摆，迫使育儿囊口张开，之后一张一弛地压缩腹部，将幼苗挤出体外。每次产出的幼苗数量不一，一般刚开始较少，为一尾至数尾，继而增多，可达几十尾。之后，逐渐减少直至产完为止。海马产仔多在黎明时进行。从受精到产仔的时间间隔随着水温的高低而定，一般 12 天左右，最短 8 天，最长 20 天。这段时间雄海马耗能很大，最好能投喂些活虾加强营养。产出的稚海马（新生苗），应尽快将其捞离亲本，以避免被亲海马吃掉。

四、亲海马的运输与越冬

1. 运输　如果亲海马是从外地引种或从自然海区捕捞而来，则需做好亲海马的运输工作。运输时根据路程远近、种苗多少，分别采用空运、车运、船运等方法。运输前不投饵，减少海马的排泄物，防止水体受到污染。若运输时气温过高或过低，应采取降温或保暖措施。

2. 越冬　海马在中国南海沿岸正常天气可以顺利越冬，但是当水温降至12℃以下则其摄食降低，如果不采用适当的防寒保温措施，会引起海马生病。因此，在我国北方的深秋季节，要尽早做好防寒工作，保证适宜的水温，使海马安全越冬。越冬方法可根据当地条件确定，常见的有以下3种：①室内加温法。在室内池周围加以密封保温，池中用加热棒、电热水器等设备加热以提高水温，池中水温保持16℃左右。在越冬期不宜过于频繁地换水，应保证2～5天换1次水，水温差不宜超过2℃。越冬期仍要适量投饵，并及时清理残饵或排污，保持水质新鲜，北方多采用此法。②尼龙膜保温法。此法在低温期较短的南方沿海常用。在室外水泥池顶上用竹条或木条搭成"人"字形棚架，上盖尼龙薄膜，与池边连成一密封的保温罩，晴天可揭开南面部分薄膜，使空气流通，增加氧气。③其他加热方法。有些地区在越冬期间，将装有热水的塑料油桶放在越冬池中，以维持适宜的水温。

第四节　海马水泥池养殖

一、水泥池结构及配套设施

水泥池养殖是我国目前普遍采用的主要养殖模式（图3-9、图3-10）。水泥池的规格大小和结构因地制宜，主要以坚固耐用、便于操作管理、进排水和吸污方便为原则（图3-11）。新建池以方形为佳，四角抹弧，池以3米×3米为宜，深度1米，中央排水，一个对角布纳米管以使水在池中旋转，可将粪便、残饵集中到池中央，底部及四壁通常刷成浅灰色，顶部备有遮阴、避雨、保温等装置。进水系统由蓄水池、沉淀池、砂滤池、水泵和进水管道等组成。天然海水从自然海区抽进蓄水池，经二级沉淀、砂滤和消毒，符合《无公害食品　海水养殖用水水质》（NY 5052—2001）后方可使用。

图 3-9　灰海马水泥池养殖

图 3-10　库达海马水泥池养殖

图 3-11　海马水泥养殖池

二、水泥池海马幼苗的培育

1. 新生苗的放养和质量判定　雄海马产仔后，应将新生苗与亲海马捞离。用柔软的筛绢捞网将新生苗从亲海马培育池中捞出，放入已备好新鲜海水和网架的幼苗培育池中（图 3-12、图 3-13）。捞苗的动作要轻柔，幼苗培育池的水质与亲海马培育池保持一致。新生苗放养密度不宜过大，以每吨水 800～1 000 尾为宜。另外，由于亲本健康状况的不同，导致每批苗产的质量也有所不同。新生苗的质量可通过测量躯干最宽处（W）与躯干高的比值（H）的比值（W/H）来加以判定。比值越高，苗质量越好；若比值小于 0.02，苗质量较差，则需加强管理或另行处置。

图 3-12　从亲海马池收集来的新生苗

图 3-13　幼苗培育池里的新生苗

2. 幼苗投饵和吸污　海马生长的快慢，与饵料的质量以及科学投喂有着密切的关系。7～10 月是海马食欲旺盛、生长最快的时期，此时要准备好饵料，合理投喂。按海马生长发育的不同时期，每天安排好投喂饵料的品种、数量和次数。新生苗产出后不久即可自由摄食，因此，产苗当天即开始投喂饵料。宜投喂的饵料具体为：小型苗（如三斑海马苗）出生后1周内，宜投喂桡足类的无节幼体或六肢幼体，或经高度不饱和脂肪酸强化的丰年虫无节幼体；大型苗（如灰海马）可直接投喂桡足类成虫和强化的卤虫无节幼体。随着幼苗个体长大（2～6厘米），宜投喂小型或大型桡足类成体，或强化的小型或大型丰年虫成体；6厘米以后的幼苗开始食性转化，可将投喂桡足类和丰年虫逐渐转化为小型活糠虾或冰冻糠虾。每天投喂3次，分别于8：00（投喂40%）、10：00（投喂20%）、15：00（投喂40%）投喂。

投喂冰冻糠虾时，可采取直接将冰虾块投入水中的方式投喂。具体操作是，根据每池海马的数量确定每顿所需投喂的冰虾量，切割成块后，将冰虾块用一去底的塑料筐圈住，直接投于养殖池中，海马会自行上来摄食（图3-14）。这样投喂的好处是，冰虾块在慢慢化冻、下落过程中，已被海马摄食，杜绝了残饵的产生；同时，下落的饵料均是刚从冰块中化冻下来的，杜绝了长期间浸泡而致的饵料变质；最后，海马可根据自己的饥饿选择摄食，杜绝了不饥饿状态下去争食所致摄食过量的问题。

图 3-14 冰虾的投喂方式

投饵量以刚能摄食完又稍有剩余为度，通常在夜间用手电筒照射检查，以水中饵料存留不多为宜，严防投喂过量。投饵后，水泥池中死亡的桡足类和丰年虫、幼苗自身的粪便以及海水中其他有机物的沉淀积聚，容易引起水质恶化，严重影响幼苗的正常发育或降低幼苗的抗病能力。因此，必须及时地清除池底污物。吸污时推动吸污工具动作要轻柔，尽量不要将污物搅碎造成吸污不彻底，分别于6：30、14：00、17：00吸污3次。

3. 流水和换池 养殖池要每天保证一定时间（4小时左右）的微流水，流速8～10升/分钟。这部分流水除了填补吸污所损失的水外，也将用于更新池中的养殖用水，使水质保持在新鲜优质状态。养殖一段时间后，由于海水中自带的小型生物以及阳光的长时间照射，池底、四壁以及网架容易滋生藻类、牡蛎、藤壶、海葵、海苔、聚缩虫等，常规的吸污已无法将这些生物清除，此时需要对幼苗进行换池。幼苗出生后前 15 天是易出现大批量死亡的关键时期，换池的应激刺激和环境的轻微波动均有可能加速这一死亡，因此，建议在幼苗出生后 20 天左右开始换池。之后，换池频率视水泥池干净程度而定，一般是每 10 天换池 1 次，换池一般采用捞幼苗搬迁过池的方法。需要特别注意的是，换池前必须检测海马的健康状况，如患肠炎海马比例超过 20%，尽量不要换池。新的水泥池提前消毒准备好，注进新鲜海水待水温稳定并与原池水温接近时，再将幼苗捞入新池，捞苗时动作要轻柔。原池彻底清池消毒，待用。

4. 分选和放养密度　换池时，应视池中的幼苗存量而进行并池或分池。随着养殖的进行，部分幼苗会死亡，同时也会出现生长严重分化的现象，即同批新生苗个体大小差异很大。一般不宜将个体大小差异过大的幼苗混养在一起，一定要将其分开养殖（图 3-15）。幼苗分大小，通常是在换池的时候进行。将原池中的幼苗捞出，按个体大小分类，分别放养入新的不同的水泥池中。幼苗个体大小分选的频率一般是每个月 1 次。由于幼苗个体大小的不同，水泥池中的放养密度也不同。一般是体高 3～5 厘米的小规格幼苗，每立方米水体 600～800 尾；体高 5～7 厘米的中规格幼苗，每立方米水体 400～500 尾；体高 7～9 厘米的大规格幼苗，每立方米水体 200～300 尾（图 3-16）。

图 3-15　正在分选大小不一的幼苗

5. 幼苗日常管理

（1）光照和水温调节　夏季水温高、光照强，白天要遮盖竹帘或防晒网，防止强光直射，夜间要打开竹帘或防晒网通气；冬季水温低、光照弱，晚上要遮盖塑料薄膜保温，白天打开塑料薄膜晒太阳，以提高水温。

（2）水质调节　养鱼先养水。每周定期检测蓄水池和养殖池水中的含氧

图 3-16 分选后各种不同规格的幼苗

量、pH、氨氮、亚氮、弧菌量（市售简易试剂盒即可检测）等关键指标。养殖海马正常的水质通常为含氧量>5.5毫克/升、pH 7.8～8.4、氨氮<0.5毫克/升、亚氮<3.0毫克/升。发现异常，及时采取措施。此外，在蓄水池和养殖池中可添加微生物制剂，如光合细菌、枯草芽孢杆菌、酵母菌、硝化细菌、反硝化细菌等，来控制水中的氨氮等有毒物质，分解有机质，抑制致病菌，从而保证水质安全。

（3）**附着物清洗** 与其他鱼类的繁育和养殖不同，海马因其具有缠绕习性，在养殖过程中需要配备附着物，通常是网架和网片。网线的直径视幼苗大小而定，通常为幼苗体高的1/10，材质以表面光滑较软的尼龙绳、橡皮管为宜。网架和网片在使用过程中，应尽量张开，扩大附着面积，切勿团缩在一起。网架和网片使用一段时间后，大概7天左右，网线上会沾满藻类、聚缩虫等小型生物，出现"长毛"的情况，因此，需对附着物定期地消毒清洗。清洗完后，再曝晒1天后备用。

（4）**巡池观察** 幼苗养殖期间要勤巡池、勤观察。一旦发现死亡的、或患病的、或活动不正常（浮头、侧卧等）的个体要及时地检查、隔离和用药。与亲海马管理一样，要注意观察粪便。一般情况下，幼苗出生后15天内的粪便较小，不易辨认，并易于与死亡的桡足类或丰年虫相混淆；15天后幼苗的粪便成型，条状，较易辨认。除了日间巡池，夜间巡池也是重要的环节。夜间巡池时，可通过手电筒照射养殖池水面，来检查水中桡足类或丰年虫的剩余量；也可观察幼苗在网架上的附着情况，海马在夜间具有在附着物憩息的习性。若幼苗夜间缠绕在附着物上，表明健康状况较好；若游离于水中，特别是水面，表明健康状况较差。夜间巡池的时候，可将那些游离于水面的幼苗捞出，集中放养到一个新的水池中，药浴处理。

第五节　海马工厂化养殖

一、循环水工厂化养殖的特点

　　循环水工厂化养殖，是一种资源利用率、转化率高、养殖效益好、对环境污染低的生态环保型养殖模式。相比于传统、较为粗放的水泥池养殖，循环水工厂化养殖优势比较明显，是未来海马大规模养殖的趋势。①工厂化养殖受自然灾害影响小，全年可养，并且便于操作管理；②循环水养殖占地小，用水量少，水质处理严格，废水排放对环境污染低；③循环水工厂化养殖病害少，用药少，海马品质有保证；④养殖密度高，单产高，经济效益好。尽管循环水工厂化养殖投入资金较大，但因其单产高、品质高、单价高、效益高的诱惑，我国一些大型水产企业自 2010 年起，陆续投入到了海马的循环水工厂化养殖（图3-17、图 3-18）。

图 3-17　海马循环水工厂化养殖现场照片（一）

图 3-18　海马循环水工厂化养殖现场照片（二）

二、循环水工厂化养殖的构建

1. 厂房选址和建设　厂房选址是否合适，是海马循环水工厂化养殖成功的关键，它直接影响到海马的成活率和养殖产量。因此，厂址地理位置的选择至关重要。要选择在水质无污染的海域附近、周边天然饵料丰富且交通方便的地方。厂房的建设必须请专家详细论证，经精心测绘设计后才能严格施工。厂房顶棚需安装排气扇（通风排气）和透明玻璃，以保证光照（图 3-19、图3-20）。

图 3-19　海马的工厂化养殖厂房

图 3-20　海马的循环水工厂化养殖车间

2. 设施配套 循环水工厂化养殖大体流程图见图 3-21，需装备以下配套

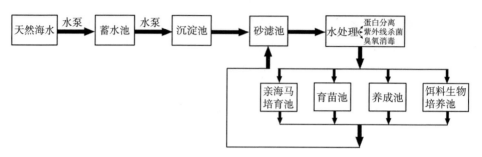

图 3-21　循环水工厂化养殖大体流程图

设施：①蓄水系统。包括水泵、蓄水池、沉淀池和砂滤池。②水处理系统（图 3-22、图 3-23）。包括微滤机，用于滤除养殖用水的大颗粒物质；紫外杀菌灯，用于杀灭养殖用水中的敌害生物；蛋白质分离器，用于去除养殖用水中的小颗粒物质及可溶性有机物；臭氧发生器，用于降解养殖用水中的有机物、渔药残留及杀菌等。养殖用水先经微滤机后，再分别经紫外线杀菌灯、蛋白质分离器和臭氧发生器依次杀菌消毒。③温控系统（图 3-22）。包

图 3-22　水处理系统中的蛋白质分离器、微滤机和控温机

括控温机等。用于调节养殖用水的温度。④增氧系统。包括鼓风机、管道、气管、气石等，用于给养殖系统增氧。⑤管道系统。包括各种材质和孔径的塑料管，用于输送养殖用水。⑥养殖系统（图3-20）。包括亲海马培育系统、育苗系统和养成系统。通常，亲海马培育系统由250～300升的玻璃钢桶组成，育苗系统由2米³左右的玻璃钢桶组成，而养成系统则由4米³左右的玻璃钢桶组成。⑦照明系统。除了厂房四壁和顶棚安窗，顶棚还需错落有致地安装日光灯管，用于光线不足的天气和夜间照明。⑧智能水质监测系统（图3-24）。实时监测养殖用水中的主要理化指标，如温度、盐度、溶氧、pH等，发现异常，迅速报警。

图 3-23　水处理系统中的臭氧发生器

图 3-24　智能水质监测系统

三、亲海马配对

亲海马配对前，雌雄个体分开养殖至少 15 天至性腺成熟。待性腺成熟后，挑选体健完美、年龄适中、性腺发育完好的优质亲本进行配对。1 个培育桶放 3 对海马（图 3-25、图 3-26），这 3 对海马规格有大、中、小之分，每个配对海马均是雄性个体体高高于雌性个体约 1 厘米。

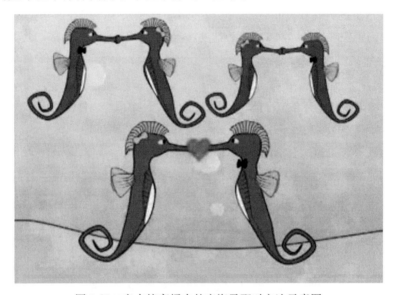

图 3-25　亲本培育桶中的亲海马配对方法示意图

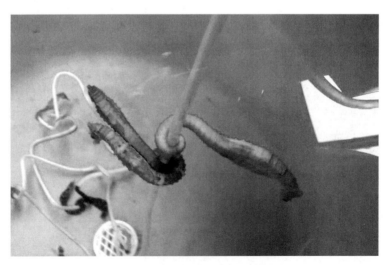

图 3-26　亲本培育桶中培育的 3 对亲海马

四、工厂化海马幼苗的培育

1. 新生苗的放养和质量判定　参照水泥池养殖管理方式。

2. 投饵和吸污　参照水泥池养殖管理方式。

3. 流水和换桶　幼苗育苗桶每天 24 小时持续流水，流速 6～8 升/分钟。其他参照水泥池养殖管理方式。

4. 分选和放养密度　参照水泥池养殖管理方式。

5. 幼苗日常管理

（1）光照调节　夏季光照强，厂房顶棚的天窗需要用配置防晒网，防止强光直射；季光照弱，除了撤去防晒网的同时，还应根据实际光照强度，适时运行照明系统。

（2）水质调节　每周定期在沉淀池中加入一些微生物制剂（如光合细菌、枯草芽孢杆菌、酵母菌、硝化细菌、反硝化细菌等），来控制水中的氨氮等有毒物质，分解有机质，抑制致病菌，从而保证水质安全。加菌时，停止运行臭氧发生器和紫外线杀菌灯。

（3）附着物清洗　参照水泥池养殖管理方式。

（4）观察和检查　参照水泥池养殖管理方式。

第六节　海马池塘养殖

海马池塘养殖具有无需吸污、无需投饵或投饵少、活饵料丰富多样等优点。海马池塘养殖多以套养为主，常与主养品种（如对虾、白虾、梭子蟹、贝类、鱼类等）进行套养，海马只是以配搭的方式混养。在对主养品种的投饵过程中，随着残饵和粪便的增多，水质变肥，藻类繁殖，桡足类、枝角类、轮虫等浮游动物随着也繁殖，白虾繁殖所释放的幼体，可以成为海马的优质饵料。同时，鉴于池塘中的敌害生物以及主养品种捕食海马幼苗的风险，海马的池塘养殖应在网箱中进行。

一、网箱规格

单个网箱底面积大小为 10～12 米^2，深度约为 1 米，网格孔径以 20～40 目为宜。网箱顶端一半覆盖遮阳网，网箱露出水面部分约 20 厘米（图 3-27），多个网箱可以固定连成一排（图 3-28），网箱支架需防锈。网箱尽可能放置在池塘增氧机周围。

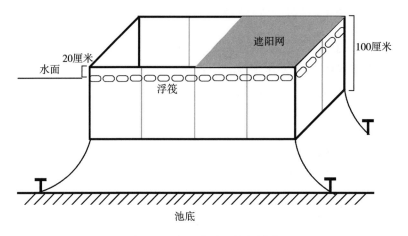

图 3-27　海马养殖网箱的模式

图 3-28　养殖连排网箱

二、放苗规格和时间

适宜放养的海马苗种规格约为 4 厘米，放养密度为每立方米水体 300～400 尾。经过 2 个多月的养殖，即可达到市售规格（9～10 厘米）。放养季节因养殖地的气温而定，如海南、广东、广西一带，每年 2～3 月即可放苗，6 月捕获，从而避开 7～9 月的高温季节；10 月又可放苗，翌年 1～2 月又可捕获。北方气温低的地方，适宜放苗的时间为每年 5～6 月，9～10 月即可收获（图3-29）。

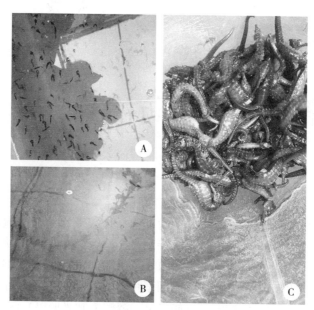

图 3-29　池塘养殖的海马

A. 刚放入池塘网箱的 3~4 厘米幼苗　B. 放苗 1 个月后的幼苗（6~7 厘米）

C. 放苗 3 个月后收获的商品规格海马（10 厘米）

三、日常管理

1. 勤观察水色、勤观察水中饵料生物的丰度　通过观察水色，以及在晚上通过灯光观察养殖池塘中的藻类、饵料生物的丰度，如果水体较瘦，通过施肥等来增加水体的肥度，从而增加水中的初级生产力和次级生产力。

2. 勤检查海马　检查海马的数量及生长情况。如果成活率高，随着海马的生长，要适当地分网箱。另外，海马到了 7 厘米左右，摄食特别旺盛，如果发现海马比较瘦，或者生长速度较慢，很有可能是池塘里生物饵料不足所致。因此，可以补充投喂冰冻糠虾、活成体卤虫，每天 7：30 左右根据每个网箱的海马数量，投喂 1 顿冰冻糠虾。

3. 勤清洗网箱　网箱在池塘中使用一段时间后，网衣上会附着海洋生物，造成网孔堵塞，水体交换受阻，阻碍饵料生物进入网箱。因此，要定期地清洗网箱，将池塘水位降低后，用高压水枪冲洗网箱。

第四章 4

海马常见病害及防治

近年来，海马在养殖过程中的病害问题日益突出，国内外关于海马病害的报道也日渐增多。已知常见的海马疾病，包括体表溃疡病、气泡病、胀鳔病、肝脏出血病、肠胃炎病和肤毛病等。特别是1个月之内的海马幼苗易患肠炎，死亡率较高。这些疾病可能是由不洁的养殖用水、变质的饵料和致病性微生物感染所造成。总的来说，海马的致病因素可以分为生物因子（如病毒、细菌、寄生虫和藻类等）和非生物因子（如水温、溶解氧和光照等）两大类。海马养殖过程中病害的防治，是海马养殖成功的关键因素。

研究和生产经验表明，对目前发现的海马病害还没有特别有效的治疗方法。因此，养殖过程中要做到管理规范化，以防为主，做好综合防治工作。

第一节 由生物因子引起的病害及防治

一、细菌性疾病

1. 肠炎病

【病原】弧菌、假单胞菌。

【病症】肠炎病是海马养殖过程中危害最大的疾病。患病的海马离群缓游，行动痴呆，漂浮于水面上，食欲减退或不摄食。腹部肿胀，肛门松弛外突呈白色，肠胃胀大，轻压腹部有乳白色黏液从肛门流出。解剖后肠道空，有气泡，有淡黄色渗出物，肠系膜充血，后肠糜烂（图4-1）。

【流行情况】肠炎病发病率高，传染性强，死亡率高。海马幼苗最易感染此病，尤其是20天以内的幼苗。此外，4~6厘米的幼苗感染率也很高，该病在成鱼阶段也会发生，高温期易发。

【诊断方法】结合组织病理学，初步判断患病海马是否具有肠炎病的典型病症。在此基础上，从患病海马的病灶部位（肛门处）取样，分离获得致病菌，利用分子生物学和生化检验进行致病菌的鉴定。

【防治方法】

（1）预防措施　放养密度要合理，活饵料尤其是桡足类要彻底消毒，保持优良的水质和养殖环境条件，维持一定量的益生菌，利用益生菌改善海马肠道及水体菌群结构，不投喂腐败变质的饵料，及时清除残饵，保持水质清洁，用具严格消毒。及时发现患病海马并予以隔离，以减少病原体繁殖、传播的机会。

图4-1　患肠炎的海马幼苗

（2）治疗方法　投喂抗生素药饵（如土霉素），每千克体重每天用药70～80毫克，制成药饵，连续投喂5～7天。病情严重的，用土霉素0.5克溶于10毫升凉开水中，用经过消毒磨平的注射针头吸取，轻轻插入海马喉部至鳃盖部，每尾海马每次注射灌药0.5毫升，每天1次，连续5～7天，此法治愈率较高。

2. 体表溃疡病

【病原】弧菌、嗜水气单胞菌、分支杆菌。

【病症】体表溃烂病也是海马养殖过程中常见的病害。主要症状表现为，海马吻部、躯干部、尾部等多处有溃疡。病初，病灶处皮肤变白；之后，病灶处表皮及其皮下肌肉坏死、溃烂，形成大小不等、深浅不一的溃疡，严重时露出骨骼（图4-2）。对于3～7厘米的幼苗，其尾部是易发部位。轻者，尾巴尖端稍有溃烂，整个尾部黏滑；重者，2/3的尾部均有溃烂，甚至断尾，又称烂尾病（图4-3）。

【流行情况】水温在20℃以上开始流行，发病高峰是5～9月。对于成年海马而言，外伤是体表溃疡病的重要诱因；而对幼苗而言，特别是烂尾症状，附着物上的细菌滋生感染是体表溃疡病的重要诱因。

【诊断方法】根据症状和病理变化，做出初步诊断；并进行病原的分离鉴定与荧光抗体技术、免疫对流电泳等免疫学技术等可确诊。

【防治方法】

（1）预防措施　捞网、附着物等材质不宜尖锐，减少捞海马或者倒池时的擦伤；保持优良的水质和养殖环境条件；及时发现患病海马并予以隔离，以减少病原体繁殖、传播的机会。

（2）治疗方法　全池泼洒二氯异氰尿酸钠或三氯异氰尿酸0.3～0.5毫克/升，或二氧化氯、溴氯海因0.1～0.2毫克/升。拌饲投喂病原敏感性药物（如土霉素），每千克体重30～50毫克/天，或氟苯尼考10～20毫克/天，连用5～7天。

图 4-2 患体表溃疡的病海马

图 4-3 患烂尾的海马幼苗

二、病毒性疾病

淋巴囊肿病

【病原】虹彩病毒科鱼淋巴囊肿病毒。

【病症】患病海马吻部及皮肤上出现许多水泡状的囊肿物，呈白色、淡灰色或灰黄色，有的带有血灶而显微红色。囊肿大小不一，小的 1～2 毫米，大的在 10 毫米以上，并紧密相连成桑葚状。严重患者，遍及全身内外各部位（图 4-4）。

【流行情况】鱼类淋巴囊肿病流行性极广，目前已知至少有 42 科、125 种以上的鱼类可以染上此病，其中，海水鱼占 30 科。该病在水温 15～20℃的深秋和冬季较易发。目前，国内关于海马患此病的报道也陆续出现：2000 年冬季在广东中山大亿达州海马养殖基地以及 2013 年 12 月在福建东山澳角海马养殖基地，均出现了海马患淋巴囊肿病的案例，患病海马吻部及皮肤上出现大量囊肿，漂浮于水面。

【诊断方法】外观症状用肉眼可看出有许多小水泡状的囊肿物，可做出初诊。确诊可用 BF-2、LBF-1 等细胞株分离培养，或通过电子显微镜观察到病毒粒子。

【防治方法】

(1) 预防措施　从外单位、外地引进亲海马、海马苗种时，应严格进行检疫。如果发现携带病原体者，应彻底进行销毁处理。如在养殖水体中发现患病海马应及时拣出，并进行隔离养殖。病海马池中排出的水，应用浓度为 10 毫克/升的漂白粉消毒。

（2）治疗方法　将患病海马的囊肿切除，用浓度为 300 毫克/升的福尔马林浸泡 30～60 分钟，然后放养在清洁的水体中，投喂抗菌药物，进行精心饲养管理。

图 4-4　患淋巴囊肿病的海马

三、真菌性疾病

水霉病

【病原】水霉、绵霉。

【病症】患病海马体表不光洁，体表和鳃部覆盖有一层很薄很细的灰白色棉絮，并黏附污泥和藻类，又称"白毛病"（图 4-5）。病鱼负担过重，行动呆滞，长期待在附着物上不游动，食欲减退，最终衰弱而死。

【流行情况】水霉病是鱼类的常见疾病之一，一年四季均可发生，以早春、晚冬最为流行，各种鱼类均可感染发病。

【诊断方法】由于海马体表所被的水霉絮状物很薄很细，因此，海马水霉病白天不易发现，只有夜间借助手电筒直射灯光，才能发现体表的白毛症状。若有，便可做出诊断，必要时用显微镜检查菌丝体。

图 4-5　患白毛病的海马，全身覆盖水霉絮状物

【防治方法】

(1) 预防措施　水霉病还是以防为主，注意保持水环境良好。具体为养殖池需用 200 毫克/升的生石灰或 20 毫克/升的漂白粉消毒；平时注意消毒，在捕捞、运输等操作过程中尽量避免鱼体受伤，注意合理放养密度。

(2) 治疗方法　发病海马可用淡水浸泡 5 分钟，或者用 5 毫克/升的高锰酸钾浸泡 1 分钟，浸泡过程中来回反复揉海马的体表。隔 3 天再重复操作 1 次。

四、寄生虫病

1. 聚缩虫病

【病原】聚缩虫。一种固着类的群体纤毛虫。虫体外形常如倒置的钟形，上端为口面，与柄相连的下端为反口面。口面具有口围盘结构，口围盘的四周围绕有一圈唇状口围缘，反口面连接着柄，虫体通过柄附着于基质。群体高可达 6 毫米，虫体可达 1 000 个。大核纵位，伸缩泡 1 个。聚缩虫一般呈树枝状固着于海马的体表皮肤上。

【病症】主要寄生在海马的体表和鳃上。当聚缩虫附着的数量多时，海马体表呈现出灰白色绒毛状，并黏附污泥和藻类，使得绒毛通常也呈褐色（图 4-6）。聚缩虫病又称"肤毛病"，使海马负担沉重，游泳迟缓，食欲减退。有的还与肠炎并发。

【流行情况】流行季节为每年的夏秋两季，福建东山、山东日照、广东汕头等地养殖的海马，都曾发生过此病。幼苗阶段较易感染。

【诊断方法】从患病海马体表上刮取少许绒毛物，做成水封片，在显微镜

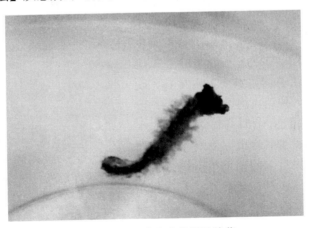

图 4-6　患聚缩虫病的海马幼苗

下观察。如发现有大量虫体，即可诊断。

【防治方法】保持水体干净。具肉眼可见典型病症的患病海马，将其捞起隔离。采用物理方法将其去"毛"，通常用柔软毛的牙刷将其刷净，然后再用抗菌药物，如土霉素 10 毫克/升药浴，连用 3～4 天。患病海马池每立方米水体用 20～30 毫升的福尔马林浸泡 12 小时，之后流水 12 小时，再浸泡。

2. 淀粉卵涡鞭虫病（淀粉卵甲藻病）

【病原】淀粉卵涡鞭虫。寄生期的虫体为营养体，呈梨形，其一端具有假根状突起，营养体成熟后或在病鱼死后缩回假根，离开鱼体落入水中，分泌一层纤维质形成包囊。虫体在包囊中遇到适宜条件后，用二分裂法反复进行多次分裂，形成涡孢子。已形成的涡孢子冲出包囊在水中游泳，遇到宿主海马就附着上去，去掉鞭毛，生出假根，再成为营养体，重复寄生生活。

【病症】患病海马体表黏液增多，鳃、皮肤和鳍上有许多小白点。当寄生于鳃部时，每侧鳃上可多达数千个营养体。重病者鳃上密布灰色团块，表面被一层米汤样的白膜。患病海马鳃盖开闭不规则或难以闭合，呼吸频率加快，常用尾巴挠鳃部，消瘦不安，游泳无力，往往并发细菌性病害而大量死亡。患病海马体表布满白色小点，与刺激隐核虫病病症相似。淀粉卵涡鞭虫与刺激隐核虫均为常见、无明显特异性的海水鱼类寄生虫，两者生活史十分相似，均分为寄生营养体、分裂包囊和具感染性幼虫 3 个主要阶段。由于淀粉卵涡鞭虫生活史周期短、繁殖速度更快，相比于刺激隐核虫，其致死性更强。从发现淀粉卵涡鞭虫病到出现大量死亡，仅相隔 3～4 天。

【流行情况】此病流行于夏秋高温季节，营养体最适生长水温为 23～27℃。硝酸盐含量高时对涡孢子发育有利，在多种海水鱼和半咸水养殖鱼类中都可以发生。此病发病周期长，每年 3 月左右开始发生此病，可一直延续到 9 月。期间水温 20～30℃，平均水温 25℃ 左右。2017 年 8 月，福建东山多家灰海马养殖场因患此病引起海马大批死亡。

【诊断方法】用肉眼观察海马体表或取可疑病海马鳃丝，看到许多小白点时即可做出初步判断。确诊可将病鱼的鳃剪下，经盐度为 28 的海水在培养皿中洗下虫体，用显微镜镜检确诊。

【防治方法】一旦发现此病，全池泼洒硫酸铜，使用浓度为 0.8～1 毫克/升，每天 1 次，连用 3 天；或将海马捞出，用淡水浸泡 5 分钟；也可用硫酸铜，每立方米水体浓度为 10～12 克，浸泡时间为 10～15 分钟，每天 1 次，连用 3 天。

3. 海马丽克虫病

【病原】海马丽克虫。1979 年，有学者在山东省日照县石臼所海水养殖试验场水泥池中养殖三斑海马的鳃和皮肤上发现了海马丽克虫，为丽克虫在脊椎动物上的首次发现。虫体分为3部分：下部为基盘，中部为颈状部，上部为口盘。虫体小而长，体长一般为50～87微米、体宽（口盘最宽处）为16～31微米；基盘呈倒圆盘形，底面向内凹，直径为16～28微米；盘口直径比基盘直径小，9～19微米。盘口边缘着色较深，具1圈纤毛。盘口外有1～2圈褶皱，与盘口呈同心环形排列，但边缘呈波浪形弯曲。颈状部介于口盘和基盘之间，窄而短。口盘背腹扁，口面观椭圆形，长34（25～43）微米，下面与短的颈状部相连，并垂直于基盘（图4-7）。

【病症】海马丽克虫主要附着在海马鳃丝上，一般数量很多，几乎布满所有鳃丝的表面。在皮肤上也发现虫体，但数量很少。患病海马鳃部、体表黏液增多，呼吸困难，食欲减退，鱼体瘦弱。海马丽克虫一般不损伤海马的鳃丝组织，它的食物是小型硅藻，仅以鳃丝为附着基物。附着数量不多时，对海马基本无害；但附着数量多时，则会占据了鳃丝的大部分表面，影响气体交换，在水中溶氧不足时，容易使寄主窒息死亡。

【流行情况】目前，仅发现于人工养殖的海马。流行季节一般为6～9月，江苏省连云港和山东省日照等地都曾发生过。在较大的海马中感染率很高，感染强度很大，且常与车轮虫、聚缩虫并发。

【诊断方法】取患病海马鳃丝置于载玻片上做成水封片，在显微镜下观察到虫体，即可诊断。

【防治方法】丽克虫对淡水十分敏感，故可用淡水浸泡病体3～5分钟；或用10毫克/升的高锰酸钾海水溶液浸洗患病海马3～5分钟；也可用1～2毫克/升的硫酸铜全池均匀泼洒。

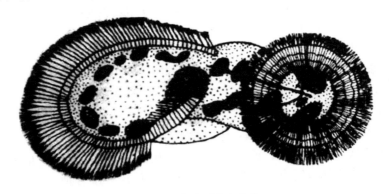

图4-7　海马丽克虫虫体

（摘自《海水养殖动物病害学》，孟庆显，1994）

4. 刺激隐核虫病

【病原】刺激隐核虫，又称海水小瓜虫。一种常寄生于温带和热带海洋硬骨鱼类身上的全毛类纤毛虫。虫体为球形或卵圆形，成熟个体的直径为 0.4～0.5 毫米，全身表面被有均匀一致的纤毛。前端有 1 个胞口，体内含有大核、小核各 1 个，体内大核由 4 个卵圆形团块通过长轴的丝状物相连，呈马蹄形排列。刺激隐核虫的生活史分营养体和包囊期。营养体是寄生在宿主体上的时期，营养体成熟后离开寄主，落于池底或其他物体上，并形成包囊；虫体在包囊内经过多次分裂，最后形成许多纤毛幼虫。纤毛幼虫冲破包囊，在水中游泳，当遇到寄主海马时，即钻入海马的上皮组织下，重新开始营养体的发育，并营寄生生活（图 4-8）。

【病症】患病海马的体表、鳃、眼角膜、口腔等与外界接触处，肉眼可见有许多小白点。严重时，海马体表皮肤出现点状充血，鳃和体表黏液增多，形成一层白色混浊状的薄膜。患病海马食欲下降或不摄食，身体消瘦，游泳无力，呼吸困难，体色呈黑褐色或黄褐色，最终可能因窒息而导致死亡。死亡海马鳃丝溃烂，镜检发现鳃丝上有大量的隐核虫孢子。

【流行情况】隐核虫的适宜水温为 10～30℃，最适宜繁殖水温为 25～30℃。所以，夏季和秋季是隐核虫病的流行季节。虫体无需中间寄主，靠包囊及其幼虫传播。目前流行地区广，无寄主专一性，在海马和其他养殖的海水鱼类中都可被侵袭，一经感染，传播迅速，感染率和死亡率极高。

【诊断方法】将患病海马的体表和鳃丝取下，制成水封片。在显微镜下可看到全身具有纤毛、体色不透明、缓缓旋转运动的圆形或卵圆形虫体，即可确诊。

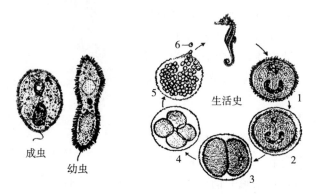

图 4-8　刺激隐核虫及其生活史

1. 营养体　2. 包囊　3～5. 虫体在包囊中的分裂过程　6. 纤毛幼虫

（摘自倪达书和汪建国，水生生物学报，1988，12（3）259-267）

【防治方法】患病海马用淡水浸泡，每次 5～10 分钟，隔天 1 次，连续 3 次；或者用醋酸钠，每立方米水体 0.3 克，全池泼洒；或者用福尔马林溶液，每立方米水体 25～30 毫升，全池泼洒，每天 1 次，连续 3 次。

5. 车轮虫病

【病原】车轮虫。该病原广泛寄生于各种鱼类。车轮虫虫体侧面观如草帽状，反面观如圆碟形。隆起的一面为前面或称为口面，凹入的一面是反口面。反口面最显著的特点是有齿轮状的齿环，齿环由齿体互相套接而成。齿体似空锥，分为锥体、齿钩和齿棘三部分。反口面的边缘有 1 圈较长的纤毛，是后纤毛带。车轮虫用附着盘（反口面）附着在鱼的鳃丝或者皮肤来回滑动，有时离开宿主在水中自由游泳，游泳时一般用反口面向前像车轮一样在转动。有时附着在鳃丝上不动，仅看到纤毛在动。车轮虫的虫体有大有小，大的虫体直径达100 微米，小的只有 20 微米（图 4-9）。

【病症】车轮虫主要寄生在海马鳃丝上，少量寄生在皮肤上。当寄生量少时，不显症状；但当寄生量大后，由于其附着及来回滑行，刺激鳃丝，大量分泌黏液，引起鳃上皮增生，影响呼吸。患病幼海马体色暗淡，失去光泽；食欲不振，甚至停止摄食；鳃的上皮组织坏死，崩解；呼吸困难，衰弱而死。

【流行情况】车轮虫病一年四季均可发生，但是虫体的最适宜繁殖水温是20～28℃，流行季节为 4～7 月，尤其以春末、夏初、秋季最为流行。海水鱼类受感染较为普遍，尤以苗种阶段危害较为严重。

【诊断方法】取一些鳃丝或从鳃上、体表上刮取少许黏液，置于载玻片上制成水封片。在显微镜下可见到虫体，并且所见的虫体数量较多时，可诊断为车轮虫病；如果仅仅少量虫体，不能诊断为车轮虫病，因为少量虫体附着在鳃上是常见的。

【防治方法】

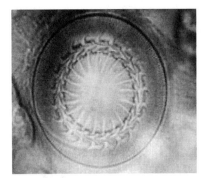

图 4-9　车轮虫

（1）预防措施　在培育苗种期间，要勤观察。在低倍镜下，如果 1 个视野达到30 个以上虫体时，可用硫酸铜全池泼洒，每立方米水体用药 0.8～1.2 克。

（2）治疗方法　淡水浸泡 5～10 分钟；或 2～3 毫克/升的硫酸铜全池泼洒；或 8 毫克/升的硫酸铜和 10 毫克/升的高锰酸钾混合液浸泡 15 分钟。

第二节 由非生物因子引起的病害及防治

在海马养殖过程中，由非生物因子引起的病害也较为常见。该类病害主要是由环境理化因子如水温、溶解氧和光照等发生变化所致。

1. 胀鳔病

【病因】光照过强或在短时间内日照强度变化过大，水质恶化，氧气不足，饵料变质的情况下发病。

【病症】患病海马腹部胀大，不能下沉，游泳失常，只能侧卧漂浮于水面，摄食困难。镜检鳔囊胀大，充满气体，占据整个体腔，并扩及肾脏后缘（图4-10）。

【流行情况】此病冬季发病率较高，多发生在成海马阶段。

【防治方法】

（1）预防措施 改善生活环境条件，保持水质新鲜；投喂优质鲜活饵料；保持水质稳定，溶氧充足，水温稳定，避光遮阳。

（2）治疗方法 用土霉素和小苏打各1片（0.25克），研成粉末溶于凉开水中，配置成浓度为10毫克/升的药液，采用注射灌药法，每尾海马从腹部灌注0.5毫升。

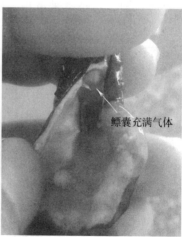

图 4-10 患胀鳔病的成年海马

2. 气泡病

【病因】由于养殖水体中气体过度饱和而引起的。常见有以下几种情况：

（1）水中的浮游植物或固着藻类过盛。在天气晴朗时阳光直射，光照度过强，藻类进行强烈的光合作用，产生氧气过度饱和。

（2）用水泵向养殖池里加水时，如果水泵的进水管有漏洞，空气将从漏洞吸入管内与水混合，并经过高压之后，使水中气体过度饱和。

（3）工厂化人工育苗采用直接充气，或用水源直接曝气法，水中的气体已经达到饱和，当水温升高时就变成为气体过度饱和。

（4）使用地下水源，如井水、泉水等，常含有过度饱和的氮气；或因池底残饵、污物被分解而释放出氮类气体而致气体过度饱和。

【病症】由于养殖水体中气体过度饱和形成小气泡，被海马误认为食物而吞食入消化道，在海马体内和体表产生大小、数目不等的气泡。气泡最常出现在尾部、鳍条、头部、眼角、吻部等部位（图4-11）。幼海马捕食活饵料的过程中极易摄入气体，而无法释放导致形成消化道气泡；成年海马摄入的气体可导致毛细血管中形成气泡，阻碍血液流动，导致出血和栓塞。患病海马由于头吻部及全身皮肤或肠道生成气泡，游泳失常，影响摄食，呼吸困难。严重时气泡溃烂，细菌入侵，发生炎症，导致死亡。

【流行情况】海马气泡病可发生在各个不同时期，但主要是危害人工育苗时期的幼海马。

【防治方法】

（1）预防措施　针对病因，采取相应的预防措施。保持水质清新，经常换水；避免光线直射，减少藻类繁生；清除养殖池底部的残饵、污物；降低水温，加注饱和度以下的新水。

（2）治疗方法　使用消毒过的细小针管，刺破体表气泡。之后，将刺破气泡的海马放置到含30～50毫克/升优碘的清洁海水中隔离养殖。

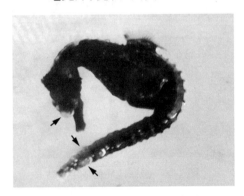

图4-11　患气泡病的成年海马

参 考 文 献

陈芳，张璠，吕会田，等，2006. 海马提取物调控 PI4K 激酶活性 [J]. 基础医学与临床，26 (11)：1210-1212.

陈维宁，许兰芝，高尔，等，1995. 海马提取物的药理实验研究 [J]. 潍坊医学院学报，17 (2)：105-107.

陈维宁，于淑敏，李耀辉，等，1997. 海马提取物中氨基酸和微量元素含量分析 [J]. 潍坊学院学报，19 (1)：25-26.

仇建标，1993. 大海马人工越冬和促性腺早熟的初步研究 [J]. 中国海洋药物，47 (3)：36-40.

邓钢，吕军仪，林强，2005. 大海马育苗池水华发生期间细菌动态及相关理化参数 [J]. 中国水产科学，12 (4)：477-482.

杜庆红，陈栩，朱长寿，等，2004. 饥饿与投喂方式对养殖大海马生存和生长的影响 [J]. 海洋水产研究，25 (4)：51-56.

杜庆红，陈栩，朱长寿，等，2004. 大海马人工繁殖和育苗技术研究 [J]. 台湾海峡，23 (2)：186-191.

杜庆红，陈栩，朱长寿，等，2005. 海马卵甲藻病的防治研究 [J]. 海洋科学，29 (11)：4-7.

郭文场，刘佳贺，李宏伟，2016. 中国产海马的种类、养殖和利用 (1) [J]. 特种经济动植物，19 (12)：14-16.

郭文场，刘佳贺，李宏伟，2017. 中国产海马的种类、养殖和利用 (2) [J]. 特种经济动植物，20 (1)：7-9.

郭文场，刘佳贺，李宏伟，2017. 中国产海马的种类、养殖和利用 (3) [J]. 特种经济动植物，20 (2)：11-14.

韩松霖，2013. 中国海马的分类、资源、利用与保护 [D]. 桂林：广西师范大学.

姜松，叶乐，刘宝锁，等，2015. 海马人工养殖现状与模式 [J]. 海洋渔业 (255)：63-65.

梁炳盛，1992. 海马人工养殖的研究 [J]. 青岛海洋大学学报，22 (4)：39-44.

李文琪，倪庆桂，1999. 海马对小鼠 S180 实体肿瘤的抑制作用 [J]. 安徽医学，20 (6)：6-7.

林强，2012. 中国近海海马资源保护及养殖现状 [C]. 中国海洋湖沼学会第十次全国会员代表大会暨学术研讨会论文集.

林强，秦耿，罗伟，2016. 海马生态健康增养殖及良种选育技术研究 [J]. 中国科技成果 (14)：27-29.

刘明生，艾朝辉，邢福桑，等，2001. 海马的研究概况 [J]. 时珍国医国药，12 (10)：948-949.

吕军仪，吴金英，杨大伟，等，2001. 大海马在人工养殖条件下的生长速率 [J]. 中国水产科学，8（1）：59-63.

吕军仪，许实波，许东晖，等，2001. 海马工厂化健康养殖成果及开发前景 [J]. 中药材，24（9）：629-631.

吕军仪，李秉记，孙燕燕，等，2002. 池养大海马的摄食、生长和生态转换效率 [J]. 水产学报，26（1）：61-66.

马泽芳，1999. 海马的用途及国际贸易现状田 [J]. 农牧产品开发（12）：7-8.

孟庆显，1994. 海水养殖动物病害学 [M]. 北京：中国农业出版社.

孟学强，许东晖，梅雪婷，等，2005. 海马胶囊治疗实验性前列腺增生的研究 [J]. 中医药学杂志，40（3）：190-193.

倪达书，汪建国，1988. 我国鱼类寄生原生动物的研究进展 [J]. 水生生物学报，12（3）：259-267.

佘敏，何耕兴，陈辉，等，1995. 五种海洋生物抗衰老相关活性的实验研究 [J]. 中国海洋药物，14（2）：30-34.

王强，张朝晖，臧学新，1998. 刺海马化学成分研究 [J]. 中国药科大学学报，29（1）：24-25.

魏祥东，陈东红，叶长明，2002. 海马的人工养殖现状及前景 [J]. 中山大学学报论丛，22（3）：236-239.

席寅峰，尹飞，2011. 海马人工养殖技术研究进展 [J]. 现代渔业信息，26（10）：9-15.

席寅峰，张东，施兆鸿，2013. 投喂频率对雌雄分化后灰海马生长发育、饵料转换效率及消化酶活力的影响 [J]. 海洋渔业，35（1）：77-85.

谢忠明，宋盛宪，孙燕燕，等，2004. 海马养殖技术 [M]. 北京：金盾出版社.

许东晖，许实波，1995. 斑海马提取物抗血栓药理研究 [J]. 中药材，18（11），573-574.

许东晖，冯星，梅雪婷，等，2000. 海马胶囊的补肾壮阳药理作用 [J]. 中药材，23（2）：98-99.

许实波，许东晖，吕军仪，等，2002. 我国海马中药材的研究开发前景 [J]. 中草药，33（1）：10-16.

徐凯，陈达灿，李柳宁，等，2003. 海马犀黄颗粒治疗化疗失败ⅢB、Ⅳ期非小细胞肺癌临床研究 [J]. 湖北中医杂志，25（5）：12-13.

许益民，陈建伟，郭戌，1994. 海马和海龙中磷脂成分与脂肪酸的分析研究 [J]. 中国海洋药物（1）：14-18.

严家彬，马润娣，于立坚，2002. 海马的药用价值 [J]. 中国海洋药物（6）：48-52.

闫珍珍，2019. 灰海马和三斑海马生物化学成分的化学生态学初步研究 [D]. 上海：上海海洋大学.

杨弘诣，杨为东，程刚，等，2006. 一种海马肠道疾病病原体的鉴定及其对抗生素的敏感性研究 [J]. 中国国境卫生检疫杂志，29（4）：232-234.

杨弘诣，杨为东，赵文，等，2006. 海马病原菌的分离鉴定及其对抗生素敏感性的研究 [J]. 大连水产学院学报，21（2）：76-82.

易美华，李根强，肖红，等，2006. 海马、海龙的提取及对油脂抗氧化性的研究 [J]. 中国热带医学，6（10）：1784-1785.

尹飞，唐保军，张东，等，2012. 投喂不同密度卤虫无节幼体对灰海马幼体生长和存活的影响 [J]. 应用与环境生物学报，18（4）：617-622.

游克仁，2007. 海马人工养殖技术 [J]. 福建农业（4）：28.

张朝晖，徐国钧，徐珞珊，等，1996. 我国海马养殖现状 [J]. 浙江水产学院学报，15（3）：217-220.

张朝晖，徐国钧，徐洛珊，等，1997. 海龙科药用动物的理化分析 [J]. 中药材，20（3）：140-144.

张峰，1997. 日本海马生殖期育儿囊组织结构变化和卵胎生特点的组织学观察 [J]. 大连水产学院学报，12（4）：63-67.

张洪，罗顺德，周本宏，等，1997. 日本海马温肾壮阳相关活性的实验研究 [J]. 中国海洋药物，16（4）：53-56.

张晓锋，2002. 海马人工养殖及病害防治技术 [J]. 水产养殖（2）：3-5.

赵平孙，文子能，周生禄，2003. 人工养殖条件下大海马幼鱼的生长 [J]. 海洋水产研究，24（3）：15-19.

朱炎坤，余幸嘉，方飞，2005. 海马提取物中氨基酸种类分析 [J]. 仪器仪表与分析监测（2）：30-39.

Alcaide E, Gil-Sanz C, Sanjuan E, et al., 2001. *Vibrio harveyi* causes disease in seahorse, *Hippocampus* sp [J]. Journal of Fish Diseases, 24 (5): 311-313.

Balcazar J L, Loureiro S, Da Silva Y J, et al., 2010. Identification and characterization of bacteria with antibacterial activities isolated from seahorses (*Hippocampus guttulatus*) [J]. Journal of Antibiotics, 63 (5): 271-274.

Blasiola G C, 1979. *Glugea heraldi* n. sp. (Microsporida, Glugeidae) from the seahorse *Hippocampus erectus* Perry [J]. Journal of Fish Diseases, 2 (6): 493-500.

Bruckner A W, Field J D, Davies N (Eds.), 2005. The proceedings of the international workshop on CITES implementation for seahorse conservation and trade [M]. NOAA technical memorandum NMFS-OPR-36, Silver Spring, MD.

Dzyuba B, Van Look K J W, Cliffe A, et al., 2006. Effect of parental age and associated size on fecundity, growth and survival in the yellow seahorse *Hippocampus kuda* [J]. Journal of Experimental Biology, 209 (16): 3055-3061.

Foster S J, Vincent A, 2004. Life history and ecology of seahorses: implications for conservation and management [J]. Journal of Fish Biology, 65 (1): 1-61.

Job S D, Do H H, Meeuwig J J, et al., 2002. Culturing the oceanic seahorse, *Hippocampus kuda* [J]. Aquaculture, 214 (1-4): 333-341.

Job S, Buu D, Vincent A, 2006. Growth and survival of the tiger tail seahorse, *Hippocampus comes* [J]. Journal of the World Aquaculture Society, 37 (3): 322-327.

Kitsos M S, Tzomos T, Anagnostopoulou L, et al., 2008. Diet composition of the seahorses, *Hippocampus guttulatus* Cuvier, 1829 and *Hippocampus hippocampus* (L., 1758) (Teleostei, Syngnathidae) in the Aegean Sea [J]. Journal of Fish Biology, 72

(6): 1259-1267.

Koldewey H J, Martin-Smith K M, 2010. A global review of seahorse aquaculture [J]. Aquaculture, 302 (3-4): 131-152.

Lin Q, Lin J D, Zhang D, 2008. Breeding and juvenile culture of the lined seahorse, *Hippocampus erectus* Perry, 1810 [J]. Aquaculture, 277 (3-4): 287-292.

Lin Q, Lin J D, Huang L M, 2009. Effects of substrate color, light intensity and temperature on survival and skin color change of juvenile seahorses, *Hippocampus erectus* Perry, 1810 [J]. Aquaculture, 298 (1-2): 157-161.

Lin Q, Lin J D, Zhang D, et al., 2009. Weaning of juvenile seahorses *Hippocampus erectus* Perry, 1810 from live to frozen food [J]. Aquaculture, 291 (3-4): 224-229.

Lin Q, Zhang D, Lin J D, 2009. Effects of light intensity, stocking density, feeding frequency and salinity on the growth of sub-adult seahorses *Hippocampus erectus* Perry, 1810 [J]. Aquaculture, 292 (1-2): 111-116.

Lin Q, Lin J D, Huang L M, 2010. Effects of light intensity, stocking density and temperature on the air-bubble disease, survivorship and growth of early juvenile seahorse *Hippocampus erectus* Perry, 1810 [J]. Aquaculture Research, 42 (1): 91-98.

Lockyear J, Kaiser H, Hecht T, 1997. Studies on the captive breeding of the Knysna seahorse, *Hippocampus capensis* [J]. Aquarium Sciences and Conservation, 1 (2): 129-136.

Lourie S A, Foster S J, Cooper E W T, et al., 2004. Program T N A. A Guide to the Identification of Seahorses [M]. Project Seahorse and Traffic North America, 3-4.

Lovett J M, 1969. An introduction to the biology of the seahorse *Hippocampus abdominalis* [D]. University of Tasmania, Australia.

Martinez-Cardenas L, Purser G J, 2007. Effect of tank colour on Artemia ingestion, growth and survival in cultured early juvenile pot-bellied seahorses (*Hippocampus abdominalis*) [J]. Aquaculture, 264 (1-4): 92-100.

Mattle B, Wilson A B, 2009. Body size preferences in the potbellied seahorse *Hippocampus abdominalis*: choosy males and indiscriminate females [J]. Behavioral Ecology and Sociobiology, 63 (10): 1403-1410.

Mobley K B, Kvarnemo C, Ahnesj O I, et al., 2011. The effect of maternal body size on embryo survivorship in the broods of pregnant male pipefish [J]. Behavioral Ecology and Sociobiology, 65 (6): 1169-1177.

Naud M J, Curtis J M R, Woodall L C, et al., 2009. Mate choice, operational sex ratio, and social promiscuity in a wild population of the long-snouted seahorse *Hippocampus guttulatus* [J]. Behavioral Ecology, 20 (1): 160-164.

Olivotto I, Avella M A, Sampaolesi G, et al., 2008. Breeding and rearing the longsnout seahorse *Hippocampus reidi*: Rearing and feeding studies [J]. Aquaculture, 283 (1-4): 92-96.

Otero-Ferrer F, Molina L, Socorro J, et al., 2010. Live prey first feeding regimes for short-snouted seahorse *Hippocampus hippocampus* (Linnaeus, 1758) juveniles [J]. Aquaculture Research, 41 (9): e8-e19.

Palma J, Bureau D P, Andrade J P, 2011. Effect of different *Artemia* enrichments and feeding protocol for rearing juvenile long snout seahorse, *Hippocampus guttulatus* [J]. Aquaculture, 318 (3-4): 439-443.

Payne M F, Rippingale R J, 2000. Rearing West Australian seahorse, *Hippocampus subelongatus*, juveniles on copepod nauplii and enriched *Artemia* [J]. Aquaculture, 188 (3-4): 353-361.

Perez-Oconer E, 2002. Reproductive biology and gestation of the male seahorse, *Hippocampus barbouri* (Jordan and Richardson 1908) [D]. University of the Philippines, Quezon City, Philippines.

Planas M, Chamorro A, Quintas P, et al., 2008. Establishment and maintenance of threatened long-snouted seahorse, *Hippocampus guttulatus*, broodstock in captivity [J]. Aquaculture, 283 (1-4): 19-28.

Porter M M, Adriaens D, Hatton R L, et al., 2015. Why the seahorse tail is square? Science, 349 (6243): aaa6683.

Sheng J Q, Lin Q, Chen Q X, et al., 2006. Effects of food, temperature and light intensity on the feeding behavior of three-spot juvenile seahorses, *Hippocampus trimaculatus* Leach [J]. Aquaculture, 256 (1-4): 596-607.

Teixeira R L, Musick J A, 2001. Reproduction and food habits of the lined seahorse, *Hippocampus erectus* (Teleostei: Syngnathidae) of Chesapeake Bay, Virginia [J]. Brazilian Journal of Biology, 61 (1): 79-90.

Vincent A C, Clifton-Hadley R S, 1989. Parasitic infection of the seahorse (*Hippocampus erectus*) —a case report [J]. Journal of Wildlife Diseases, 25 (3): 404-406.

Vincent A, Giles B G, 2003. Correlates of reproductive success in a wild population of *Hippocampus whitei* [J]. Journal of Fish Biology, 63 (2): 344-355.

Vincent A, Foster S J, Koldewey H J, 2011. Conservation and management of seahorses and other syngnathidae [J]. Journal of Fish Biology, 78 (6): 1681-1724.

Wilson M J, Vincent A C, 2000. Preliminary success in closing the life cycle of exploited seahorse species, *Hippocampus* spp., in captivity [J]. Aquarium Sciences and Conservation, 2 (4): 179-196.

Wong J M, Benzie J, 2003. The effects of temperature, *Artemia* enrichment, stocking density and light on the growth of juvenile seahorses, *Hippocampus whitei* (Bleeker, 1855), from Australia [J]. Aquaculture, 228 (1-4): 107-121.

Woods C, 2000. Improving initial survival in cultured seahorses, *Hippocampus abdominalis* Leeson, 1827 (Teleostei : Syngnathidae) [J]. Aquaculture, 190 (3-4): 377-388.

Woods C, 2000. Preliminary observations on breeding and rearing the seahorse *Hippocampus abdominalis* (Teleostei: Syngnathidae) in captivity [J]. New Zealand Journal of Marine and Freahwater Research, 34 (3): 475-485.

Woods C, 2002. Natural diet of the seahorse *Hippocampus abdominalis* [J] . New Zealand Journal of Marine and Freahwater Research, 36 (3): 655-660.

Woods C, 2003. Effect of stocking density and gender segregation in the seahorse *Hippocampus abdominalis* [J] . Aquaculture, 218 (1-4): 167-176.

Woods C, 2003. Effects of varying *Artemia* enrichment on growth and survival of juvenile, seahorses, *Hippocampus abdominalis* [J] . Aquaculture, 220 (1-4): 537-548.

Woods C, Valentino F, 2003. Frozen mysids as an alternative to live Artemia in culturing seahorses *Hippocampus abdominalis* [J] . Aquaculture Research, 34 (9): 757-763.

Woods C, 2005. Growth of cultured seahorses (*Hippocampus abdominalis*) in relation to feed ration [J] . Aquaculture International, 13 (4): 305-314.

Zhang D, Zhang Y H, Lin J D, et al. , 2010. Growth and survival of juvenile lined seahorse, *Hippocampus erectus* (Perry), at different stocking densities [J] . Aquaculture Research, 42 (1): 9-13.

第二部分 鲍

鲍形态、分类及生态

第一节　鲍分类地位、种类及分布

一、分类地位

鲍俗称鲍鱼。隶属于软体动物门（Mollusca）、腹足纲（Gastropoda）、前鳃亚纲（Prosobranchia）、原始腹足目（Archaeogastropoda）、鲍科（Haliotidae）、鲍属（*Haliotis*）。

二、种类及分布

迄今为止，全世界已发现的鲍约 100 余种。分布比较广泛，南北半球都有鲍的分布，广泛分布于世界各海域中，如中国、日本、韩国、印度尼西亚、北美太平洋沿岸、非洲南部、澳洲南部及新西兰等国家。特别是在温带及亚热带海域，分布的种类及数量均较多，热带海域的分布量较少，寒带海域最少。各大洋中的分布数量，以太平洋沿岸最多，印度洋次之，大西洋最少，北冰洋沿岸迄今为止尚未发现有鲍分布。不同海域中鲍科的种类分布为：

1. 太平洋西北部沿岸　在日本及朝鲜半岛沿岸共分布 10 种。其中，主要的经济种类有皱纹盘鲍（*Haliotis discus hannai*）、盘鲍（*H. discus discus*）、西氏鲍（*H. sieboldii*）、真高鲍（*H. madaka*）和杂色鲍（*H. diversicolor supertexta*）（猪野，1952；韩国国立水产振兴院，1999）。

中国沿海主要分布鲍种 7 种。其中，主要经济种类有 2 种，即皱纹盘鲍和杂色鲍（台湾地区亦称九孔鲍）。在我国南海及菲律宾、马来西亚、印度尼西亚等海域，还分布有耳鲍（*H. asinina*）、羊鲍（*H. ovina*）、格鲍（*H. clathrata*）、平鲍（*H. planata*）和多变鲍（*H. varia*）（曾文阳，1985；高绪生等，2000；聂宗庆等，2000）。

2. 北美太平洋沿岸　从阿拉斯加至墨西哥沿岸分布的鲍种有 8 种。主要的经济种类有 6 种，即红鲍（*H. rufescens*）、绿鲍（*H. fulgens*）、桃红鲍（*H. corrugata*）、白鲍（*H. sorenseni*）、黑鲍（*H. cracherodii*）和堪察加鲍（*H. kamtschatkana*）。其中，红鲍和堪察加鲍为冷水种，主要分布于美国及加拿大沿岸，尤其是红鲍，其壳长可达 30 厘米；绿鲍、桃红鲍等均为暖水种，主要分布于美国西海岸及墨西哥西部沿岸（Leighton，1982）。

3. 大洋洲　在太平洋西南部的澳大利亚和新西兰周围海域分布的鲍种类多达 15 种。主要的经济种类有 6 种，包括黑唇鲍（*H. ruber*）、绿唇鲍（*H. laevigata*）、罗氏鲍（*H. roei*）、虹鲍（*H. iris*）等。其中，黑唇鲍、绿唇鲍和罗氏鲍主要分布于澳大利亚的南部及塔斯马尼亚沿海；新西兰的岛礁周围主要分布有虹鲍、黄足鲍（*H. australis*）和白足鲍（*H. virginea*）。

4. 非洲南部　在非洲，最主要的经济种类是分布在非洲南部的中间鲍（*H. midae*），其商业性养殖公司主要集中在南非开普敦沿岸。

5. 欧洲　欧洲沿岸的主要经济种类为疣鲍（*H. tuberculata*），主要分布在英吉利海峡、法国及西班牙等沿岸，壳长最大可达 12 厘米。

三、我国鲍的主要种类及特征

我国大陆沿岸分布的主要鲍种有 7 种（吕端华，1978），包括皱纹盘鲍（*H. discus hannai*）、杂色鲍（*H. diversicolor*）、耳鲍（*H. asinina*）、羊鲍（*H. ovina*）、多变鲍（*H. varia*）、格鲍（*H. clathrata*）、平鲍（*H. planate*）。它们分布特点是：种类分布南多北少，7 个种中有 6 个种分布在南方，北方仅有皱纹盘鲍 1 个种（表 5-1）；而资源量分布却是南少北多，南方海域鲍的自然渔获量不足全国鲍总渔获量的 1/3（高绪生，1995）。

表 5-1　我国鲍科种类的地理分布

种类	辽宁	山东	江苏	浙江	福建	台湾	广东	广西	海南
皱纹盘鲍	+	+	+						
杂色鲍				+	+	+	+	+	+
耳鲍						+	+		+
羊鲍						+	+		+
多变鲍						+	+		+
格鲍							+		+
平鲍									+

1. 皱纹盘鲍（*Haliotis discus hannai*）　皱纹盘鲍是我国鲍养殖产业中最

重要的经济种类。其体型中等，贝壳外表面的颜色大多为绿褐色或棕褐色，壳内面银白色，并带有艳丽的珍珠光泽。其肉质细嫩柔韧，口感好，成体壳长为8～10厘米。在我国，皱纹盘鲍自然分布海域在江苏以北的黄海及渤海海峡水域，主要分布在辽东半岛和山东半岛近黄海及渤海海峡一侧海域。20世纪70年代末，我国的科技工作者在福建利用引种自北方海区的皱纹盘鲍开展人工育苗工作，成功繁育出皱纹盘鲍苗种，并在福建本地开展养殖试验。利用皱纹盘鲍日本岩手群体和大连群体杂交培育出国审水产新品种——杂交鲍"大连1号"（GS-02-003-2004），杂种优势明显，性状稳定，具有适应性广、成活率高、抗逆性强、生长快和品质好等特点；适宜水温0～29℃，最适水温15～25℃，适温上限提高4～5℃，使杂交鲍养殖区从黄海北部向南扩展。从2004年开始，皱纹盘鲍杂交鲍大量引入福建海域开展养殖，并获得成功，养殖面积和养殖产量呈现暴发式增长，皱纹盘鲍迅速成为福建海区养殖的主导种。随着皱纹盘鲍在我国南北方海域的大规模养殖，2003—2016年的13年间，我国鲍养殖产量从9 810吨快速增加到139 697吨。其中，养鲍大省福建省更是从3 156吨增加到近11万吨，年产值近200亿元，创造了巨大的经济效益、社会效益和生态效益，并使鲍养殖业成为我国海水养殖产业的重要组成部分。

近年来，由于皱纹盘鲍长期适应于在低温环境生活的习性所限，度夏存活率偏低，成为困扰南方鲍养殖产业发展的主要问题和风险所在。每年夏天因持续高温造成的养殖鲍大量死亡事件时有发生，且有越演越烈的趋势，养殖户损失惨重。因此，南方鲍养殖产业亟须培育出耐高温性强的鲍优良新品种。以西氏鲍长崎选育系为母本、皱纹盘鲍晋江选育系为父本，通过杂交培育出的鲍养殖新品种——"西盘鲍"（GS-02-008-2014）。因其具有高温适应性强、养殖成活率高的特性，深受养殖户青睐。西盘鲍养殖成活率比皱纹盘鲍平均提高30%以上，生长速度与皱纹盘鲍相当，养殖单产显著提高。在福建、广东及山东等沿海鲍养殖大省得到推广应用，并取得较好的效果。

2. 盘鲍（*H. discus discus*）　　盘鲍也称黑鲍。为中大型经济种类，其体长最长可超过20厘米，体重近1千克，普通个体可达12～14厘米。本种鲍在外形上与皱纹盘鲍非常相似，贝壳表面的色泽也多为绿褐色或棕褐色，内面为带有多彩珍珠光泽的银白色。聂宗庆等（1986）先后两次从日本长崎引进盘鲍，并在我国福建平潭及连江等地开展驯养及生产性人工育苗，规模化培育出苗种，与皱纹盘鲍杂交培育出杂交苗供养殖生产。从日本引进的盘鲍具有生长速度快、抗逆能力强等优点，而皱纹盘鲍对我国海域的自然环境适应性较强，两者间杂交可以优势互补。燕敬平等（1999）利用盘鲍与皱纹盘鲍杂交开展大规模生产性育苗，并发现皱纹盘鲍♀×盘鲍♂的受精率、孵化率和成活率，均明显高于其反交组合的盘鲍♀×皱纹盘鲍♂，杂交鲍苗的壳长和存活率明显高于皱纹盘鲍的自交苗种。

3. 杂色鲍（*H. diversicolor supertexta*）　杂色鲍自然分布于我国的福建、台湾、广东、香港、广西和海南等沿岸，在越南、菲律宾等地也有分布。该种属亚热带暖水种类，对南方海区高温的耐受能力较强，生长速度快，养殖周期短。从鲍苗（3 厘米）养殖到商品规格仅需 6～8 个月，深受鲍养殖户的欢迎，是我国南方重要的海水养殖种类之一。杂色鲍体型较小，成体壳长一般为 6～8 厘米，最长可达 10 厘米以上。贝壳坚厚呈耳形，壳色多为棕褐或赤褐色，壳面具细密生长纹，螺肋明显。生长纹与螺肋交错，使壳面呈布纹状。壳面左侧有 1 列壳孔，前面的 7～9 个有开口，其余闭塞。壳内面银白色，具珍珠光泽。壳口大，外唇薄，内唇向内形成片状遮缘。杂色鲍的肉味鲜美独特，很受南方特别是台湾地区消费者的喜爱。

我国的杂色鲍人工繁殖及增养殖技术研究始于 20 世纪 70 年代，并于 90 年代中期形成杂色鲍的陆地工厂化养殖产业，并成为我国南方海水养殖业的重要组成部分。但近年来因种质退化等原因，导致杂色鲍的抗逆性及生产性能下降，在育苗期和养成期暴发性病害频发，养殖产量明显下滑，给杂色鲍养殖业造成巨大的经济损失。针对我国杂色鲍养殖产业病害频发的问题，柯才焕等（2011）利用杂色鲍台湾群体选育系作为母本、日本群体选育系作为父本，采用杂交技术培育出具有明显杂种优势的国审水产新品种——"东优 1 号"杂色鲍（GS-02-004-2009）。"东优 1 号"杂色鲍抗病力强，养成期存活率较原有杂色鲍养殖种提高 35% 以上。该品种已在福建、广东和海南等我国南方鲍养殖区得到推广应用，取得良好效果，为重振和维持杂色鲍养殖产业起到关键作用。

第二节　鲍形态特征

一、外部形态

鲍为腹足类软体动物，具有 1 枚耳状外壳从背部覆盖整个软体部，整个软体部可分为头部、足部、外套膜及内脏囊四个部分。

1. 贝壳　鲍具有 1 枚外壳，壳质较为坚厚，略呈扁平耳状或卵圆形。贝壳由石灰质构成，外表面常覆有一层薄薄的角质壳皮，内表面覆有珍珠层。贝壳具有 3 个螺层，体螺层极大，其余 2 个螺层小而低平。在第二个螺层中部开始，有 1 列沿右至左、由小渐大的螺旋式排列整齐的突起，并在近体螺层末端边缘处有几个开孔，称壳孔或呼吸孔。壳孔是鲍开展呼吸、排泄及生殖等生理活动的孔道，这些开孔会随着鲍的生长而闭合。随着鲍壳的前端不断形成新的开孔，后端的开孔逐渐闭合。壳孔开孔数依种类不同而不同，但每种鲍的开孔数基本一致：杂色鲍7～9个，皱纹盘鲍、盘鲍、西氏鲍的壳孔数3～5个，红鲍3～4个，耳鲍5～7个。

鲍壳表面都具生长纹，贝壳壳面颜色多为深褐色或深红褐色。养殖鲍贝壳表面的颜色受饵料影响，摄食褐藻类，壳色大多呈绿褐色；摄食红藻类，壳色大多为红褐色。贝壳上还附生许多动植物，如石灰虫、苔藓虫、藤壶及藻类等。壳内面中部具有一卵圆形的右壳肌肌痕，内唇遮缘前端有一狭长的左壳肌肌痕。

2. 头部 鲍的头部位于身体前端、足的背方。在头部两侧各有一细长的触角，称为头触角。头触角的基部又各伸出一较短的眼柄，顶端生有黑色的眼。两触角间生有1个扁平的头叶，头叶的下方生有发达的吻。吻可以自由伸缩，吻的中央有一纵裂的开口，即为口，口的周围具有许多具味觉功能小突起状的小唇。

3. 足部 足位于软体部的腹面，宽大扁平，是鲍吸附及运动的主要器官。包括上足及下足两个部分，上足周围具有许多形状不同的突起和鞭状的触手，司感觉功能；下足在中央呈盘状。足背面中央处隆起为一大的圆柱状肌肉，即右壳肌，其顶部与贝壳相连。足部表面肌肉的颜色深浅不同，不同种类其颜色及色泽深浅也不同。

4. 外套膜 外套膜是包围身体背面的一层薄膜，其内缘连于右壳肌，外缘游离，外套膜边缘在壳孔处有3个鞭状外套触手，其位置分别在基部、第二壳孔及第三壳孔附近，司感觉作用。外套膜左前侧近壳孔位置形成裂缝，分为左右两瓣，成为左叶和右叶。外套膜覆盖整个内脏囊背面形成一外套腔，外套腔入口处具嗅检器，为一黄色脊状突起，腔内具有2片羽状鳃，司呼吸作用，因此又称为呼吸腔。外套腔侧壁具有1对黏液腺，左大右小，两者以直肠为界。黏液腺的功能在于分泌黏液，以润滑清洁呼吸腔、肛门和肾脏所排出的废物及其他杂物，保持鳃的清洁。直肠末端开孔于外套裂缝基部，成为肛门。

5. 内脏囊 鲍的内脏囊位于软体部背面，主要围绕于右壳肌的后缘，其末端呈角锥状，包括心脏、肾、胃、肠、角状消化腺、生殖腺等器官。常因消化腺或生殖腺的不同色泽而呈现不同的颜色，消化腺根据所摄食海藻的不同，通常为深褐绿色或深红褐色；成熟期雄性生殖腺通常为浅黄色，雌性多为墨绿色或棕褐色（图5-1）。

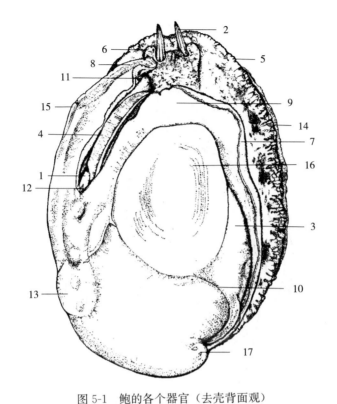

图 5-1　鲍的各个器官（去壳背面观）

1. 肛门　2. 触角　3. 肝脏　4. 鳃　5. 上足触手　6. 眼　7～9. 外套膜　10. 消化腺

11、12. 外套触手　13. 心脏　14. 足　15. 左侧壳肌　16. 右侧壳肌　17. 胃

二、内部构造

1. 消化系统　鲍的消化系统，包括口、食道、嗉囊、胃、胃盲囊、肠、肛门以及角状消化腺和其他附属消化腺体等（图 5-2）。口位于头叶的下方，周围生有一些乳突状的小突起，称小唇。口内为口球，由口腔、颚板、齿舌等组成。齿舌呈带状，摄入的食物先经过颚板切碎，再由齿舌磨细，并与唾液混合，然后通过咽瓣送入食道。角状消化腺也称为肝脏或肝胰脏，鲍的肝胰脏较发达，为大型腺体，几乎覆盖了嗉囊、胃、胃盲囊等器官，占据整个内脏相当大的部分。

2. 呼吸系统　鲍的主要呼吸器管为 1 对呈羽状的鳃，位于心脏之前、外套腔内，左鳃略大于右鳃。鳃叶一端附于中轴上，另外一端游离呈平行排列于左右两侧。在鳃叶叶面中央有许多横贯的褶皱，借以增加呼吸面积。其外套膜也能营一部分呼吸作用。

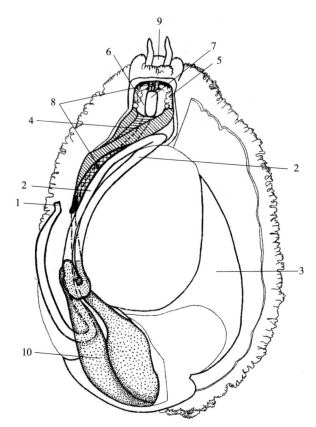

图 5-2　鲍的消化器官
1. 肛门　2. 肠道　3. 肝脏　4. 食道　5~7. 唾液腺
8. 齿舌　9. 口　10. 胃

3. 循环系统　鲍的循环系统，主要由心脏、前大动脉、后大动脉、入肾动脉、出肾静脉、入鳃血管、外套膜血管等部分组成。

4. 排泄系统　鲍的排泄器官包括左肾和右肾，左右肾有 2 个小开孔，左肾较小，位于围心腔左前方。

5. 生殖系统　鲍的生殖系统结构比较简单，主要是由无数个分支状腺体组成的生殖腺，生殖腺覆盖于角状消化腺的外面。在繁殖季节，发育成熟的雌雄鲍生殖腺外观色泽不同。雄性生殖腺色泽较浅，大多呈乳黄色或乳白色；雌性生殖腺色泽较深，呈翠绿色或灰褐色。

6. 神经系统　鲍的神经系统不发达，也不集中。神经节细长而扁平，由脑神经节、侧足神经节、脏神经节、足神经索及感觉器官等组成（图 5-3）。

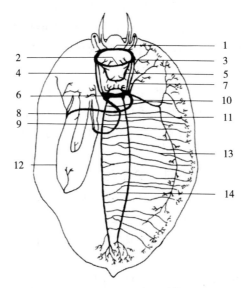

图 5-3　鲍的神经系统

1. 脑神经索　2. 唇神经索　3. 脑神经节　4. 脑侧神经连索　5. 口神经节　6. 侧足神经节
7. 脑足神经连索　8. 鳃神经节　9. 食道下神经索　10. 食道上神经索　11. 足神经索
12. 外套神经　13. 上足神经　14. 足神经索

第三节　鲍生态习性

一、栖息环境与活动习性

在自然海区，鲍多喜欢分布在岩礁底质或沙砾质的海底。海底有适合鲍栖息的场所，如礁缝、较大型石块或岩洞等，水质清澈、潮流通畅、海水盐度较高，栖息场所附近有适合鲍摄食的大型饵料藻类（如海带、鼠尾藻等）。不同鲍种对栖息环境的水温及水深要求均不同。皱纹盘鲍的分布多以 1～20 米的水深范围内数量最多，水温范围在 3～29℃；杂色鲍往往以水深 3～10 米内分布最多，水温范围在 9～30℃，上限可达 32℃。

鲍营"昼伏夜出"式生活。在自然海区，鲍白天通常都隐匿在栖息环境的背光处，极少活动，其摄食、繁殖等活动一般都是在夜间进行。鲍喜暗怕光，不少学者研究了鲍在弱光或暗光条件下对鲍生长的影响。高霄龙等（2015）研究了不同光质和不同光照起始阶段，对皱纹盘鲍幼体变态发育的影响。结果表明，在浮游幼体培育过程中，从担轮幼体开始给予光照，并选择蓝、绿光，能够有效提高皱纹盘鲍的孵化率。Gorrostieta-Hurtado 等（2004）发现，红鲍稚鲍在持续黑暗的条件下，其平均生长率是持续光照条件下的 2～3 倍。红鲍稚鲍在静水的条件下，黑暗组的生长率比光照组的高（Gorrostieta-Hurtado et al.，2009）。Searcy-Bernal 等（2003）认为，绿鲍稚贝在弱光（6 瓦特/米²）条件下，成活率和生长率最高，而且对红鲍幼体的研究也有类似的结果；而对杂色鲍的研究发现，光照对幼体的生长存活并没有显著的影响（Watson et al.，2004）。Gao et al.（2016）研究了不同光色和光周期对皱纹盘鲍代谢和抗氧化系统的影响，结果表明，蓝光条件下鲍受到的压迫显著高于红、白光组。并认为红光条件下，光周期为 4L：20D 和 8L：16D，有利于皱纹盘鲍在养殖条件下的生长。

不同的鲍种其活动类型不同。宇野宽（1967）根据鲍在摄食时的活动状态，将活动类型分为静止型、归巢型、移动型、中间型四种类型。静止型鲍长时间匍匐于栖息处，极少移动，不主动进行摄食，往往依靠等待流经其身边的藻类；归巢型鲍在夜晚由栖息处外出摄食，摄食完毕后仍返回原栖息地；移动型鲍在夜晚由所栖息的地方出来摄食饵料，天亮前不返回原地，而是选择新的遮蔽物进行栖息；中间型鲍的活动类型介于归巢型与移动型之间。不同鲍种的活动类型不同，往往大型种的活动类型以静止型或者归巢型为主；中小型种的活动类型则多为移动型及中间型。

在季节性温差变化较大的自然海区，鲍还随着季节的变化做垂直性移动。冬季水温下降时，鲍向深水区移动；待春季水温回升时，再逐渐返回浅水区；等到夏季水温较高时，鲍又会向深水区移动；待秋季水温回落时，再移回浅水区。

二、摄食习性

1. 食物种类 鲍的食性因生长阶段、体型和季节而有变化。在面盘幼体之前，鲍不摄食而仅依靠卵黄营养而生活；在面盘幼体以及刚附着时，鲍开始摄食单细胞藻类或有机碎屑；随着个体的发育，当长到稚鲍时，其主要食物来源为底栖硅藻。当第一个呼吸孔开始出现后，幼鲍的摄食量开始显著增加。

（1）浮游幼体期 鲍的担轮幼体不进行摄食，主要依靠卵细胞内的营养物质供应幼体继续发育所需的能量，直至面盘幼体后期才摄食少量单细胞藻类及有机碎屑。

（2）匍匐幼体期 匍匐幼体以舔食的方式摄食单细胞底栖藻类，鲍的匍匐幼体对底栖硅藻的摄取具有选择性。底栖硅藻是鲍育苗中用来诱导鲍幼体附着的最主要手段，其种类及质量对鲍匍匐幼体的变态率及变态后幼体的生长率和成活率均有显著影响（表5-2）。Kawamura 和 Kikuchi（1992）检测了 22 种底栖硅藻在不同密度下，2 周内皱纹盘鲍幼体附着、变态、壳长和存活情况。所有的实验组在 2 天时诱导幼体附着均超过 70%，但是只有极少数的硅藻种类导致快速、完全的变态，诱导变态效果好的硅藻种类是那些平铺型的种类，如卵形藻等，但也有许多平铺型种类不能强力诱导变态。对于平铺型硅藻，通常硅藻密度与诱导效果是正比的，这一关系通常在某一特定硅藻特定实验时是明显的。皱纹盘鲍幼体在同种硅藻 1×10^4 个细胞/厘米^2 的密度下的附着率，要低于 3×10^4 个细胞/厘米^2。

表 5-2　底栖硅藻诱导鲍幼体附着变态的研究

种类	诱导因子	结　果	参考文献
耳鲍	3 株舟形藻，2 株菱形藻	幼体的附着率在 5 株硅藻中普遍较高，而变态率最高的硅藻是一株舟形藻	Sawatpeera S. et al.，2004
耳鲍	单种舟形藻、混合硅藻和同种幼鲍足黏液	幼体在舟形藻组和舟形藻与足黏液混合组的变态率最高	Gallardo & Buen Shelah，2003
黑唇鲍	5 株底栖硅藻和它们的混合黏膜	在单种培养的硅藻黏膜上，幼体的变态率很低（1%～6%）；而混合组的诱导效果较好，最好的组合是一种舟形藻与一种双眉藻的混合	Daume S. et al.，2000
虹鲍	5 种大型珊瑚藻	所有珊瑚藻在 1 天内能诱导 88% 的幼体附着，3 天内诱导超过 80% 的变态率，幼体的附着似乎与附着细菌无关，而与底栖硅藻有一定正相关	Roberts R D et al.，2004
虹鲍	硅藻黏膜和珊瑚藻及一些化学因子	尽管硅藻黏膜能单独诱导幼体的附着和变态，但诱导效果普遍比珊瑚藻缓慢并且不够彻底	Roberts R D & Nicholson C M，1997
虹鲍	硅藻黏膜	高密度三维生长的底栖硅藻，会将幼体缠绕起来，阻止幼体的附着变态	Roberts R D et al.，1997
绿唇鲍	两种硅藻和培养不同时间的石莼	硅藻组的变态率仅 5%～7%，培养 6 周的石莼为 14%，培养 8 周的石莼为 61%	Daume S. & Ryan S.，2004
杂色鲍	单种、混合硅藻和几种细菌	单种硅藻的诱导效果要高于混合硅藻，仅 1 株细菌黏膜 24 小时诱导附着显著高于对照组，细菌诱导没有给出变态率	Byran & Qian，1998
皱纹盘鲍	17 株底栖硅藻和细胞破碎后的悬液	*Nitzschia laevis* 的诱导活性最强，细胞破碎后的藻悬液能强烈诱导附着，将藻悬液煮沸后失去诱导活力	Gordon N. et al.，2004

（续）

种类	诱导因子	结　果	参考文献
皱纹盘鲍	22 株底栖硅藻及不同的藻密度	所有实验组幼体在 2 天时附着率超过 70%，但只有极少数硅藻能诱导快速彻底的变态	Kawamura & Kikuchi, 1992
皱纹盘鲍	4 种硅藻黏膜	幼体在卵形藻基底上变态数最多，*Navicula ramosissima* 次之，*Nitzschia closterium* 很少	Ohgai et al.，1991

（3）稚鲍期　稚鲍前期的食性与匍匐幼体期相似，主要以摄食附着性硅藻、单细胞藻类及有机碎屑为主。随着稚鲍个体的持续生长，其摄食量也越来越大，其摄食饵料种类逐步向底栖硅藻转变，包括其他单细胞藻类、多细胞藻类的配子体和孢子体、紫菜或海带的幼苗等。当壳长达到 10 毫米以上时，摄食的饵料种类基本和成鲍相似。

（4）成鲍期　成鲍在自然海区摄食的饵料有褐藻类、绿藻类、红藻类及底栖硅藻等，包括海带、裙带菜、石莼、鹅掌菜、鼠尾藻、江蓠等。不同种类鲍摄食藻类不同，皱纹盘鲍、盘鲍、红鲍、绿鲍、桃红鲍及黑鲍等，主要以摄食褐藻类为主；而新西兰的虹鲍、黄足鲍等，则以当地的红藻类为主。

2. 壳色与饵料的关系　鲍的贝壳颜色受食物种类的影响较大。野生皱纹盘鲍的贝壳颜色为褐色或褐绿色；而在人工养殖过程中，皱纹盘鲍贝壳颜色可因食物的不同而转变为绿色、蓝绿色甚至褐（暗）红色。在皱纹盘鲍养殖群体中，偶尔会出现橘红壳色的皱纹盘鲍突变型个体，数量极为稀少。这些突变型皱纹盘鲍的特点是，贝壳颜色呈现鲜艳的橘红色或黄色，且无论摄食何种饵料，始终不能出现野生型皱纹盘鲍可能出现的褐色或褐绿色、绿色、蓝绿色甚至褐（暗）红色等。吴富村（2008）报道分析了橘红色皱纹盘鲍突变体的遗传机制，即皱纹盘鲍的橘红壳色表型相对于野生型（G），为单位点隐性等位基因（o）控制。食物类型对不同基因型皱纹盘鲍贝壳颜色表现型的影响，结果表明，摄食底栖硅藻及红藻时，皱纹盘鲍的壳色为暗红色或褐红色；而摄食褐藻与绿藻时，贝壳颜色为绿色或者蓝绿色。皱纹盘鲍的这种"食物-贝壳颜色"的相关性可作为一种形态标记，用于标识皱纹盘鲍的个体和群体。

第六章 6

鲍繁殖和发育

第一节　鲍生殖腺发育

鲍为雌雄异体，生殖腺包被在内脏团角状器官的大部分表层，在生殖腺发育期表层明显加厚成鞘状，且雌雄性腺颜色各异。对于绝大多数鲍种，其生殖腺发育每周年可以形成一个完整的发育周期。

一、生殖腺发育的分期

观察鲍性腺的发育，一般可以采用肉眼观察和组织切片观察两种方法。肉眼观察判断简单易行，适合在养殖现场开展，但是需要一定的经验。一般发育开始阶段，性腺组织在内脏团外面平薄分布，内脏团依然清晰可见；性腺开始发育时，性腺组织沿着内脏团圆锥部位的顶点增长、加厚；到成熟期，性腺隆起，对内脏团的覆盖面逐渐加大，直到将内脏团完全覆盖，超过壳中线，角状外部变得钝圆。性腺指数，是辅助肉眼观察法测量性腺发育程度的重要参数（Lebour，1938）。对于鲍来讲，可以采用简单的方法计算生殖腺指数，来判断性腺发育的成熟度。如在生殖季节，可用角状器官直径/消化腺直径×100，来计算生殖腺指数（Leighton 等，1963）。也有的学者采用角状器官中段的横切面生殖腺的厚度、消化腺的厚度差与消化腺厚度之比作为生殖腺指数（猪野，1961）。

根据目前学者对鲍性腺发育所开展的研究，可以将鲍性腺的发育划分为休止期、恢复期、生长期、成熟期、排放期 5 个时期（富田恭司，1967；菊地省吾，1974；刘永峰，1985）。

（1）休止期　性腺基本上没有成熟，在外表皮和消化腺之间几乎不存在性腺腔。

（2）恢复期　配子细胞在结缔组织上开始发育，卵原细胞及初级卵母细胞数量大量增加，性腺开始出现空腔。

（3）生长期　生长早期的雌性性腺卵巢中分布着有茎的卵细胞，这时的卵细胞比较小，沿着骨小梁分布；后期的卵细胞开始增大，卵黄物质开始积累，卵细胞通过茎装结构与骨小梁相连，并向性腺腔内部伸展，卵细胞呈水滴状。生长期的雄性性腺中配子发育出现不同步的现象，此时睾丸中充满了精原细胞、初级精母细胞和次级精母细胞，有时会出现少量的精子细胞和精子。

（4）成熟期　成熟期的卵巢厚度逐渐增厚，是全年最丰满的阶段。卵巢中充满了成熟的卵细胞，卵细胞从骨小梁释放，卵细胞的细胞质充满了卵黄物质。有些外围边缘上会有少量刚出现的小小卵细胞存在。成熟的精巢充满大量的精子，各个时期的精细胞都存在，但是数量很少，被限制在生殖小管附近。

（5）排放期　排放早期的卵巢中，卵细胞的密度要比成熟期小，性腺腔部分空洞，只余骨小梁，但是仍有相当数量成熟的卵细胞充斥在性腺腔中；排放后期，只有残留少数的卵细胞，性腺腔萎缩，用肉眼观察可以发现性腺变薄。排放期的精巢中，由于精子的排放，在排精管附近出现空洞。随着排放时间的延长，最后只剩少量精子和没成熟的精细胞存在，肉眼可见性腺变薄。

二、配子发生过程

鲍雄性配子发育过程称为精子发生，雌性配子的发育过程称为卵子发生。不同性别的个体、性腺发育的不同阶段，会产生不同的生殖细胞。

1. 精子发生　雄性鲍的性腺发育过程，是指配子从精原细胞发育到精子并排放的过程。根据配子从大小、结构到遗传物质多少的不同，将雄性生殖细胞（即雄性性腺）发育的过程分为：

（1）精原细胞　精原细胞呈不规则的圆形或者椭圆形。细胞质膜之间没有明显分界，细胞质比较少，细胞核相对较大，位于细胞中央，经苏木精-伊红染色后呈现浅紫色。

（2）初级精母细胞　初级精母细胞由精原细胞不断分裂发育而成。细胞核呈卵圆形或圆形，核内的染色质呈颗粒状，核仁不明显，线粒体数目增多。

（3）次级精母细胞　初级精母细胞经过减数分裂形成次级精母细胞。此时的精细胞体积明显减小，接近圆形。有的核中遗传物质已经分开，但是线粒体还没有分开。

（4）精子细胞　次级精母细胞经过第二次减数分裂形成精子细胞。多数为圆形，细胞质减少，苏木精-伊红染色后呈现深紫色。

（5）精子　精子形态呈现细长的条状，由头部、中段、尾部组成。苏木精-伊红染色后呈蓝色，尾部有一点红色。

2. 卵子发生　根据雌性鲍卵巢中卵细胞的性状、大小及细胞核的状态，细胞质中卵黄颗粒的多少，可将鲍的卵子发生过程分为：

（1）卵原细胞　卵原细胞位于卵巢内壁的生殖上皮内，细胞较小，大部分呈圆形。苏木精-伊红染色呈紫色。

（2）初级卵母细胞　卵原细胞有丝分裂得到，具有 $4n$ 的遗传基因，呈水滴状。细胞核清晰可见，胞质中卵黄物质开始堆积，大小变化大。苏木精-伊红染色呈浅紫色到红色不等。

（3）次级卵母细胞　初级卵母细胞经过第一次减数分裂所得，含有 $2n$ 的遗传基因，呈卵圆形，卵黄开始累积。

（4）卵细胞　次级卵母细胞第二次减数分裂得到，含有单倍的遗传基因。成熟卵细胞呈圆形，胞质内充满了卵黄颗粒，有的细胞间的互相挤压呈现不规则的形状。脱离骨小梁，游离在性腺腔中。

第二节　鲍生殖习性与个体发育

一、繁殖期

由于我国南北海区环境条件的差别，鲍的自然繁殖季节也有一定差别。同一种鲍在产卵季节和产卵水温上有较大区别，主要受不同海区的水温影响。以皱纹盘鲍为例，在北方海区，皱纹盘鲍的产卵季节主要在 6～8 月，水温 18～24℃；而在南方海区，皱纹盘鲍的繁殖盛期主要在 10～11 月，水温 20～24℃。

1. 有效积温　水温是影响鲍生殖腺发育最重要的环境条件因子。相关研究结果表明，在一定的水温范围内，鲍的生殖腺发育速度（Y）与水温（T）呈正相关关系。其表达式为：

$$Y = aT - b$$

式中，a 与 b 对同一种类的鲍为常数。

几种常见经济鲍种的生殖腺发育速度与水温的关系式如表 6-1 所示。

表 6-1　鲍生殖腺发育速度与水温的关系

种类	关系式	生物学零度（℃）	参考文献
皱纹盘鲍	$Y = 0.000\,59T - 0.045\,27$	7.6	菊地，1974
盘鲍	$Y = 0.001\,02T - 0.005\,48$	5.3	菊地，1974
盘鲍	$Y = 0.007\,3T - 0.004\,20$	5.9	井冈，1976
大鲍	$Y = 0.000\,92T - 0.005\,83$	6.3	井冈，1976

2. 产卵量　在腹足类中鲍属于怀卵量较多的种类，性腺发育良好的雌鲍，其生殖腺重量可占体重的 15%～20%，鲍的产卵量与其个体大小、生殖腺成

熟程度等有关。杂色鲍产卵生物学最小型为 35 毫米，壳长 6 厘米左右的杂色鲍怀卵量为 50 万～60 万粒，而壳长 8 厘米的杂色鲍怀卵量则约为 80 万粒；皱纹盘鲍产卵生物学最小型为 43～45 毫米，56 毫米以上个体性腺已基本成熟，壳长 9～10 厘米的皱纹盘鲍怀卵量约为 200 万粒，壳长 12～15 厘米的皱纹盘鲍在产卵盛期的怀卵量为 600 万～1 000 万粒，但至后期的怀卵量降至 100 万粒左右；壳长 11 厘米的红鲍怀卵量约为 100 万粒，而壳长 18 厘米的红鲍怀卵量可达 1 000 万粒；南半球澳大利亚黑唇鲍的怀卵量为 200 万～300 万粒（壳长 13～15 厘米）；新西兰虹鲍的怀卵量约为 1 100 万粒（壳长 15.5 厘米）；壳长 11 厘米左右的南非中间鲍的怀卵量约为 200 万粒。

二、生活史

1. 精子 鲍雌雄异体。在繁殖期，雌雄鲍分别排放卵子和精子于海水中，精卵在体外结合。性成熟时，雄性生殖腺呈乳黄色；雌性生殖腺呈墨绿色或翠绿色，也有的个体呈灰褐色。在繁殖期时，受外界环境条件改变的影响，易引起雌雄鲍排放精卵。排放精卵时，鲍的雌雄个体均会将贝壳上举下压，然后急剧地收缩足肌。此时，生殖细胞由生殖腺进入右肾腔，再借此通过呼吸腔，从壳孔排出体外至水中。在人工催产时，雄鲍一般附着于盛满海水的容器底部或接近底部的壁上，精液有节奏地从第 2～4 壳孔排出。雄鲍排精时，精液呈乳白色烟雾状在海水中缓慢散开。在扫描电镜下，鲍精子似子弹状，并带一长鞭毛。鲍精子超微结构可分为头部、中段和尾鞭。其中，头部均由圆柱状顶体和长柱状细胞核组成（图 6-1）。

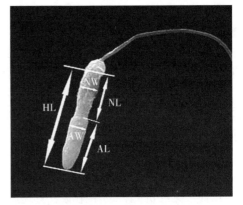

图 6-1　扫描电镜下鲍的精子形态特征
HL. 精子头部长度　AL. 顶体长度　NL. 细胞核长度
AW. 顶体宽度　NW. 细胞核宽度

2. 卵子 鲍的卵子为沉性卵，卵较大，肉眼可见。显微镜下观察成熟的鲍卵，可见植物极颜色较淡，动物极颜色较深，卵外包被一层透明的胶质卵膜，这层膜直到幼体孵化后还存在。卵黄多数呈绿色或灰褐色，卵黄质分布均匀。卵的大小和色泽因种类不同而异，同种的不同个体间也存在个体间差异。在人工诱导产卵时，雌鲍通常会爬至盛水容器中上部接近于水面处，足肌后端吸附于器壁而前端离壁弯曲，同雄鲍排精类似，急剧地收缩足肌，在闭壳同时把卵从第 2～5 个壳孔排出。根据雌鲍的性腺成熟度，排出的卵通常呈短圆筒状或粪便状。通常，鲍卵的直径为 200～280 微米，卵黄径 160～180 微米。杂色鲍卵径 200 微米，卵黄径 180 微米，卵黄色泽多为棕褐色；皱纹盘鲍卵径 220 微米，卵黄径 180 微米，卵黄色泽多呈墨绿色或灰褐色（猪野，1952）；西氏鲍卵径 211 微米，卵黄径 187 微米，卵黄色泽呈翠绿色；盘鲍卵径 218 微米，卵黄径 187 微米，卵黄色泽多为绿色或墨绿色（骆轩等，2006）。

3. 胚胎和幼体发生　鲍的发育包括胚胎发育阶段、胚后发育阶段和幼鲍阶段。生活史可以分成以下阶段：受精卵、担轮幼体、面盘幼体、匍匐幼体、围口壳幼体、上足分化幼体、稚鲍、幼鲍和成鲍（图 6-2）（杨瑞琼等，1975；

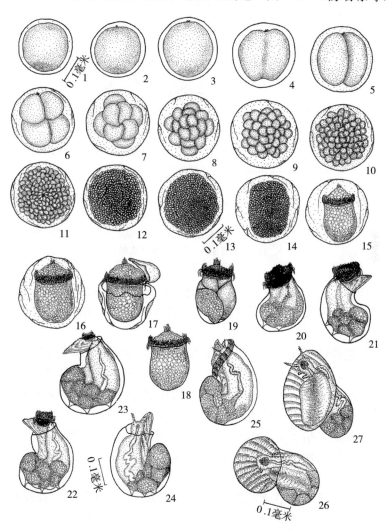

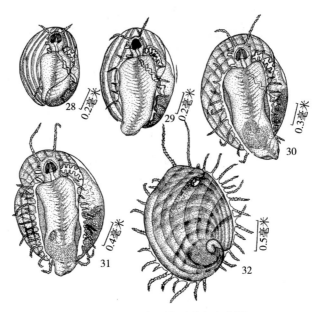

图 6-2　杂色鲍胚胎和幼虫发育图

1. 受精卵　2. 第 1 极体放出期　3. 第 2 极体放出期　4.2 细胞期早期　5.2 细胞期　6.4 细胞期
7.8 细胞期　8.16 细胞期　9.32 细胞期　10.64 细胞期　11.128 细胞期　12. 桑葚期　13. 囊胚期
14. 原肠期　15. 担轮幼体早期　16. 担轮幼体晚期　17. 担轮幼体孵化瞬期　18. 担轮幼体期
19. 面盘幼体早期　20. 面盘幼体中期　21. 面盘幼体后期　22. 匍匐幼体早期　23. 匍匐幼体中期
24. 匍匐幼体后期　25. 围口壳幼体早期　26. 围口壳幼体中期　27. 围口壳幼体后期
28. 上足分化幼体早期　29. 上足分化幼体中期　30. 上足分化幼体后期
31. 幼鲍腹面观　32. 幼鲍背面观
（吕军仪等，2001）

陈木等，1977；吕军仪等，2001）。不同种鲍的胚胎和幼体的形态及发育过程基本相似，但胚胎发育速度受种类、环境条件的影响。几种鲍的胚胎发育时间见表 6-2。

通常，鲍的精子在海水中有主动游向卵子并与卵子结合受精的本能。因此在人工授精时，在较小水体中将精卵液混合，可获得较高的受精率。受精后，精子黏附在卵子表面，表现出黏附不均匀的特点：不同卵子黏附的精子数量不同；同一个卵子表面不同位置，黏附的精子数量也可能不同，而卵径则稍有增大。精子入卵后，精子头部膨大为圆球状。此时，卵子排出第一极体；接着不久，卵子完成第二次减数分裂，排出第二极体；第一、第二极体并列于动物极的顶端。

皱纹盘鲍的受精卵在水温 22～23℃、盐度 30 的条件下，在受精 40～50分钟后，受精卵第一次卵裂，在卵轴平面上形成 2 个大小相等的细胞；第二

表6-2 不同鲍种的胚胎发育时间

种类		皱纹盘鲍	盘鲍	杂色鲍	羊鲍	耳鲍	西氏鲍
产地		中国（福建东山）	日本	中国（福建东山）	中国（海南）	中国（海南）	中国（福建）
水温（℃）		22~23	16~17	24~26	28	28	19
卵径（微米）		220	230	200	190	180~190	210
幼虫壳（微米）		280	290	250			
胚胎	第一极体			15~18分钟	10分钟	10分钟	20分钟
	第二极体			24~30分钟	15~20分钟		40分钟
	2细胞期	40~50分钟	105分钟	45分钟	30分钟	20分钟	60分钟
	4细胞期	80分钟	120分钟	60分钟	65分钟	50分钟	120分钟
	8细胞期	120分钟	165分钟	80分钟	95分钟	80分钟	180分钟
	16细胞期	160分钟	300分钟	100分钟	120分钟	90分钟	
	囊胚期	195分钟	360分钟	150分钟	180分钟	170分钟	
	原肠期	6小时	10小时	4.5小时	315分钟	270分钟	
	膜内担轮幼体	7~8小时	13小时	6小时	390分钟	330分钟	
	担轮幼体	10~12小时	20小时	8~10小时	495分钟	9小时30分钟	10小时45分钟
	初期面盘幼体	15小时	28小时	16小时			
	后期面盘幼体	26~28小时	45~46小时	16.5~20小时			
幼体	匍匐幼体	3~4天	9天	2天			
	围口壳幼体	6~8天	11天	3.25天			
	上足分化幼体	19天	40天	12.5天			
	稚鲍	45天	130天	24天			
参考文献		陈木等，1977	猪野，1950	陈木等，1976 吕军仪等，2001	丁敬敬，2016	黄勃，2007	骆轩，2006

卵裂仍然是在卵轴平面上,与第一次卵裂面垂直纵裂形成4个大小相等的细胞;第三次卵裂则为横裂,为螺旋不等卵裂,分裂面偏向动物极的一端,而与前2次分裂成直角,形成上下不等大的8个分裂球,其中动物极一端的4个分裂球较小,植物极一端的4个分裂球较大;第四次卵裂为横裂,卵裂后形成16个细胞,共4层卵裂球,其中3层较小,1层较大。此后连续分裂,分裂球越来越多,逐渐进入桑葚胚和原肠胚阶段。原肠胚阶段植物极的四大分裂球因小分裂球所占比例越来越大而逐渐被覆盖,并在此位置产生隆起,形成原口。

卵受精后7个小时左右,在胚体一端长出1圈纤毛环。纤毛环的顶端分化出1束细长的顶纤毛束,随着纤毛环上纤毛逐渐加长及摆动,胚体在膜内转动,此为初期担轮幼体阶段,也称膜内担轮幼体期。至10~12小时,胚体利用纤毛环及顶纤毛束的不断摆动冲击,突破卵膜孵化而出,成为能在海水中自由游动的担轮幼体。担轮幼体具有强的趋光性,健康的个体活动能力较强,在中上层游动;而体弱的个体则只能在底层附近转动,底层转动的个体往往在发育过程中不能正常变态而呈畸形。

受精约15小时以后,在纤毛环的中间位置逐步凹陷形成面盘。同时,在原口的相反位置,幼体后背部一侧的壳腺开始分泌,形成薄而透明的初生壳。初生壳不断生长并逐渐包被幼体的后半部,成为初期面盘幼体。初期面盘幼体体长约240微米、体宽200微米。受精30小时左右,幼体的面盘发生180°扭转,1对眼点、大的足部、厣、收缩肌束等陆续形成。初生壳也基本完成,基本变态为后期面盘幼体,头触角及上足触角已分化形成。此时若幼体收到外界刺激,可收缩面盘,将软体部完全缩入壳内,并用厣将壳口覆盖。

受精后70小时左右,面盘幼体的头触角顶端逐步分化出几个分支状的小突起,幼体开始进入匍匐前试探阶段。试探期间,幼体既能匍匐爬行,也可以在水中游动。若接触的基质不适宜,则返回浮游状态;若基质合适,幼体即停留在附着基表面,并终止游动状态。带有纤毛细胞的面盘脱落,最终变态成为营底栖生活的匍匐幼体。

受精6~8天,此时匍匐幼体的体长约为300微米。初生壳壳口处开始呈喇叭状向外扩大,生长出具有放射状肋纹的次生壳,壳口边缘逐渐加厚,壳形逐渐趋于扁平,此时的幼体成为围口壳幼体。围口壳幼体的吻较发达,已经可以舔食附着基面上的单细胞藻类等,消化腺的颜色加深,呈黄褐色,头触角边长,且具多个小分支。围口壳幼体外形呈圆形,活动能力较强,生长速度也明显加快。

受精后约19天,幼体贝壳加厚,次生壳表面具明显的肋状壳纹,足部也分化出上足突起。在鳃腔内形成左侧本鳃突起。此阶段的幼体称为上足分化幼体，幼体体长约 0.7 毫米。

当匍匐幼体生长至 2 毫米左右，大约为受精后 1 个月时，在壳的左前方形成第一个壳孔。此时标志着幼体已初步变态完成，接近成体形态，此后幼体成为稚鲍。稚鲍的上足触角分化出 10 对，鳃明显增大，足肌吸附力及活动能力增强，贝壳颜色加深，呈浅红色。随着稚鲍的不断生长，壳孔数量也逐渐增加。当第三或第四壳孔形成后，前端每再形成 1 个新的壳孔，最后端的 1 个壳孔就被闭上，因而同一种类的壳孔开口数基本保持一致。此阶段的稚鲍，在人工管理到位、饵料充足的条件下，生长明显加快。

骆轩（2009）利用西氏鲍与皱纹盘鲍开展种间杂交，比较了西氏鲍与皱纹盘鲍正反交组合与自繁组合的胚胎发育速度。在水温 19.0℃、盐度 30 的条件下，西氏鲍与皱纹盘鲍正反交组合的发育速度均慢于双亲自繁组合，各交配组合按胚胎发育速度，由快到慢排列顺序为皱纹盘鲍（DD）、西氏鲍（SS）、皱纹盘鲍♀×西氏鲍♂（DS）、西氏鲍♀×皱纹盘鲍♂（SD）（表 6-3）。

表 6-3　西氏鲍与皱纹盘鲍杂交和自繁组合子代胚胎发育时间（小时）

胚胎发育阶段	DD	SS	DS	SD
第一极体放出	0.09	0.3	0.33	0.36
第二极体放出	0.18	0.42	0.63	0.67
2 细胞期	0.23	1.08	1.17	1.55
4 细胞期	1.33	1.92	2.25	2.5
8 细胞期	2.5	3.1	3.42	3.92
16 细胞期	3.34	3.87	4.38	4.88
32 细胞期	4.63	4.81	5.18	5.72
桑葚期	7.32	8.35	9.18	9.85
囊胚期	8.66	9.72	10.12	12.38
孵化为担轮幼虫	10.08	10.75	11.92	14.33

第七章 7

鲍人工育苗技术

鲍的苗种生产，包括室内人工育苗、陆上室外人工育苗、海上人工育苗、海区半人工采苗等多种形式。其中，室内人工育苗是目前国内外最为常见的育苗方式，一般将其简称为人工育苗。在我国，鲍的育苗研究始于20世纪60年代末，在70年代先后取得杂色鲍和皱纹盘鲍的人工育苗成功，并在生产中广泛应用。南方沿海地区自90年代中期起，大力发展杂色鲍的人工育苗及养殖，产量激增，年产量超过2 000吨。2000年开始，皱纹盘鲍杂交鲍引入福建海域开展养殖并获成功后，养殖面积和养殖产量呈暴发式增长态势，皱纹盘鲍迅速成为福建海域养殖的主导种。至2016年，福建省鲍的产量为112 611吨，占全国总产量的80.6%。全国年产鲍苗71.39亿粒，主要种类为皱纹盘鲍。现以皱纹盘鲍为例，对鲍人工育苗的主要工艺环节及其设施设备、技术要点等进行阐述。

第一节 鲍人工育苗的设施与设备

鲍人工育苗的设施包括育苗室、催产室、孵化室、种鲍促熟培育室、各种育苗池、气泵房、电力室、抽水房等基本苗种培育设施，以及供排水、供电、供气等配套设备及各类育苗用具。

一、育苗场选址

鲍的育苗场用水量大，且对水质要求较高，海水水质的优劣，直接影响到育苗生产的成败。因此，育苗场应选择相对独立、远离污染源、水质无污染、面向外海、潮流畅通、海水水质符合渔业水质标准的海区。

（1）海水水质应符合《无公害食品　海水养殖用水水质》（NY 5052—2002）的要求。

（2）海水盐度周年稳定在28～34。

（3）pH保持在7.8～8.2。

（4）溶解氧在 5 毫克/升左右。

（5）海岸潮间带的沙质层较厚。

（6）避免受工农业与生活污水的污染，在我国南方沿海，由于易受台风灾害影响，选址时应考虑台风袭击时对建筑物的影响。

二、育苗场的主要设施

1. 供水系统　由取水管道、水泵、蓄水池和进水管道组成。建设水泵房，使用水泵从海区的沙层中抽取海水，直接送入蓄水池，再经二次砂滤。蓄水池应建在全场最高位置上，依靠重力自流式供给全场用水。吸水口所处的位置应远离排污管道。每天最大供水量应为育苗池总水体的 8～10 倍。南方海区的育苗场多采用沙滩包埋式抽水方式，采用管外径为 160 毫米的 PVC 管，自水泵房铺设至低潮位，近取水口 8～10 米设取水管。取水管管壁钻多个小孔，管外包被 20 目筛网，取水管深埋低潮线下 0.8～1 米，利用覆盖的沙层过滤海水，操作简便，且过滤干净，水温也较稳定。北方海区的育苗场多采用海面直接抽水，进入储水池，再根据水质情况砂滤处理后使用。砂滤主要是通过水的沉淀和机械过滤等方法，把悬浮在水中的微小物质和海水分离。砂滤的形式有许多种，可分为砂滤池、砂滤罐、砂滤井和过滤器过滤等方法。砂滤池主要是利用海水自身重力，通过砂滤池的沙层，实现过滤目的。砂滤池常用滤料有沙、砾石、石英沙、牡蛎壳、珊瑚沙等。砂滤最细的一层沙料直径在 0.15～0.20 毫米，砂滤总有效深度应达 70 厘米以上。砂滤罐则属于封闭式砂滤系统，滤料及其铺设方法基本同砂滤池，这种过滤方法速度较快，反冲洗方便。一般需要有水泵提供动力。

2. 排水系统　育苗池的排水，应保证池内的水能完全排干，不留积水。排水口应远离取水口，有条件的场应在排水口处设置废水收集池，先将废水收集消毒处理后再排放出去。

3. 增氧系统　育苗场必须配有鼓风机，鼓风机为罗茨风机，功率为 5.5～15 千瓦，根据育苗水体而定。送气主管道可用直径 250 毫米、每排直管道可用直径 75 毫米、每池分管道采用直径 20 毫米的 PVC 管。充气方式以细气泡为宜，溶氧量控制在 5 毫克/升左右。

4. 供电系统　根据育苗场使用的动力总和容量进行设计，面积 4 000 米² 的育苗室，至少应架设 250 千瓦的变压器 1 台。

三、催产室

催产室应靠近育苗室而建，以方便培育期的管理以及受精卵或浮游幼体的采集与输送。催产室通常配备催产池或小型塑料桶用于催产，催产池内壁贴附瓷砖，便于清洗消毒，同时，备有 30～50 升的圆形塑料脸盆用于洗卵。催产室内安排有观察间，配备显微镜等小型仪器，便于观察。北方地区的育苗场通常还建有多个 1.2 米×0.8 米×0.8 米的孵化池，用于培育浮游幼体。待幼体上浮之后，经 3～5 天的培育，选优上层健康的幼体移至采苗池中。而南方地区育苗场采苗时，往往在受精后，受精卵经洗涤数遍计数后，直接倒入采苗池内。

四、育苗室

育苗室是育苗场最主要的部分，目前主要采用水泥育苗池开展鲍的人工育苗工作。育苗池往往采用 8～10 个池子并联为一组，每组间设一通道便于操作。每个池子设独立进排水。育苗池长 5～8 米、宽 3～4 米，池深为 0.8～1 米，一端设纵向多孔长管用以进水，另一端中心底部设排水孔用于清池排污。育苗池的底部有一定的倾斜度，便于迅速排干池水，一般以 1.5%～2.5% 的坡度为宜。池壁距离池底 40～50 厘米处设溢水口，接弯管向上溢水，其高度可以控制育苗池水位。育苗池上方设置透光度为 70%～80% 的黑色遮光帘，用于调节光照强度，以利于底栖硅藻的繁殖与生长。

南方地区鲍的育苗场采苗附着基主要采用聚氯乙烯塑料薄膜，其规格包括 1 米×1 米、0.8 米×0.8 米、0.5 米×0.5 米等，根据池深决定。通常在塑料薄膜中心包裹石块，借助石块重量下沉至池底，并铺展成花朵状。塑料薄膜厚度在 0.3～0.8 毫米，塑料薄膜透光度越好，其表面繁殖的底栖硅藻量越多，后期也不容易出现"脱藻"现象（图 7-1）。北方地区鲍的育苗场则多使用波纹板作为采苗器，由两部分——波纹板及安插板的塑料框架组成。波纹板两面对称，每张长 42 厘米、宽 33 厘米，同样采用聚氯乙烯制成，透光性强，有利于底栖硅藻的繁殖。待苗种在采苗器上长至 0.3～0.5 厘米，稚鲍逐渐具有趋光性，需将稚鲍剥离至池底开展平面培育。此时，需采用的附着器为水泥制成的四脚砖或瓦片（图 7-2）。近年来，南方地区也逐渐有育苗场尝试使用各种

图 7-1　鲍育苗池（南方地区）

图 7-2　鲍育苗池（北方地区）

塑料砖或盆作为稚鲍附着器，便于使用，效果良好。

第二节　亲鲍促熟培育

为了保证在繁殖季节获得性腺发育成熟的亲鲍，大批量培育受精卵进行育苗，有必要开展亲鲍的促熟培育工作。尤其是对北方地区的鲍育苗场，由于冬春季自然水温偏低，自然海区蓄养的亲鲍性腺发育较晚，性腺发育到成熟期往往在每年的5～7月。在此期间进行采苗，所培育出的苗种到年底规格往往偏小，对于开展越冬养殖十分不利。通过开展亲鲍的促熟培育，可以提前开展育苗工作，在越冬前培育出大规格苗种。而南方地区的鲍育苗场，每年的苗种培育季节在10～11月，亲鲍往往需在南方地区经历夏季高水温，南方海区夏季的水温往往高达29℃，有的海区甚至可达30℃。因此，对于南方地区的鲍育苗场而言，开展亲鲍的促熟培育工作更为关键，有助于获得高质量的精卵，同时，在诱导采卵时可控性更强。

一、亲鲍选择

在育苗开始前2～3个月，提前挑选亲鲍，选择软体部肥满、个体活动力较强且无损伤的个体，年龄在2～3龄，皱纹盘鲍的壳长大于7厘米。亲鲍个体太小，其性腺发育不成熟，卵子的质量不好。雌雄鲍最好来自不同的海区，以避免近亲繁殖。在南方地区，雌鲍的用量为40～60克/米²，雄鲍的数量为雌鲍数量的10%。

二、亲鲍促熟培育的时间

据报道，鲍性腺发育成熟的有效积温在1 000℃·日以上。当有效积温达到500℃·日时生殖腺开始成熟，此时绝大部分个体的生殖腺指数仅发育至Ⅰ～Ⅱ期，此时的性腺发育不成熟，人工诱导成功率较低。菊地等（1974）研究表明，皱纹盘鲍的有效积温达到1 000℃·日时，生殖腺发育良好，此时，雄鲍经诱导可以百分百排精；当达到1 200℃·日时，雄鲍的排精量可达到最高峰；此后，随着有效积温的增加，雄鲍的排精量增加不明显。而雌鲍对有效积温的要求较高，需要达到1 500℃·日时，才能较好地诱导雌性个体排卵。刘永襄等（1982）对大连海区的皱纹盘鲍生殖腺发育与有效积温关系进行研究，结果表明，有效积温在500～1 000℃·日时，皱纹盘鲍亲鲍的诱导率及平均产卵量随着有效积温的增加而增加；当有效积温超过1 100℃·日以后，雌鲍和雄鲍的诱导率均接近100%。因此，北方海区的皱纹盘鲍如在20℃恒温条件下，需要 100~120 天，可达到生殖腺充分发育的 1 500℃·日。

皱纹盘鲍南移福建海区开展养殖后，其人工育苗也在南方地区广泛开展。与北方海区皱纹盘鲍在促熟培育前经历低水温不同，南方海区鲍育苗场的繁育季节在每年秋季，海区养殖的皱纹盘鲍在促熟培育前往往经历了高水温，由于水温条件发生较大变化，采用原先的有效积温计算公式，显然是行不通的。经过笔者近年来的观察，南方海区的皱纹盘鲍经过 70~100 天的促熟培育，即可用于人工育苗生产。

三、亲鲍培育方法

1. 培育密度 通常选择适于保温及控制光线的育苗池作为亲鲍培育池，培育池内放置长笼式鲍养殖笼，也可采用塑料盆或板开展平面培育。采用长笼式养殖笼开展培育时，一般每层笼放置壳长 7~8 厘米的皱纹盘鲍 8~10 只；采用平面培育时，养殖密度为 50~70 只/米²。通常每天换水 2 次，有条件的育苗场可以采用循环水养殖方式开展亲鲍的培育工作。

2. 培育水温 亲鲍促熟培育水温和亲鲍性腺发育情况密切相关。在北方地区，皱纹盘鲍的促熟培育水温通常需控制在 20℃ 左右，在开展亲鲍促熟培育时，海区自然水温往往只有 8~10℃，此时，就需要以 1℃/天的速度缓慢地进行升温；而南方地区的皱纹盘鲍促熟培育水温通常控制在 24℃ 左右，在开展亲鲍促熟培育时，同样以 1℃/天的速度缓慢地降温。为了避免在亲鲍促熟后期水温波动对亲鲍造成刺激，导致意外排精、排卵，每天换水时的水温波动不宜过大，以 0.5~1℃ 为宜。

3. 光照 光是影响鲍生长发育和存活的重要环境因子之一，鲍喜暗避光、昼伏夜出。研究结果表明，在有光照的条件下，皱纹盘鲍的耗氧率和排氨率均显著高于全黑暗对照组，光对鲍生长、行为、生理和昼夜节律有着重要的影响。Gao 等（2016）研究了不同光色和光周期对皱纹盘鲍代谢和抗氧化系统的影响，结果表明，蓝光条件下鲍受到的压迫显著高于红、白光组。并认为红光条件下，光周期为 4L：20D 和 8L：16D，有利于鲍的养殖生产。因此，在亲鲍培育过程中，适当的光照有利于生殖腺发育。

4. 饵料 在皱纹盘鲍亲鲍的促熟培育期间，以新鲜饵料为宜，可投喂龙须菜、海带或者裙带菜等，日投喂量为种鲍体重的 20%~30%。每天投喂饵料的种类和数量，可根据亲鲍摄食情况灵活调整，以少量多次为宜。饵料应新鲜，投喂前需清洗干净，海带、裙带菜等投喂前可先切成小段。投喂后应在翌日清晨及时处理残饵，避免对培育水质造成影响。

第三节　人工催产与采苗

一、底栖硅藻培育

1. 底栖硅藻　底栖硅藻是鲍匍匐幼体和稚鲍的主要饵料，也是诱导鲍浮游幼体附着和变态的重要物质。底栖硅藻的种类和营养价值等，对鲍幼体的附着变态及其后以底栖硅藻为饵料阶段的生长率和成活率都有至关重要的影响。硅藻释放到周围水体中的物质可诱导鲍的附着，即使在流动的水体中，鲍幼体的化学接收器也能感受这些物质，并能辨别和选择不同的硅藻。普遍认为卵形藻（*Cocconeis* spp.），如常见的盾卵形藻（*C. scutellum*），对鲍浮游幼体的诱导附着变态效果较好，其他常见的藻类还有菱形藻、舟形藻、新月细柱藻等。

鲍自匍匐幼体开始一般以底栖硅藻为食，在生产性育苗中，除了采用纯系培养，也可选用适宜当地繁殖生长的底栖硅藻作为藻种。这些藻类可以从在长流水水池培养的薄膜或在自然海区中取得。

藻类培育池进水口套上 500 目筛绢过滤袋，以防止大型种类及敌害生物过早地滋生。投入藻种后的培养过程中，需要经常补入新鲜海水，初期每天或隔天补入少量海水，中后期略加大供水量，保持微流水状态。

2. 附着基　采用塑料波纹板或中间拴石坠的聚乙烯薄膜（100 厘米×100厘米），于采苗前一个月入池，密度为 10～20 张/米^2。采用漂白粉或高锰酸钾消毒 48 小时后施肥，接种底栖硅藻。

3. 培育条件　水池池面光照强度控制在 2 000～5 000 勒，采用 PVC 黑网布，透光率 90％和 75％两种规格双重调节。依需用饵料数量和光照时间做出强弱增减调节，通常采苗前期弱些、后期强些。高霄龙等（2017）在皱纹盘鲍的幼虫培育过程中，选择蓝绿光并且从担轮幼虫期起开始光照，对于提高苗种孵化效率、增加单位水体产量起到一定的作用。

接入藻种前应投放营养盐，常按氮 20 毫克/升、磷 2 毫克/升、硅 2 毫克/升、铁 0.2 毫克/升浓度投放。饵料藻生长密度减低时，即应及时追肥，视情况追施全量或 1/4～1/2 数量。

二、人工催产方法

皱纹盘鲍的人工催产一般在夜间进行，通常在傍晚将挑选好的亲鲍置于阴凉通风处，阴干 1 小时左右，然后分别将雌雄鲍置于催产缸内，采用下述几种方法分别开展刺激诱导亲鲍排放。海水温度控制在 20～24℃，盐度在 30～34为宜。

1. 阴干刺激法 将亲鲍洗净消毒后，在潮湿的环境下露空刺激 1 小时，放回干净的催产缸中。

2. 变温刺激法 在催产缸内每隔 1~2 小时升降水温 3~5℃，反复进行。

3. 紫外线照射海水法 以紫外线照射海水产生原子态氧，刺激亲鲍性腺中的类前列腺环氧酶，诱导亲鲍排放精卵。该方法目前得到较为广泛的使用，使用时可将多根紫外线灯管直接放入水体中或架设于水面上方 5~10 厘米处，在容积为 100 升的水箱内注入新鲜海水，水深 30~40 厘米。箱外覆盖黑色塑料布，以避免紫外线光外泄，紫外线照射剂量以 500~800（毫瓦·时）/升达诱导效果。计算公式为：

$$照射剂量[（毫瓦·时）/ 升] = \frac{杀菌灯功率(毫瓦) \times 照射时间(小时)}{照射水量(升)}$$

4. 过氧化氢刺激法 其原理同紫外线照射海水法，亲鲍阴干 30 分钟至 1 小时后，放入已添加过氧化氢海水（3% 过氧化氢用量为 3 毫升/升）的催产缸中，刺激 30~60 分钟，取出亲鲍放入备有新鲜海水的催产缸内。一般 30~60 分钟，亲鲍开始排放精卵。

5. 活性炭过滤海水刺激法 将市售小颗粒活性炭放置于过滤容器内，形成活性炭过滤层，过滤层高度为 40~50 厘米。为防止活性炭流失，出口处采用粗筛绢围挡。新鲜海水经活性炭过滤后，加入催产缸中即可用于诱导亲鲍排放。利用此方法对亲鲍进行刺激，一般 1~2 小时，亲鲍就开始排放。

皱纹盘鲍经过阴干、紫外线刺激后即可排精、产卵。杂色鲍通常在下半夜排放，有的甚至可延长到翌日午时前后。一般雄性个体先行排精，精子排放过程通常会持续 2~3 小时。在 20~22℃海水中，精子的活力可保持 3~4 小时。雌性个体在产卵前，会频繁向上爬动，产卵时雌鲍身体隆起并扭转，然后突然收缩，凭借收缩时的压力把卵子从壳孔排出体外。壳长 7~8 厘米的皱纹盘鲍，怀卵量为 80 万~100 万粒。

三、人工授精

通常，开展鲍的人工育苗选用的父母本数量比值为 1∶（20~30）。将雌雄鲍分缸催产，当产卵、排精达到一定量时，便将卵子浓缩收集至 30~50 升的水盆中，加适量精液，轻搅拌受精。一般每隔 1 小时收集卵子受精 1 次，一般在卵产出 1~2 小时内受精较为有效。精子用量要适当，通常在受精后吸取少量卵在显微镜下镜检，每一卵膜周围有几个精子即可，然后进行洗卵。受精后需洗卵 3~5 次，洗卵的主要目的在于去除多余精子。洗卵时通常采用倾倒式，将水盆上部 3/4 不含受精卵的海水倒掉，然后加入等量水温的新鲜海水，待受精卵充分沉降之后再重复操作数次。北方地区的育苗场，通常在洗卵后将受精卵集中在孵化池内开展孵化工作；南方地区特别是福建沿海的鲍育苗场，通常不进行幼体选育，而是在多次洗卵后直接将受精卵均匀泼入育苗池中，受精卵的投放密度为 10 万～20 万粒/米^2。刘明泰等（2010）在福建省东山县开展皱纹盘鲍的人工育苗工作，在育苗过程中，根据东山县当地鲍育苗场的培育设施和自然环境条件特点，分别在春季（4 月中旬）和秋季（11 月上旬）采用北方地区和南方地区的育苗方法，开展皱纹盘鲍南北方育苗方式的比较试验。试验结果表明，采用北方地区育苗方式，进行幼体选育可以有效提高皱纹盘鲍浮游幼体的采集率和稚鲍出苗率，育苗效果显著优于直接投放受精卵。

　　水生动物种间杂交过程中两个种的生殖细胞，由于配子隔离而产生不正常受精现象，即杂交不孕现象。造成杂交不孕的原因主要是，由于物种间存在着生殖隔离机制，不同物种间染色体数目和组型不同以及核质不相容，则是导致生殖隔离的可能原因（吴清江和桂建芳，1999）。利用西氏鲍与我国目前主要养殖鲍种——皱纹盘鲍进行种间杂交实验，对两者杂交的可行性进行初步研究。结果表明，杂交组合的受精率明显地低于自繁组合，而且各批次杂交组合的受精率变化波动较大（19.1%～82.7%）（骆轩等，2006）。皱纹盘鲍的受精温度范围较为广泛，在适温范围内，皱纹盘鲍的受精率可以达到 90% 以上。而西氏鲍的受精适温范围较窄，当水温超过 20℃后，受精率迅速下降。皱纹盘鲍♀×西氏鲍♂杂交受精率的最高值出现在 20℃；而西氏鲍♀×皱纹盘鲍♂杂交受精率最高值则是出现在 18℃。杂交受精率的高低，受到西氏鲍繁殖适温性的影响。Leighton 和 Lewis（1982）对红鲍、粉红鲍、绿鲍和白鲍之间的杂交进行研究时发现，不同鲍种间杂交的适宜精子浓度比其亲本自繁的适宜精子浓度高 10 倍。蔡明夷等（2006）通过对杂色鲍与盘鲍种间杂交受精率的各个影响因素进行研究后认为，影响杂交受精率的关键因素在于卵子排放后时间和精子浓度。在杂色鲍与盘鲍进行杂交时，杂交适宜精子浓度约为母本自繁的100 倍。西氏鲍与皱纹盘鲍杂交受精时的适宜精子浓度与亲本自繁的适宜精子浓度相比，同样高出 100 倍。与大多数营体外受精的海洋无脊椎动物之间的种间杂交类似，西氏鲍与皱纹盘鲍的杂交同样出现了两个方向受精率不等的现象。相同条件下，西氏鲍♀×皱纹盘鲍♂的受精率总是比皱纹盘鲍♀×西氏鲍♂高出许多。

四、浮游幼体管理

　　水温在 20～24℃时，受精卵经 8～10 小时可发育至担轮幼体，破卵膜上浮。北方地区的育苗场，通常采用孵化池开展孵化工作。待受精卵孵化成浮游幼体之后，即将浮游于孵化水槽上层的健壮幼体虹吸至浮游幼体培育池继续培育，同时，每隔 4～8 小时幼体培育池全量换水 1 次。如果采用微流水方式培育的话，日供水量多控制在培育水体的 8～10 倍，浮游幼体培育密度在 1～10 个/毫升。南方地区的育苗场，由于受精卵直接泼入育苗池内，浮游幼体通常无法进行选育，幼体培育密度控制在 0.5～1 个/毫升，以避免不健壮的幼体、畸形的幼体沉底后对育苗水质造成影响。有的育苗场会采用虹吸方法进行换水，换水量为全池水量的 1/2～1 倍。

五、采苗

皱纹盘鲍的浮游幼体，水温 20℃时，经 3～4 天的浮游，便可从受精卵发育至面盘幼体后期。此时面盘幼体的壳已经形成，足部开始产生，即将进入附着阶段，此时可以安排采苗工作。

1. 采苗器的选择　南方地区的育苗场，通常采用塑料薄膜（规格为 1 米×1 米），密度 10～20 张/米^2；北方地区的育苗场，通常采用塑料波纹板，波纹板装入塑料框架内，框架大小通常为 50 厘米×40 厘米×60 厘米左右，每框装20～24 片波纹板。

2. 采苗器的管理　采苗器是鲍幼体进入匍匐生活不可缺少的附着基，同时采苗器上附生底栖硅藻，可以提供匍匐幼体摄食的饵料。采苗器通常提前1～2 个月放入育苗池内，并接种底栖硅藻，添加营养盐，促进硅藻繁殖、生长。底栖硅藻培育期间，保持长流水，每周换水 3～5 次，每次换水 1/2，换水后及时补充营养盐。在采苗前，使用强力水龙头对采苗板进行冲洗，冲去淤泥及老化的硅藻等。之后，在育苗池内加入新鲜海水，供采苗使用。

3. 采苗期间的幼体培育　浮游幼体具有一定的趋光性，为了使幼体均匀地附着在采苗器上，在幼体附着期间，应注意光线的调节，适当地减弱光照强度，同时微充气。采用波纹板附着器，可以定期将波纹板框架翻转倒置，使幼体均匀附着。采苗期水温控制在 20～24℃，并严格控制幼体的附着密度，以300～500 个/米^{2}为宜。过密的话，应在 1～2 毫米时及时疏密。

第四节　稚鲍培育与管理

一、稚鲍前期培育

稚鲍的培育期分为前期培育和后期培育两个时期。前期培育主要是稚鲍在采苗板阶段的培育；后期培育则主要是以平面培育为主。

1. 硅藻的培养　前期培育阶段，浮游幼体刚附着变态成匍匐幼体，并附着于采苗板上，以板上的底栖硅藻为食。为了确保底栖硅藻的持续生长，应调节好光照强度，光照强度以1 000～2 000勒为宜。光照不足，容易导致硅藻生长缓慢，增长速度低于稚鲍的摄食量，板上饵料过早消耗殆尽，稚鲍在板上容易出现"脱板"现象，板上存活率低；光照过强，则容易使绿藻繁殖旺盛，抑制硅藻生长，导致硅藻加速老化，容易脱藻。

2. 流水与供气 前期培育阶段应保证充足的氧气供应，同时尽量保持流水培育外，日给水量为培育水体的6～8倍。

3. 饵料的补充 为了保证采苗板上硅藻的持续繁殖，可以施加一定量的营养盐，但需控制用量，以避免氨氮含量过高对稚鲍生长造成影响。当板上饵料出现严重不足时，在生产上通常以"过板"形式进行补救。其操作方法是，预先在多余的空池内放置已在板上培养好底栖硅藻的采苗器（波纹板或塑料薄膜），将出现饵料不足的采苗板捞出，将板上的稚鲍轻刷至新的采苗器上。

4. 敌害生物的清除 稚鲍在采苗板上通常需经历40～50天，在此期间的主要敌害生物为桡足类。采苗板上如有过多的桡足类附生，会使板上已有的硅藻饵料成片脱落，严重影响硅藻的繁殖以及稚鲍的生长。因此，一旦发现有较多的桡足类在采苗板上，可采用敌百虫（浓度2～4毫克/升）进行全池泼洒，药浴4～6小时后全量换水或倒池。

二、稚鲍后期培育

当稚鲍在采苗板上长至3～4毫米，其摄食能力逐渐加强，摄食量加大。此时板上的硅藻饵料也基本消耗殆尽，采苗板上的硅藻数量逐渐减少，颜色由褐色逐渐变为较透明的白色时，应及时将稚鲍由采苗板上剥离至稚鲍培育池，转入平面培育阶段。稚鲍培育池的规格同鲍育苗池，池底铺放四角砖，以覆瓦状排列。

1. 稚鲍剥离的方法 稚鲍由前期培育转入后期培育时，需将稚鲍从采苗器上剥离下来。目前已有报道的剥离方法，包括变温刺激法、氨基甲酸乙酯麻醉法、酒精麻醉法、FQ-420麻醉法、电剥离法、手工剥离法、丁香酚麻醉法、MS-222麻醉法、大蒜素麻醉法等。

（1）氨基甲酸乙酯麻醉法 使用氨基甲酸乙酯（$C_3H_7O_2N$）配置成1％的海水溶液，取一长条形水槽，内置1％的氨基甲酸乙酯海水溶液。水槽底部放一尼龙网片，用于收集剥离下的稚鲍。将附有稚鲍的采苗器浸入麻醉液中3～5分钟，待稚鲍受药液刺激、高举鲍壳原地扭动时，快速抖动采苗器，或者采用毛刷将稚鲍轻刷至干净的盆中。使用氨基甲酸乙酯对稚鲍进行麻醉操作的时间不宜超过30分钟，麻醉时间过长，稚鲍不易复苏。

(2) 酒精麻醉法 以 95％酒精配制成 2‰～3‰的酒精溶液，将附有壳长4～5 毫米皱纹盘鲍稚鲍的波纹板放入麻醉液中浸泡 3～6 分钟，剥离率可达100％，且后续 7 天之内剥离下的稚鲍无死亡（高绪生，1985）。经 2‰的酒精麻醉剥离后，稚鲍的生长发育及成活率未见有明显的影响。酒精麻醉剥离，可以作为稚鲍人工育苗中稚鲍剥离的实用技术。

(3) FQ-420 麻醉法 该方法主要是利用 FQ-420 麻醉剂，对稚鲍末梢神经进行麻醉，使其足肌边缘神经受到麻醉而从采苗器上脱落，对稚鲍内部器官无损害。山东省长岛县水产研究所采用天津市水产研究所研制的 FQ-420 麻醉剂，进行了皱纹盘鲍稚鲍的剥离试验。浓度为 2×10^{-4} 毫尔/升的 FQ-422，对5 毫米左右的稚鲍效果最佳；1～3 毫米稚鲍的使用浓度为 1.5×10^{-4} 毫尔/升。使用 FQ-420 麻醉剂，稚鲍脱落速度快，复苏后成活率高。

(4) MS-222 麻醉法 使用 MS-222 剥离稚鲍的浓度为 70 毫克/升，作用时间 20～30 分钟，绝大多数 3～5 毫米的稚鲍会自行从采苗器上掉落。将剥离下来的稚鲍放入干净海水中 20 分钟以上，即可恢复。采用麻醉方法剥离的稚鲍，在稚鲍苏醒前应立即进行过筛分选，分别饲养。不同大小的稚鲍混养，在生长上将造成两极分化，对小个体稚鲍的存活与生长不利。

(5) 电剥离法 电刺激剥离技术是在不影响稚鲍生长发育的前提下，通过控制一定强度（0.1～0.7 伏/厘米）的匀强电场，刺激波纹板上的稚鲍，使其快速脱板而达到剥离稚鲍的目的。不同规格的稚鲍，在育苗生产中需要进行剥离操作的各个阶段，均可采用电剥离法剥离稚鲍，但适宜的作用强度不尽相同。8 毫米以下的稚鲍，应选用高强度；8～10 毫米的稚鲍，以中强度为佳；12 毫米以上的稚鲍，则选用低强度的电剥离方式（王琦等，2001）。

(6) 手工剥离法 北方地区的鲍育苗场，往往在稚鲍长至 3～5 毫米时，采用软毛刷剥离波纹板上的稚鲍；南方的鲍育苗场，则多采用人工方法，将塑料薄膜上的稚鲍甩落至育苗池内。

2. 培育密度 剥离后 3～4 毫米的稚鲍放养于育苗池内，池底铺四脚砖或弧形瓦片，砖规格为 30 毫米×30 毫米×3 厘米，四脚砖平放或呈覆瓦状排列。

壳长 3～5 毫米的稚鲍，放养密度为 3 000～5 000 个/米²；壳长 5～10 毫米的稚鲍，放养密度为 2 500～4 000 个/米²；当鲍苗壳长达 10 毫米左右，放养密度为 2 000～3 000 个/米²。

3. 饵料投喂 人工配合饵料应符合 NY 5072 的要求。早期投饵量，可控制在全池鲍苗总重量的 4％～5％；当壳长达 10～20 毫米，投饵量控制在鲍苗总重量的 1.5％～3％，投喂时间为 17：00～18：00。在后期，也可配合投喂紫菜、江蓠、石莼等天然饵料。

4. 日常管理 流水量为全池水量的 6~8 倍，并加强充气。每天上午冲池 1 次，冲池时排干池水，冲洗干净池底污物、残饵等，同时迅速加入清新海水。应注意观察剥离后稚鲍的摄食情况，当水池中残饵过多或过少，要适当调节人工饲料的投喂量。每天观察稚鲍的生长情况，记录其死亡率等，及时分析及处理可能发生的问题。

壳长小于 5 毫米的稚鲍往往有向上爬离水面的习性，尤其在刚刚剥离后或环境条件改变的初期，稚鲍向上爬动十分频繁，因此需注意观察，并及时使用毛刷将其刷至池底。

第八章 8

鲍人工养殖技术

我国在 20 世纪 70 年代先后取得杂色鲍和皱纹盘鲍人工育苗的成功，并在生产中广泛应用。至 80 年代后期，在北方辽宁及山东沿海，皱纹盘鲍的人工养殖已初具规模，年产量超过 500 吨。但在 1997 年遭遇大规模暴发性死亡现象，产量锐减，严重打击鲍养殖的积极性。南方沿海地区则自 90 年代中期起，大力发展杂色鲍的人工育苗及养殖，产量激增，年产量超过 2 000 吨。2000 年开始皱纹盘鲍、杂交鲍引入福建海域开展养殖并获成功后，养殖面积和养殖产量呈暴发式增长态势，皱纹盘鲍迅速成为福建海域养殖的主导种。2003—2013 年的 10 年间，我国鲍养殖产量从 9 810 吨快速增加到 139 697 吨，年产苗种 77 亿粒，年产值 200 多亿元。其中，养鲍大省福建省更是从 3 156 吨增加到 112 611 吨，创造了巨大的经济效益、社会效益和生态效益，并使鲍产业成为我国海水养殖产业的重要组成部分。鲍的养殖包括工厂化养殖、筏式养殖、潮间带围堰养殖、海底沉箱养殖和底播增殖等。

第一节　工厂化养殖

鲍的工厂化养殖，指的是在陆地上建设养殖池，开展鲍的集约化养殖。该方法 2005 年之前，在我国南方地区如福建、广东、海南等省份及台湾地区沿海广泛采用；2005 年以后，逐渐被海区筏式养殖所替代。其特点在于，采用立体养殖，可以高效利用养殖水体，在陆地上开展鲍养殖便于管理及收获。

一、场址建设

鲍工厂化养殖场地的选址应符合下列条件：所处海区不受工农业及生活污水的污染，受淡水影响小；潮流通畅，水质清澈，风浪较小；沙和沙砾底质，或岩礁，便于构筑提水工程。靠海处有大片平坦的土地，可供开展陆上养殖设施建设，交通、通讯和供电方便。

养殖设施

(1) 养殖池　养殖池规格为长 5.0～7.0 米、宽 3.0～4.0 米、深 1.5～2.0 米，面积为 21～24 米²。池底向排水口一端倾斜，坡度为 1∶50，池周墙及底用水泥抹平，池内铺有 3～4 排钢筋条或水泥条，离池底 20 厘米左右，供放置养殖笼之用。池内布设散气管和进、排水口；鲍喜黑暗，养殖区宜用钢筋混凝土盖顶或镀锌管架遮阳网盖顶，四周以围墙遮挡，遮阳网架内空高度为 3～4 米。

(2) 供水系统　工厂化养鲍用水量大，在南方地区的鲍工厂化养殖场需要每天 24 小时不停地流水，流水量为全池水量的 5～8 倍。近岸潮间带沙层厚在 1.5 米以上且沙粒较粗的海区，宜采用过滤管过滤，每台进水口径为 15 厘米的水泵可配长 1.5 米、口径 15 厘米的过滤管 8～12 根；沙层厚在 1.5 米以下且沙粒较细或岩礁底质的海区，宜采用过滤池过滤，每台进水口径为 15 厘米的水泵可配有过滤面积 10～20 米²。每小时的供水量应为养殖池总容量的 20% 以上，并留有 30% 的供水机械设备备用。在砂滤水无法满足供应的情况下，如果海区的透明度较大时，可以用沉淀或粗过滤海水直接加入养殖池中使用。

(3) 供气系统　采用罗茨鼓风机向养成池内供气，按生产规模确定鼓风机的类型。鼓风机每分钟的总供气量，应为培苗池和养成池总容量的 1%～1.5%，进气口必须保证空气流通。每串养鲍笼底部安装直径为 32 毫米的通气 PVC 管，在管上一定间隔钻直径为 0.5 毫米的出气孔 1 个，气孔朝上。

(4) 养殖笼　养殖笼采用黑色硬塑料制作而成，长宽高为 0.40 米×0.30 米×0.12 米，前后和上下四面具孔，前面设活动门，供投苗、投饵、清除残饵及死亡个体。每 6～12 笼用绳子绑成 1 串，并排整齐放置池中。每 2 排养殖笼中间隔 40 厘米的操作水沟，用于投喂饵料。

二、苗种密度

选择无损伤、活力好、健康的鲍苗，壳长通常为 1.5～2.0 厘米的鲍苗。鲍苗放养密度为 40～50 粒/笼。投苗后，为防止鲍苗感染细菌，可用 1 毫克/升的聚维酮碘进行浸浴 3 小时后流水。经过 8～10 个月的养殖，可将其中生长较快的个体分选出来，另池养殖。当鲍壳长为 3.2～5 厘米时，每笼鲍数量控制在 25～30 粒。

三、日常管理

1. 放苗前的准备

(1) 养殖设施及工具清洁　新建的养殖池应先用淡水浸泡 7～10 天，再用含醋酸或草酸海水浸泡 3～5 天，冲洗干净后灌满海水浸泡 7～10 天，然后晾干备用；新购置的养殖笼和装生物饵料的框子等用具，先用海水浸泡 7 天，再用 5 毫克/升的聚维酮碘浸泡 1 天，经淡水冲洗干净后方可使用；已用过的养殖笼，用水冲洗一遍，再置于露天处曝晒 2～3 天，然后置于养殖池，连同已用过的养殖池，用浓度为 100 毫克/升的高锰酸钾浸泡 2 天以上。

(2) 饵料消毒　龙须菜、江蓠等生物饵料的存放点应与养殖区隔离，在投喂前应用浓度为 3～5 毫克/升的聚维酮碘浸泡 3 小时以上，洗净后长流水。

2. 供水和供气　高密度集约化的鲍工厂化养殖，应保证适合的养殖环境，需保证连续流水、充气。养殖笼内外水体交换应充分，每天流水量应为养殖池水体的 5～8 倍，每分钟充气量为养殖池水体的 1.0%～1.5%，溶解氧含量维持在 5 毫克/升左右。在南方海区鲍工厂化养殖过程中，供水量的大小是管理的关键环节。供水量过大，需抽取较多海水，能耗较高，造成养殖成本上升；供水量少，则鲍生长环境容易恶化，生长受限制。在养殖过程中，要严防停电、停水，否则易造成鲍缺氧死亡。日常巡池时，如果观察到鲍沿箱壁向水面大量聚集，这是水质可能出现异常的典型表现，应立即清池换水，否则将造成鲍大量死亡。

3. 投饵及清池　鲍的饵料以龙须菜、江蓠和新鲜海带为主，日投放量为鲍体重的 10%～20%。冬、春季时水温较适宜，龙须菜和海带等可以在养殖笼内存活几天，可 5～6 天投喂 1 次；在高温季节，因饵料容易腐败，应适当缩短投饵周期，每隔 3～4 天投喂 1 次。每次均应投足相应天数的饵料。

在排水投饵时应清除残饵和死鲍，并用高速水流冲洗养殖笼及池底污物，以避免大量粪便、排泄物及鲍死亡个体沉积池底后造成二次污染。排水投饵或排水冲洗的时间不宜超过 30 分钟，养殖池注满海水时间不宜超过 15 分钟。清池时，可调整放养密度。为了减少干露对养殖鲍的影响，投饵、洗池、进排水的动作要迅速，尽量缩短干露时间。

每天观测水温、盐度，定期对鲍的生长进行监测，发现异常情况应及时进行处理。

较多的陆地工厂化养殖场集中在同一海区，从海区抽上来的水需经过沉淀和过滤，如果未经沉淀和生化处理直接排入大海，容易造成海区相互污染或富营养化。一旦某个养殖场发生病害，排放到海区的废水会使整个海区病原菌迅速扩大，造成恶性循环。病害易蔓延，相互传染，致使养殖鲍大批量死亡。因此工厂化养殖条件下，养殖废水的有效处理应得到有效解决（图 8-1）。

图 8-1　陆地工厂化养殖池

第二节　筏式养殖

与陆地工厂化集约化养殖模式相比，筏式养殖具有鲍生长速度快、成本低、操作方便等特点，是目前我国鲍养殖的主要模式。但易受台风、赤潮和附着生物等的影响，养殖风险较高。

一、养殖场地选择

养殖场地应选在内湾或风浪较小的海域，养殖海区应不受工农业及生活污水的污染，受淡水影响小；潮流通畅，水质清澈。

二、养殖设施

筏式养殖又分为两种：一种为筏架式养殖（图 8-2），该模式所用的筏架设备与网箱养鱼相似，由 4 根木板扎成 1 个 4～6 米×4～6 米的框架，每个框架上横架 6～10 根竹条，每个竹条上挂 6～8 串；另一种为延绳式养殖（图 8-3），延绳长度为 80～100 米，每 2 根延绳间距 4～5 米，延绳上每隔 1～2 米悬

图 8-2　海区筏架式养殖

图 8-3　海区延绳式养殖

挂 1 个泡沫浮球。浮球下悬挂养鲍容器，吊养深度为 80～200 厘米。可根据季节及需要，调节吊养的水深。这种方式抗风浪较强，适宜在风浪较大的海区使用。

三、养殖容器

目前，常用的养殖容器有两种：一种为专用鲍养殖八角盆，直径为 40～50 厘米、高 15～20 厘米。盆中有 1 个直径约为 20 厘米的圆洞，用于投饵。在养殖盆外套 10 目网袋，防止鲍爬出。在投苗时，每个鲍养殖盆可养殖1.5～2.5 厘米的鲍苗 100～200 粒。

另一种养殖容器与陆地工厂化养殖类似，可采用黑色聚乙烯塑料养殖箱，规格为 40 厘米×30 厘米×15 厘米，箱体六面上均有许多小孔用以通气流水。按照箱体上流水孔径大小，可分为密箱、疏箱两种。密箱孔径 0.5 厘米、放养壳长为 0.7～1.5 厘米鲍苗；疏箱孔径 0.9 厘米、放养壳长为 1.5 厘米以上的鲍苗。通常用塑料绳子将 5 只箱子捆成 1 串，养殖笼的放养密度为 30～40 粒/笼。

此外，近年来新型养殖容器层出不穷，如立架式鲍养殖笼、直通式鲍养殖桶等。

四、养殖密度

在鲍浮筏养殖过程中，各种海区环境因子都不同程度地影响着鲍的养殖产量与品质。其中，养殖密度对其影响最为显著。这是因为随着养殖密度的增加，势必会导致鲍对养殖空间和饵料的竞争，使养殖个体生长率和存活率受到不同程度地影响。通常，浮筏养殖使用高度为 95 厘米、直径或边长约50 厘米的 4～5 层聚乙烯方形养殖箱组成的养殖笼。一般每笼放养壳长 2.0厘米左右的个体 200～250 只，每层 50 只比较适宜。吴富村（2008）探讨了南方海区不同规格幼鲍在不同培育密度条件下的生长和存活，结果表明，幼鲍经 7 个月的南方海区养殖，壳长达 4 厘米以上，越冬存活率为 87.7%，起始规格和培育密度交互作用对幼鲍生产的影响不显著。但最大规格幼鲍组的生长在所设培育密度水平下没有受到密度效应的抑制，而小规格组则表现出不同密度水平下生长的差异。表明相对于大规格幼鲍，小规格幼鲍可能对培育密度更加敏感。在皱纹盘鲍养殖过程中，合理疏密、选择较大规格的幼鲍是获得较高幼鲍生长速率的有效技术，对不同规格的鲍进行大小分选，可以提高幼鲍的生长；但 Endemann et al.（1997）认为，相比较环境因子的影响，红鲍（*H. rufescens*）不同规格组幼鲍的生长表现，更容易受到遗传控制的决定。然而，分选可显著提高幼鲍的生长，在其他鲍科动物也有报道。Myaga & Mercer（1995）报道，在陆地封闭式培育系统中，分选操作显著提高了疣鲍（*H. tuberculata*）的生长。小规格幼鲍对密度更加敏感，因此，如果分选操作在幼鲍发育更早时间进行或者延长培育时间，分选操作可显著影响幼鲍的生长表现。在更高密度条件下，分选操作可显现对生长的显著影响。

对西氏鲍与皱纹盘鲍杂交子代在不同养殖密度条件下的生长速度和存活率研究，经过近一周年（360 天）的养殖比较试验，随着养殖密度的增加，杂交 F_1 和自繁 F_1 的 DGR 值均出现明显的下降。当养殖密度过高（50 只/层）或偏低（20 只/层）时，杂交子代在生长方面并未表现出明显的杂种优势；只有在一定的养殖密度条件（40 只/层）下，杂交种才表现出明显的生长优势。方差分析同样表明，养殖密度及养殖种类对幼鲍生长的影响是显著的，但养殖密度与养殖种类之间的互作不明显。只有在一定养殖密度范围之内（30～40 只/层），各实验组之间幼鲍的生长开始出现差异，杂交子代表现出正向的杂种优势。养殖密度和养殖种类对幼鲍存活率的影响极显著（$P<0.01$），同时，养殖密度与养殖种类之间的互作效应也达到极显著水平（$P<0.01$）。说明适当的养殖密度对维持鲍养殖过程高存活率是很重要的，而优良的养殖种类也是获得高存活率的关键。西氏鲍与皱纹盘鲍杂交子代在高密度养殖条件下具有高的存活率，并且在一定的养殖密度条件下，杂交子代在生长速度上具有正向的杂种优势。在此基础上培育出来的西盘鲍新品种，适合在养成阶段开展高密度养殖（骆轩，2009）。

五、日常管理

饵料主要以江蓠或海带为主，每 3～5 天投饵 1 次。投喂时间和投喂量根据季节、水温不同而调整，投饵时注意清除粪便、杂质和残饵。结合投饵及时捡出死鲍。

海区养鲍还要做好养殖台架、养殖箱等设施器材的安全检查与维护，要经常洗刷污泥，疏通水流，并可采用人工摘除、高压水枪冲刷或更换容器等方法及时处理附着生物，并注意清除螃蟹等敌害生物。

第三节　潮间带围堰养殖

潮间带围堰养殖，主要在我国山东省和台湾省东北角部分地区开展养殖。其优点是可以充分利用潮差自然纳水与排水，与工厂化养殖相比省去每天换水等操作引起的能源消耗，降低了养殖成本，且养殖鲍生长环境相对稳定。但该模式受气候因素变化的影响较大。

一、养殖场地选择

养殖场地应选择在自然环境优越、受风浪影响小、水质优良、水温适宜、海底为不透水的平礁底潮间带海域，附近无溪流，大雨时无淡水流入。

二、养殖设施

在所选择的养殖场地，采用水泥或石块构筑围堰建池。围堰池壁的上部（大约距池底 1 米左右）留若干进排水孔，以利于在涨潮时自然纳水，落潮时自然排水，同时应确保低潮位时能有 1 米左右的水深。池底通常铺石块、水泥板等作为鲍的遮蔽物，为了操作方便，通常还会架设天桥式通道。此外，池底通常留有底沟，以方便排污（图 8-4）。

图 8-4　潮间带围堰养殖

三、日常管理

潮间带养殖鲍苗的投放以大规格苗种为宜，苗种规格通常为 3～4 厘米。北方海区的放苗时间通常选择 4～5 月，水温 10～15℃。苗种投放密度为 50～250 粒/米^2，密度过大，容易导致大量死亡。台湾地区的潮间带杂色鲍养殖，通常养至 6 厘米左右的成鲍时，养殖密度为 200 粒/米^2 左右，养殖产量可达 3 千克/米^2。

养殖饵料选用裙带菜、海带、巨藻、石莼等，也可采用褐藻和绿藻混合投喂。潮间带养鲍的生长适温在 10～22℃，在繁殖期摄食量有所下降，应根据温度的变化检查残饵情况，及时调整投饵量。

在日常管理中，应经常巡视池子，观察鲍的活动情况。每隔 15～20 天，下池检查鲍的生长情况。经过较长时间的养殖，池底石块上容易沉积污物，需定期清理。并及时清除池内敌害生物，如海盘车、海胆、螃蟹等。

第四节　海底沉箱养殖

在我国广东省湛江地区还采用海底沉箱养殖。该养殖方式的优点是养殖容器坚固，养殖鲍环境稳定，受气候变化的影响小，养殖鲍生长速度和成活率比海区筏式养殖明显提高。

一、海区选择

应选择岩礁密布，底部较平坦，牡蛎和藤壶等附着生物较少，水质清新，水流畅通，坡度小，远离河口，受浮泥影响小，无污染、风浪较小的低潮线附近海域。

二、沉箱结构

沉箱的箱体呈圆柱形，用钢筋混凝土浇筑，直径为 120 厘米、高度约为 60 厘米。箱底留有 10 余个孔径为 20 厘米的排污孔，箱壁上部离上缘 5～6 厘米处等距离留 4 个孔径 5 厘米的小孔，以利于水体交换。箱盖为圆形，钢筋混凝土浇筑而成，直径 120 厘米左右、厚 5 厘米，中间留有口径为 30 厘米左右的圆孔，供水体流动和投饵时用。在离箱盖外缘 5 厘米处，还有 4 个等距离的小孔，孔径为 5 厘米，用于系绳把箱盖固定于箱体之上。

使用时将箱体平置于海底，尽可能箱挨着箱放置并用大石头加固。箱底距地面 10 厘米以上，以利于水体交换。将箱盖盖好、绑紧，以备投苗。规格为 2 厘米的杂色鲍，每箱的投放苗量为 800～1 000 只。

三、日常管理

每次大潮投饵 1 次，高温期每周投饵 1 次。饵料以新鲜江蓠为主，日投饵量为鲍体重的 10%～30%。一次投足相应天数的饵料量，并根据鲍的摄食及生长情况，参考饵料质量、鲍的大小、水温等因素进行适当的调整，以每次略有余饵为宜。

每个月大潮时清理沉箱 1 次。清理时将箱盖打开，清除死亡个体、粪便、残饵、虾蟹等敌害，再将附着基上的牡蛎、藤壶等清刷干净，并检查网箱是否完好。沉箱安置的水位要合适，避免部分沉箱露空时间过长。高温期如遇中午低潮，要抽取海水喷淋箱体降温或拉遮阳网，以防止鲍死亡。

第五节 底播增殖

由于鲍属底栖动物，周年移动范围不大，适合于开展底播增殖。我国鲍的底播增殖地区，主要包括辽宁省大连市旅顺口区、长海县和山东省威海市的荣成市、长岛县、青岛市的崂山区等地。近年来，随着人工鱼礁的兴起，特别是增殖型鱼礁和增殖技术的发展，鲍的底播增殖得到一定的发展。

一、海区选择

底播海区应远离河口及污染源，水清流畅、透明度大、海水理化因子稳定，且海区敌害生物较少，底质为岩礁或卵石。底层水温周年低于 25℃，盐度保持在 30 左右。海区藻类数量丰富且种类满足鲍的摄食要求，全年没有明显的饵料缺乏阶段，礁石上天然生长的各种海藻，如海带、裙带菜、石莼、紫菜等都是皱纹盘鲍的喜食藻类。以幼鲍每天摄食 0.4～1.0 克藻类、活动范围 10 米^2 计算，单位面积海藻总生物量不应少于 100g 克/米^2（王义荣等，2002）。

皱纹盘鲍分布的水层在水深 5～19 厘米处，呈带状分布。为了扩大底播增殖的面积，往往选择在皱纹盘鲍资源丰富的海区周围，采用人工投石、投放预制混凝土制件等进行筑礁形成人工鱼礁，扩大皱纹盘鲍的分布面积。在筑礁的同时，需要采用人工采苗的方法，利用移植成熟的海藻，散放出孢子在人工鱼礁上形成藻床；也可将成体海藻移植到准备底播海区，供鲍苗摄食。

二、苗种规格及密度

底播苗种需综合考虑底播海区的水质、饵料以及生物量等情况，通常在春秋两季进行，水温在 12～22℃，选择无风无浪天气，在小潮期间开展播苗工作。在底播时，潜水员潜入水下，将附有鲍苗的波纹板放在事先调查决定底播增殖区域的礁石上，将波纹板附有鲍苗的一面朝下。大个体鲍苗在投放 3 小时后爬离波纹板，6 小时后有一半的鲍苗离开波纹板，12 小时后大部分鲍苗均可爬离，24 小时过后即可回收波纹板。通常，在波纹板两端各挂 1 个石坠和 1 根细绳，细绳顶端系一泡沫浮漂。回收时，在船上根据浮漂的位置收起细绳，即可回收波纹板（王义荣等，2002）。

底播鲍苗密度视底播区域海藻资源量的丰富程度而定，柳忠传（1996）在山东省长岛县后口村、大钦岛等 7 个海区开展为期 6 年的皱纹盘鲍大面积海区底播增殖放流工作，结果表明，2.5 厘米皱纹盘鲍苗种的底播密度以 10 粒/米^2

为宜。

　　底播苗种的规格与成活率存在明显的相关性。用于底播增殖的鲍苗应大于2.5米，低于2厘米的鲍苗往往回捕率较低，且回捕个体较小。以山东省长岛县底播增殖壳长1.5厘米的皱纹盘鲍为例，底播4年后成活率仅为3%；而底播增殖壳长为2.0厘米的皱纹盘鲍，底播4年的成活率增加了18%（聂宗庆，1982）。

三、日常管理

　　鲍的底播增殖管理简便，与筏式养殖相比，用工量少，安全系数高。管理的主要任务是清除敌害生物，鲍的敌害生物主要有海星、蟹类、海胆等。在日常管理当中，发现敌害生物时应及时捕捉。敌害生物的清除，主要采用潜水员在水下捕捉，也可以采用诱捕器来捕捉海星等敌害生物。由于海星多为肉食性，可在养殖区内放置内布碎鱼、贻贝肉等诱捕食物的诱捕器，增殖区周围增设多个诱捕器，再由潜水员定期将采捕到的敌害生物清理掉。

第九章 9

鲍常见养殖病害及防治

近年来，随着鲍产业的迅猛发展，鲍养殖规模不断扩大，养殖海区内鲍的养殖密度逐年增高，较高的养殖密度致使养殖区域溶解氧难以平衡，饲料残饵、粪便等急剧增加，增大了海水富营养化的风险。加之沿岸内湾水流的相对不流通，导致环境有害物质的累积，都使每年在季节交换、水温急剧变化时，养殖鲍病害频发，严重制约了鲍养殖产业的健康发展。

目前，发现鲍的常见疾病主要分为细菌性疾病、真菌性疾病、寄生虫疾病以及病毒疾病四类，如脓疱病、裂壳病、气泡病、溃烂病、肌肉萎缩症、脱板症、脓毒败血症等（苏秀文，2005）。

一、常见疾病

1. 细菌性疾病 目前，已有报道的鲍细菌性疾病大多为弧菌病。弧菌是一种条件致病菌，病原弧菌引起鲍病害的发生取决于鲍的养殖环境条件、免疫能力和弧菌致病性三方面。当养殖环境发生变化时，弧菌数量增加及致病性增强，鲍免疫力下降，从而导致病害的发生。1993 年，中国大陆养殖的皱纹盘鲍首次暴发严重的细菌性疾病"脓疱病（pustule disease）"，其明显的病症是腹足有白色脓疱，该病的病原是河流弧菌（*Vibrio fluvialis-*Ⅱ）（聂丽平，1995）；马健民等（1997）对辽宁、山东沿海脓毒败血症的皱纹盘鲍（*H. discus hannai*）进行调查检测，分离到坎氏弧菌（*V. campbellii*），并通过人工感染实验证实，该菌主要通过消化道感染鲍，感染后鲍的死亡率在70% 以上；1999 年春季，福建东山九孔鲍暴发大规模流行病，王军等通过研究报道，称副溶血弧菌（*Vibrio paralaemolyticus*）、溶藻弧菌和另外 3 种球状病毒引起的是导致当年病害的病原，而张朝霞等（2001）和王江勇等（2005）则分别通过人工感染实验，证实了副溶血弧菌可以引起杂色鲍肌肉萎缩，即肌肉萎缩症（withering syndrome）。黄万红（2005）发现，九孔鲍养殖中的脓疱病通常是由溶藻弧菌（*Vibrio alginolyticus*）引起的。

2002 年，日本某鲍养殖场的盘鲍在几天内大量死亡，表现出的主要症状是循环系统血淋巴肿，造成该病的病原是哈维氏弧菌（*Vibrio harveyi*）（Sawabe & Inoue，2007）。近几年，我国南方也发现由哈维氏弧菌引起的"肌肉萎缩症"。该病可感染不同规格的杂色鲍，造成大量死亡（王江勇，2010）。哈维氏弧菌是一种革兰阴性菌，菌体呈弧状，极生单鞭毛，是发光性弧菌病的主要病原，能够感染多种海洋脊椎动物和无脊椎动物。1936 年将其命名为哈维氏无色杆菌，直至 1980 年将其正式改名为哈维氏弧菌，并在 1982 年得到确认（Frank，1936；Paul & Linda，1980；Validation，1981）。哈维氏弧菌在海洋环境中分布广泛，是一种常见的病原菌，主要存在于浮游动植物体表（Lipp，2002；Anwarl，2005；Turner，2009）、自由水体、海底沉积物中。它是水产动物体表的正常菌群，又是一种条件致病菌，只有在宿主体质变弱、环境条件改变或者菌株发生变异时，哈维氏弧菌才开始大量繁殖并侵染宿主（S. A. Orndorff，1980）。目前，哈维氏弧菌致病机理已经完全被揭示，研究表明，其致病相关因子主要有类细菌素抑制物（bacteriocin-like inhibitorysubstance，BLIS）（Prasad，2005）、铁载体、胞外产物（extracellular products，ECP）包括蛋白酶、溶血素、外毒素（P. -C. Liuxy，1996）。除此之外，还与生物膜的形成（20）、菌群密度感应（quorum sensing，QS）（Henke & Bassler，2004）及噬菌体介导的毒力基因转移有关。

1997 年，法国沿海疣鲍（*H. tuberculata*）出现大量死亡，两年后法国诺曼底某陆地养殖场发生病害，在此次患病鲍中分离出病原菌鲨鱼弧菌（*Vibrio carchariae*）（Nicolas et al. ，2002）。2012 年，从加利福尼亚半岛某养殖场红鲍（*H. rufescens*）后期幼体中分离出 2 株灿烂弧菌（*V. splendidus*），研究发现，红鲍幼体对该致病菌敏感性较强（Anguiano-beltran，2012）。综上可知，造成鲍细菌性疾病的病原大部分是弧菌，包括溶藻弧菌、哈维氏弧菌、如溶血弧菌、河流弧菌、灿烂弧菌等。这些致病性弧菌引发的病害，给鲍养殖产业带来重大的经济损失。

2. 真菌性疾病　在日本养殖的西氏鲍中发现真菌病病原为密尔福海壶菌（*Haliphthoros milfordensis*）。西氏鲍受该菌感染后，病鲍的外套膜、上足和足的背面出现许多扁平或瘤状突起。密尔福海壶菌的菌丝直径为 11～19 微米，菌丝的任何部分都可形成游动孢子，并在该处的菌丝上生出排放管。成熟孢子具 2 条侧生鞭毛，休眠孢子则为球形。成熟的游动孢子往往从排放管顶端开口放出。病鲍的外套膜、上足和足的背面产生许多隆起，隆起内含成团的菌丝。受到真菌病感染的鲍放入 15℃的循环水槽中培育，10 天左右即会生病死亡。采用 10 毫克/升的次氯酸钠，可杀死海水中游动的孢子，起到预防真菌病的作用，但无法根治。

据报道，艾特金菌（*Atkinsieua* sp.）会感染盘鲍引起卵菌症，病鲍外套膜、闭壳肌上形成瘤状，其内充满无隔粗菌丝。而在澳大利亚的黑唇鲍和新西兰的虹鲍贝壳内表面的硬壳蛋白发生不规则沉积，使珍珠层产生瘤状物，从病鲍贝壳分离出 1 株真菌。虽然并没有观察到真菌直接侵入活体器官组织中，但鲍贝壳内真菌的增加，往往容易导致养殖鲍成活率的下降。

3. 寄生虫疾病 鲍的寄生虫，包括体内寄生虫和寄生于贝壳的壳表寄生虫。体内寄生虫常见的有盘形虫、派金虫、球虫和纤毛虫等。Bower 等（1989）报道了寄生于堪察加鲍（*H. kamtschatkana*）和红鲍（*H. rufescens*）幼鲍中的鲍盘形虫（*Labyrinthuloides haliotidis*）的感染机制和防治方法。鲍盘形虫主要寄生于鲍头部的肌肉和神经组织，足部偶有发现。病鲍表现头部肿大，寄生部位溃疡，头足部组织破损，对稚鲍危害极大。Lester（1981）在澳大利亚黑唇鲍（*H. ruber*）的足部、外套膜和闭壳肌中发现感染了大小为14～18 微米的奥氏派金虫（*Perkinsus olseni*），其特征是虫体寄生部位出现直径1～8 毫米的淡黄色或褐色脓疱，脓疱内含脓汁，脓汁内有大量的孢子和白血球。发病时的水温为 20℃ 左右，盐度 30，目前尚无有效的防治方法。Driedman（1991）在美国加利福尼亚多种鲍的肾管中发现了球虫病，引起黑鲍的大量死亡。李太武等（1999）报道，在皱纹盘鲍稚鲍的消化道、外套膜、血窦和组织间隙内，发现一种纤毛虫，感染率为 60%，发病死亡率可达 100%。

鲍壳表寄生虫已知的有才女虫和缨鳃虫等。才女虫属于多毛类环节动物，是目前对鲍危害较大的寄生多毛类。才女虫能把鲍坚硬的贝壳钻透，进而腐蚀贝壳，破坏珍珠层，使贝壳组织疏松，导致贝壳破碎，影响鲍的正常生长，最后导致死亡。日本的杂色鲍发现有刺才女虫（*Polydora armata*）、韦氏才女虫（*P. vebsteri*）、东方才女虫（*P. flavaorientalis*）、凿贝才女虫（*P. ciliata*）和贾氏才女虫（*P. giardi*）5 种才女虫。才女虫在鲍壳上钻穿管道，并在壳内表面形成盘形隆起，受才女虫感染的杂色鲍贝壳易碎，鲍个体消瘦，严重者死亡。才女虫病多发生在工厂化养殖过程中，尤以壳长 3 厘米以上的鲍易受其害，在贝壳上穿孔数目随壳的长大而增加。缨鳃虫感染贝壳的前缘，严重时造成贝壳缺损，明显影响鲍的生长，目前在红鲍、绿鲍和桃红鲍均有报道。

4. 病毒病 王斌等（1997）对大连沿海所养殖皱纹盘鲍暴发的"裂壳病"进行研究。发现引起该病的病原是一种具双层囊膜、无包涵体、大小为 90～140 纳米的病毒粒子，该病毒在鲍体内形成"封入体"；王江勇等（2000）在出现裂壳病的杂色鲍上也发现一种球状病毒，存在于细胞的细胞质中，主要侵染杂色鲍的足、外套膜、性腺、肝、鳃等部位。Otsu 等（1982）从患致死性消瘦流行病的日本盘鲍幼鲍神经干细胞的细胞质中，检测到直径为 100 纳米的病毒样粒子；此外，宋振荣、王军、张朝霞、王江勇等都先后报道了 1999 年福建东山九孔鲍大规模暴发性死亡现象，并确定该病的主要病原是病毒，即鲍肌肉萎缩症病毒（abalone shriveling syndrome-associated virus，AbSV）；宋振荣等（2000）在杂色鲍肝脏细胞质中发现引起杂色鲍大量死亡的病毒粒子，而张朝霞则在杂色鲍病鲍的肝及肠等消化器官中找到了两种大小分别是 95～110 纳米和 135～150 纳米的病毒粒子，并根据病原展开回归感染试验，推测病原可能经口传染后入侵鲍体，以肝肠为靶器官，进而作用整个鲍体。而鲍疱疹病毒（abalone herpes-like virus，AbHV）病主要暴发于欧美以及澳大利亚新西兰等国家和地区，我国的台湾地区也有过相关的报道。

二、我国养殖鲍常见病害及防治

1. 脓疱病 病原为河流弧菌（*Vibrio fluvialis*）和荧光假单胞杆菌（*Pseudomonas fluorescens*）。发病初期，病鲍行动缓慢，摄食量减少，病鲍的足部肌肉颜色变淡，足肌上有多个微隆起的白色脓疱，这些脓疱一般可以维持一段时间不破裂（图 9-1）。在夏季持续高温时，脓疱破裂，流出大量白色脓汁，并留下 2～5 毫米不等的深孔，足面肌肉呈现不同程度的溃烂。病鲍附着力减弱，食欲减退，并很快出现死亡。该病主要流行于夏季高温季节，皱纹盘鲍成鲍和幼鲍均可感染发病，死亡率高达 50％～60％（图 9-1）。

图 9-1 鲍脓疱病

在治疗方面，应保持养殖环境的清洁，可使用复方新诺明 5～6 毫克/升或氟苯尼考 3～4 毫克/升药浴 3 小时，每天 1 次，连续 3 天为一个疗程，隔 3～5 天再进行下一个疗程。

2. 肌肉萎缩症 主要病原为副溶血弧菌（*V. parahaemolyticus*）。主要症状表现为患病鲍摄食量大幅度下降，甚至停止摄食，个体出现肌肉萎缩，在足部肌肉形成瘤状物，整个足部和外套膜萎缩，肌肉失去水分和光泽，足底发硬，伸展微弱，最终导致病鲍死亡，死后干瘪，无腐烂现象（图 9-2）。该病死亡率可达 50％，流行于夏季高温季节，当水温超过 23℃，病情加剧。目前尚无有效的治疗方法，防治方法应以预防为主，选择自身抗病能力强、免疫力高的健康苗种，少量发病迅速隔离，以防相互感染（图 9-2）。

3. 裂壳病 该病主要是由球状病毒引起的。球状病毒主要存在血细胞中，具双层夹膜，无包涵体，大小为 80 纳米左右。病鲍摄食变差、壳变薄、足肌颜色变淡，呼吸孔间带因贝壳相连串，壳外缘上翻。严重个体呼吸孔一侧贝壳缺失，生长缓慢，足部肌肉瘦且颜色淡黄，并失去韧性，表面有大量黏液状物质。裂壳病影响的鲍苗，在苗期易出现长不大的个体，俗称"老头苗"。病害的传播途径为水平传播，多发生于皱纹盘鲍和杂色鲍的幼鲍期，裂壳病感染 1～3 个月内的死亡率可达 50% 以上。目前尚无有效的治疗方法，应以预防为主，选用优良的苗种，增强体质，改善生长环境（图 9-3）。

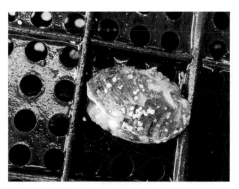

图 9-2 鲍肌肉萎缩症　　　　　　　　图 9-3 鲍裂壳症

4. 气泡病 杨爱国等（1987）报道，在山东省长岛增殖实验站培育 2～4 毫米大小的皱纹盘鲍稚鲍在室内中间培育过程中，发现其胃部膨大呈气泡状，高出壳缘部。病鲍不摄食，且多爬在附着板的表面，足肌吸附力下降。随着气泡逐渐增大，稚鲍漂浮于水面上，引起大批死亡，因而成为气泡病。这种现象往往是由于在鲍的规模化养殖过程中投喂海藻时，在强烈的光照条件下，流水不畅时由于海藻的光合作用，产生大量溶解氧在水中，如果饱和度达到 150%～200%，鲍就会发生气泡病。此时在病鲍的上皮组织下会形成许多气泡，鲍口部色素消退，齿舌异常扩张，身体固着不动，口、足、外套膜和上足膨胀，全身肌肉和结缔组织中都有气泡，血管也发生气泡栓塞，血细胞中的液泡扩大。患气泡病的病鲍往往继发性感染弧菌病，引起鲍大量死亡。

防治方法主要是严格控制投饵量，禁止投喂腐烂饵料，并及时清除残饵，同时加大流水量，保持水质清洁。平时注意观察鲍的摄食和活动情况。鲍发病前行为较为异常，白天跑到附着基表面，夜间停止摄食。出现这些反常现象时要及时采取措施，防止气泡病的发生。

5. 才女虫病 才女虫是一种钻孔动物，是最具穿孔的多毛类。才女虫的幼体非常活跃，它们一直在宿主贝壳表面蠕动直到接触到外套膜或贝壳隐秘的部位，一般选择正在生长的壳边缘或者是其他珍珠层沉积活跃的地方钻穴。穴的底部常位于外套膜和珍珠层之间，幼虫在其前端保持与外界环境相通。在工厂化养殖过程中，由于集约化生产中高密度养殖对环境条件要求较高，当溶解氧、氨氮、pH等因素失调时，导致才女虫病的频繁发生，并对生产造成严重的危害。鲍壳一旦被穿孔，贝壳内面就不断分泌有机物和珍珠层堵塞漏洞，消耗大量能量，使软体部重量减轻及萎缩，最终死亡。

防治方法：目前尚无有效的治疗方法，但只要养殖过程中，严控养殖环境的水质、饵料、溶解氧、养殖密度、药物消毒等，大面积感染才女虫的概率并不高。

6. 低温病毒病　主要病原为球状病毒、疱疹病毒。在症状发病初期，池水变混浊。气泡增多。病死鲍腹足肌肉僵硬，体表黏液增多，足肌贴于池底或筐底。该病传染性强，可感染各种规格杂色鲍，包括杂色鲍的鲍苗、稚鲍、成鲍，但极少引起皱纹盘鲍或盘鲍等发病，具有种属特异性；该病仅流行于水温低于24℃的冬春季节。由于该病只在水温低于23℃时暴发，因此又称鲍低温病毒病。本病为水平传播，潜伏期短，发病急，病程短，死亡率几乎达100％。

防治方法：一旦鲍感染球状病毒就难以治疗。采取以下预防措施取得明显成效：建立严格的隔离消毒制度，使用砂滤水，投喂自配的药物饲料，定期应用消毒灵进行水体消毒和用抗病毒中西合剂——鲍毒清进行浸泡，成活率明显提高。

7. 破腹病　破腹病是鲍养殖过程中经常发生的一种细菌性疾病。从1996年开始至2005年间，每年的高温季节，在福建省的多个鲍养殖场都会发生该病，发病率可达10％～50％，病鲍的死亡率可达50％～90％。由于细菌感染，病鲍的外套膜向内收缩，与鲍壳连接处变为褐色并发生分离。鲍体分泌出大量的黏液，使养殖池水面泡沫明显增多，水质恶化，紧接着病鲍整个角状器官及内脏肿胀，外套膜在内脏的角状体处变薄溃烂破裂，致使内脏裸露，鲍的上下足肌肉也因腐烂变软失去吸附力，逐渐死亡。

参 考 文 献

奥谷乔司，2001. 日本近海产贝类图鉴 [M]. 东京：东海大学出版会.

陈木，卢豪魁，陈世杰，1977. 皱纹盘鲍人工育苗的初步研究 [J]. 动物学报，23（1）：35-45.

陈世杰，1995. 鲍的形态类别及种名辑录 [J]. 福建水产，2：71-75.

高霄龙，李贤，张墨，等，2015. 养殖皱纹盘鲍人工育苗 LED 光质及光照时期优选 [J]. 农业工程学报，31（24）：225-231.

高霄龙，2016. 光照对皱纹盘鲍生长、行为、生理的影响及其机制研究 [D]. 青岛：中国科学院研究生院（海洋研究所）.

高绪生，等，1995. 鲍鱼 [M]. 沈阳：辽宁科学出版社.

黄印尧，陈信忠，吴文忠，等，2000. 九孔鲍鱼球状病毒病的诊断和防治报告 [J]. 福建畜牧兽医，4：5-7.

黄印尧，吴文忠，方莹，等，2002. 九孔鲍鱼球状病毒病研究 [J]. 福建畜牧兽医，24（3）：5-7.

黄万红，2005. 鲍破腹病的防治技术研究 [J]. 福建水产，3：38-43.

柯才焕，游伟伟，2011. 杂色鲍的遗传育种研究进展 [J]. 厦门大学学报（自然科学版），50（2）：426-430.

柯才焕，2013. 我国鲍鱼养殖产业现状与展望 [J]. 中国水产（1）：27-30.

柳忠传，1996. 皱纹盘鲍底播增殖放流技术 [J]. 海洋信息，3：5-6.

李霞，王斌，刘淑范，等，1998. 皱纹盘鲍"裂壳病"的病原及组织病理研究 [J]. 水产学报，22（l）：61-66.

骆轩，游伟伟，柯才焕，等，2006. 西氏鲍与盘鲍杂交育苗的初步研究 [J]. 厦门大学学报（自然科学版），45（5）：602-606.

吕端华，1978. 中国近海鲍科的研究 [J]. 海洋科学集刊，14：89-98.

吕军仪，陈志胜，吴金英，等，2001. 杂色鲍的胚胎发育 [J]. 动物学报，47（3）：317-323.

聂丽平，刘金屏，李太武，等，1995. 皱纹盘鲍脓疱病病原菌——河流弧菌Ⅱ的生物学性状研究 [J]. 中国微生态学杂志，7（1）：33-36.

聂宗庆，1989. 鲍的养殖与增殖 [M]. 北京：农业出版社.

聂宗庆，王素平，李木彬，等，1995. 盘鲍引进养殖与人工育苗试验 [J]. 福建水产（1）：9-16.

农业部渔业局，2017. 中国渔业年鉴 [M]. 北京：中国农业出版社.

孙振兴，宋志乐，郑志芳，等，2001. 日本大鲍与皱纹盘鲍杂交的研究 [J]. 齐鲁渔业，18（3）：25-27.

孙秀秀，苏友禄，冯娟，等，2009. 杂色鲍肌肉萎缩症的组织病理学研究 [J]. 安徽农业科学，37（03）：1098-1101.

苏秀文，2005. 鲍鱼常见疾病的原因及防治方法 [J]. 中国水产，10：54.

宋振荣，纪荣兴，颜素芬，等，2000. 引起九孔鲍大量死亡的一种球状病毒 [J]. 水产学报，24（5）：463-467.

王斌，李霞，高船舟，1997. 皱纹盘鲍一种球形病毒的感染及其发生 [J]. 中国病毒学，12（4）：360-363.

王江勇，陈毕生，冯鹃，等，2000. 杂色鲍裂壳病球状病毒的初步观察 [J]. 热带海洋，19（4）：82-85.

王江勇，郭志勋，冯娟，等，2005. 病毒感染后杂色鲍部分血清免疫因子的变化 [J]. 中国水产科学，12（3）：344-347.

王江勇，孙秀秀，王瑞旋，等，2010. 杂色鲍肌肉萎缩症病原菌的分离鉴定及系统发育分析 [J]. 南方水产，6（5）：21-26.

王军，苏永全，张蕉南，等，1999. 1999年春季东山九孔鲍暴发性病害研究 [J]. 厦门大学学报（自然科学版），38（5）：641-644.

王义荣，冯月群，2002. 皱纹盘鲍底播增养殖技术 [J]. 齐鲁渔业，19（10）：11.

吴富村，2008. 皱纹盘鲍的遗传育种与养殖技术研究 [D]. 青岛：中国科学院海洋研究所.

燕敬平，孙慧玲，方建光，等，1999. 日本盘鲍与皱纹盘鲍杂交育种技术研究 [J]. 海洋水产研究，20（1）：36-40.

原素之，滕尾芳久，1992. Genetic relationship among abalone species [J]. 水产育种，17：55-61.

猪野峻，1996. 鲍的增养殖 [M]. 东京：水产资源保护协会.

曾文阳，1991. 鲍鱼养殖学 [M]. 高雄：高雄前程出版社.

张朝霞，王军，苏永全，等，2001. 九孔鲍暴发性流行病的病原及病理 [J]. 厦门大学学报（自然科学版），40（4）：949-956.

Anwarl H，Bradley S R，Azhar N，et al.，2005. Critical Factors Influencing the Occurrence of Vibrio cholerae in the Environment of Bangladesh [J]. Applied and Environmental Microbiology，71（8）：4645-4654.

Bryan P J，Qian P Y，1998. Induction of larval attachment and metamorphosis in the abalone *Haliotis diversicolor* Reeve [J]. Journal of Experimental Marine Biology and Ecology，223：39-51.

Daume S，Krsinich A，Farrell S，et al.，2000. Settlement，early growth and survival of *Haliotis rubra* in response to different algal species [J]. Journal of Applied Phycology，12（3-5）：479-488.

Daume S，Brand-Gardner S，Woelkerling W J，1999. Preferential settlement of abalone larvae：diatom films vs. non-geniculate coralline red algae [J]. Aquacluture，174（3-4）：243-254.

Dordon N，Shpigel M，Harpaz S，et al.，2004. The settlement of abalone (*Haliotis discus hannai* Ino) larvae on culture layers of different diatoms [J]. Journal of shellfish Research，

23 (2): 561-568.

Gallardo W G, Buen S M, 2003. Evaluation of mucus, *Navicula*, and mixed diatoms as larval settlement inducers for the tropical abalone *Haliotis asinina* [J]. Aquaculture, 221 (1-4): 357-364.

Gao X, Zhang M, Li X, et al., 2016. Effects of LED light quality on the growth, metabolism, and energy budgets of *Haliotis discus discus* [J]. Aquaculture, 453 (2016): 31-39.

Geiger D L, 2000. Distribution and Biogeography of the *Haliotidae* (*Gastropoda*: *Vetigastropoda*) world-wide [J]. Bull. Malacol. 35: 57-120.

Gordon N, Shpigel M, Harpaz S, et al., 2004. The settlement of abalone (*Haliotis discus hannai* Ino) larvae on culture layers of different diatoms [J]. Journal of shellfish Research, 23 (2): 561-568.

Gorrostietahurtado E, Searcybernal R, 2004. Combined effects of light condition (constant illumination or darkness) and diatom density on postlarval survival and growth of the abalone *Haliotis rufescens* [J]. Journal of shellfish Research, (23): 1001-1008.

Gorrostietahurtado E, Searcybernal R, Anguianobeltrán C, et al., 2009. Effect of darkness on the early postlarval development of *Haliotis corrugata* abalone fed different diatom densities [J]. Ciencias Marinas, 35 (1): 113-122.

Henke J M, Bassler B L, 2004. Quorum sensing regulates type III secretion in *Vibrio harveyi* and *Vibrio parahaemolyticus* [J]. Journal of Bacteriology, 186 (12): 3794-3805.

Kawamura T, Kikuchi S, 1992. Effects of benthic diatoms on settlement and metamorphosis of abalone larvae [J]. Suisanzoshoku, 40: 403-409.

Kawamura T, 1994. Taxonomy and ecology of marine benthic diatoms [J]. Marine Fouling, 10: 7-25.

Lipp E K, Huq A, Colwell R R, 2002. Effects of global climate on infectious disease: the cholera model [J]. Clinical Microbiology Reviews, 15 (4): 757-770.

Masaharu O, Makoto W, Satoshi N, 1991. Effect of attached microalgae on the settlement of larvae and growth of juveniles in abalone, *Haliotis discus hannai* Ino [J]. Suisanzoshoku, 39 (3): 263-266.

Matthews I, Cook P A, 1995. Diatom diet of abalone post-larvae (*Haliotis midae*) and the effect of pre-grazing the diatom overstorey [J]. Marine Freshwater Research, 46: 545-548.

Nicolas J L, Basuyaux O, Mazurié J, et al., 2002. *Vibrio carchariae*, a pathogen of the abalone *Haliotis tuberculate* [J]. Diseases of Aquatic Organisms, 50: 35-43.

Roberts R D, Kaspar H F, Barker R J, 2004. Settlement of abalone (*Haliotis iris*) larvae in response to five species of coralline algae [J]. Journal of shellfish Research, 23 (4): 975-987.

Roberts R D, Nicholson C M, 1997. Variable response from abalone larvae (*Haliotis iris*, *H. virginea*) to a range of settlement cues [J]. Mollusc Research, 18: 131-141.

Robert R D, Kawamura T, Nicholson C M, 1997. Settlement of abalone larvae, *Haliotis iris*, in response to benthic diatom films [R]. Monterey: abstracts of the 3rd International Abalone Symposium, pp. 55.

Sawatpeera S, Kruatrachue M, Sonchaeng P, et al. , 2004. Settlement and early growth of abalone larvae *Haliotis asinina* Linnaeus, in response to the presence of diatoms [J]. Veliger, 47 (2): 91-99.

第三部分 海 参

第十章 *10*

海参分类、形态及经济价值

第一节 海参特征与分类

海参属于棘皮动物门、海参纲，是海参纲动物的泛称。全世界海参约有1 200种（McElroy，1990），均属海洋种类。在我国海域分布的有140多种（廖玉麟，1997）。

一、海参纲特征

体呈圆筒状，两侧对称，背腹略扁，体柔软。具管足，背侧常有疣足（papillae），为一种变形管足，无吸盘或肉疣。口位体前端，周围有触手，其形状与数目因种类不同而异，肛门位体末。内骨骼为极微小的骨片，形状规则，埋没于体壁内。消化道长管状，在体内回折。由泄殖腔分出1对分枝的树状结构，称呼吸树或水肺，为其特有的呼吸器官，受刺激时可从肛门射出，抵抗和缠绕敌害，能再生。围绕食管有石灰环，辐水管和辐神经由此通过。生殖腺不呈辐射对称，开口于身体前端的1个间步带。个体发育依次经精与卵、受精卵、胚胎发育、耳状幼体（auricularia）、樽形幼虫（doliolaria）和五触手幼虫（pentactula），最后变态成海参（依其形态结构和生态习性，分为稚参、幼参和成参）。现存种类约有1 200种，化石种类较少，是潮间带很常见的棘皮动物，垂直分布范围极大，多隐藏在石块下，常成堆聚集。

二、海参纲分类

随着航海业和海洋考察特别是深潜技术的不断发展，被发现的海参种类逐步增多，关于海参的研究也逐渐增加和深入，这使得海参的分类系统随之发生改变。目前，采用较多的是Pawson et Fell（1965）的分类系统。该分类系统将海参分为3个亚纲、6个目、24个科（表10-1）。

表 10-1 海参纲的分类

纲	亚纲	目	科
海参纲 (Holothuroidea)	枝手亚纲 (Dendrochirotacea)	枝手目 (Dendrochirotida)	板海参科 (Placothuriidae)
			拟瓜参科 (Paracucumariidae)
			箱参科 (Psolidae)
			异赛瓜参科 (Heterothyonidae)
			沙鸡子科 (Phyllophoridae)
			硬瓜参科 (Sclerodactylidae)
			瓜参科 (Cucumariidae)
		指手目 (Dactylochirotida)	高球能科 (Ypsilothuriidae)
			华纳参科 (Vaneyellidae)
			葫芦参科 (Rhopalodinidae)
	楯手亚纲 (Aspidochirotacea)	循手目 (Aspidochirotida)	海参科 (Holothuriidae)
			刺参科 (Stichopodidae)
			辛那参科 (Synallactidae)
		平足目 (Elasipodida)	幽灵参科 (Deimatidae)
			深海参科 (Laetmogonidae)
			乐参科 (Elipidiidae)
			蝶参科 (Psychropotidae)
			浮游海参科 (Pelagothuriidae)
	无足亚纲 (Apodacea)	无足目 (Apodida)	锚参科 (Synaptidae)
			指参科 (Chiridotidae)
			深海轮参科 (Myriotrochidae)
		芋参目 (Molpadida)	芋参科 (Molpadiidae)
			尻参科 (Caudinidae)
			真肛参科 (Eupyrgidae)

第二节 海参形态与结构

一、外部形态

1. 外形 体形多为圆筒状，呈现一定程度的两侧对称。口在身体前端，包围有形状不同的触手；肛门在身体后端，其周围常有不甚明显的小疣。棘皮动物体结构多呈五辐射对称，在海参纲常由 5 列具管足的步带显著表现出来（图 10-1）。海参的腹面包括 3 个步带（称为步带 A、B 和 E），2 个间步带（称为间步带 AB 和 AE）；拱起的背面包括 2 个步带（称为步带 C 和 D），3 个间步带（称为间步带 BC、CD 和 DE）（图 10-1）。

多数海参腹面平坦，形同足底，生有许多管足。背面隆起，生有许多大小不同的疣足等（肉刺）。但无足目（Apodida）海参则缺管足，体呈蠕虫状（图 10-2）。芋参目（Molpadiida）海参也没有管足，体呈桶状，后端常有一明显变狭的尾部（图 10-3）。生活于深海的平足目（Elasipodida，也称弹足目、游足目）体形常十分奇异，身体有很多附肢（appendage），包括圆锥状的管足、叶状触手（图 10-4），该目中浮游型种类如 *Pelagothuria natatrix*，其附肢特化为伞状游泳结构（图 10-5），身体为小的锥形，*Pelagothuria natatrix* 为迄今发现唯一的浮游型棘皮动物。箱参属（*Psolus*）海参其口和肛门都在背面，腹面高度分化，形成附着的足底状，匍匐于海底（图 10-6）。

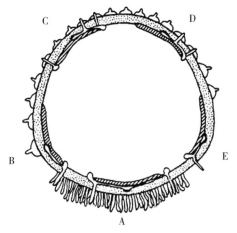

图 10-1　海参步带模式图

A～E. 步带（背面包括 2 个步带 C 和 D，腹面包括 3 个步带 A、B 和 E，步带与步带之间的区域为间步带）

（廖玉麟，1997）

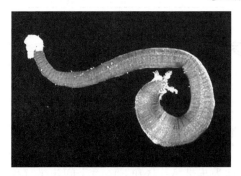

图 10-2　无足目蠕虫状海参——细锚参

（*Leptosynapta dolabrifera*）

图 10-3　芋参目海参，芋参科芋参属

（*Molpadia*）

图10-4 平足目海参——海猪
(*Scotoplanes globosa*)

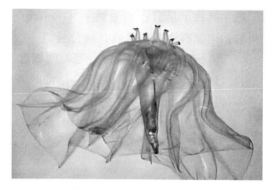

图10-5 平足目浮游海参
(*Pelagothuria natatrix*)

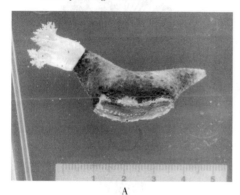

A

B

图10-6 箱参属海参

A. *Psolus phantapus* B. *Psolus fabricii*

2. 口和触手 口圆形，其周围有围口膜（bucal membrane）。口的位置一般都在身体前端，有的偏向背面，有的偏向腹面，但周围都有触手（tentacles），触手的数目10～30个。枝手目（Dendrochirotida）一般为10个；楯手目（Aspidochirotida）18～30个；无足目12～15个；芋参目15个；平足目10～20个。触手是变化了的口管足，由水管系统的辐水管向前延伸形成。触手的大小基本相同，但某些枝手目海参，如赛瓜参属（*Thyone*）的腹面1对触手常变小。触手一般都成单圈排列，但沙鸡子科（Phyllophoridae）的触手常排列为2圈，甚至3圈。大触手排在外圈，小触手排在内圈。

海参触手形状在分类上很重要，是分目的重要依据。枝形触手（dendritic tentacles）分枝如树枝状，见于枝手目海参（图10-7A）；楯形触手（peltate entacles）分枝呈楯状，具一短柄，顶端有许多水平分枝（图10-7B、C），见于楯手目和平足目；羽形触手（pinnate tentacles）分枝呈羽状，具一长的中央轴，两侧有许多指状或叶状分枝（图 10-7D），见于无足目海参；指状触手（digitate tentacles）具短钝突起，两侧有少数指状分枝（图 10-7E），多见于指手目（Dactylochirotida）海参。活动时海参触手可以伸展得很长。但是很多海参，特别是枝手目，触手常收缩。

海参的生殖孔（genital pore）位于身体前端背中线的间步带 CD 区，靠近触手后方。在生殖季节，生殖孔颜色较深，可明显看到，除生殖季节外难以找到生殖孔。

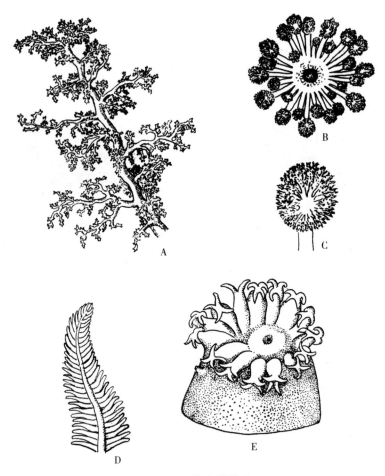

图 10-7　海参类触手
A. 枝形触手　B. 楯形触手　C. 楯形触手放大　D. 羽形触手　E. 指形触手
（廖玉麟，1997）

3. 管足和疣足 管足（tube-feet，图 10-8A）是海参的运动器官，位于身体的腹面，呈空心管状。由体壁突出形成，内部和水管系统相通，末端有吸盘，吸盘由钙质骨板——端板所支持。管足排列不规则，或排列为三纵带，某些枝手目海参的管足常沿身体的 5 个步带排列，也有管足遍布全体的种类。

海参背面体壁上有许多瘤状或疣状突起称为疣足（papillae，图 10-8B），刺参科海参的疣足常特别发达，形成锥形肉刺。疣足是变化了的管足，缺吸盘，主司感觉。

由于海参多匍匐于海底，靠管足爬行，故管足多限于腹面，背面则改变为疣足。具有管足的腹面多呈足底状，背面则呈拱状，而且背面和腹面明显可别。

无足目和芋参目体壁薄而略透明，完全缺疣足和管足。

 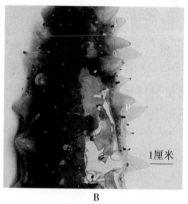

图 10-8　海参的腹面（A）与背面（B）
tf. 管足　P. 疣足

4. 肛门 由于多数海参有匍匐的足底，故口偏于腹面，肛门偏于背面；而芋参目和无足目的肛门是端位。肛门周围一般都有肛门疣。辐肛参属肛门周围有 5 个明显的钙质齿（图 10-9C）。

5. 海参的规格 海参类的大小变化很大。楯手目如海参属、辐肛参属和刺参属等，长者可达 30～50 厘米；梅花参属（*Thelenota*）最长者可达100 厘米。最长的海参见于无足目，长可达 1 米，甚至 2 米。很小的种类长仅数厘米，见于平足目、枝手目和无足目的细锚参属（*Leptosynapta*）。

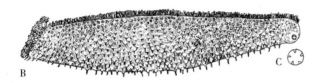

图 10-9　海参的口与肛门

A、B. 口　C. 肛门

（廖玉麟，1997）

二、内部结构

1. 体壁　海参的身体由体壁（body wall）包围。体壁的厚度变化很大，无足目体壁很薄，呈纸状；楯手目体壁很厚，呈革状。体壁表面盖有一层薄的、无结构的角质（cuticle）；下面为上皮（epidermis），上皮细胞高、基部细，与下面的真皮（dermis）界限不清（图 10-10）。

真皮层构成体壁的主要部分，并决定体壁的厚度。真皮层外层为疏松结缔组织，机构疏松，内有骨片。结缔组织的纤维越往内越密，而且平行，以致体壁坚固结实（图 10-10）。致密结缔组织内侧为含有游走体腔细胞的腔隙层。腔隙层内侧为环肌层，环肌层在肛门形成括约肌。海参有 5 条纵肌带，分别位于 5 个步带区。其中，无足目、平足目和枝手目海参的每个纵肌带为 1 条；芋参目和楯手目

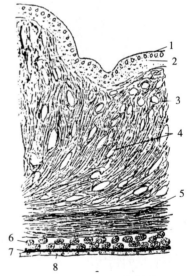

图 10-10　海参体壁切面

1. 角质层　2. 上皮　3. 疏松结缔组织

4. 骨片腐蚀后留下的空洞　5. 致密结缔组织

6. 充有体腔细胞的腔隙　7. 环肌层

8. 体腔衬里上皮组织

（廖玉麟，1997）

的纵肌带则为 2 条。体壁内面的衬底是具纤毛的腹膜。

海参体色由体壁内色素形成，色素以游离颗粒存在于上皮，或以分枝色素细胞颗粒存在于真皮周围。色素颗粒常和真皮中的神经成分聚在一起。

2. 骨片（spicules 或 ossicles） 位于海参真皮结缔组织的内骨骼，其形状、大小随种类不同而差别很大，是海参纲最重要的特征。海参骨片形状美丽而多变，比较常见的骨片有桌形体、扣状体、杆状体、穿孔板、花纹样体、C形体和锚形体等，是进行海参分类及快速鉴别的重要依据。近期研究发现，在海参的肠、呼吸树等内脏器官中也发现了骨片的存在（张莉恒等，2015）。

最简单的骨片是杆状体（rods，图 10-11A），分枝或不分枝，表面平滑或具颗粒，有瘤或无瘤，复杂的杆状体突起愈合形成穿孔板（perforated plate，图 10-11C）；另一种常见的骨片是扣状体（button）（图 10-11E），具 4 个、6 个或更多的穿孔，穿孔排列为 2 行，板面光滑或具瘤，是海参属最常见的骨片之一；比较复杂的骨片如桌形体（table）（图 10-11B），见于海参属、赛瓜参属等，典型桌形穿孔底盘（disc），底盘边缘平滑或带突起，中央有一塔部（spire），多由 4 个立柱和 1 个横梁（beam 或 cross-bridge）构成；花纹样体（rosette，图 10-11D）是由短钝的杆状体反复分枝形成；C 形体（图 10-11F）见于刺参属和平足目；皿状体（cup）（图 10-11G）是凹进的穿板孔，

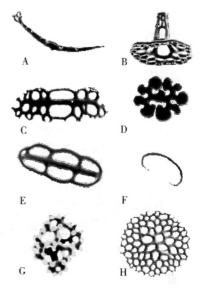

图 10-11 海参骨片电镜照片
A. 杆状体　B. 桌形体　C. 穿孔板
D. 花纹样体　E. 扣状体　F. C. 形体
G. 皿状体　H. 管足末端端板

具带齿的边缘，见于五角瓜参属（*Pentacta*）和翼手参属（*Colochirus*）。触手和管足内的骨片称为支持杆状体，管足内支持杆状体常为弯曲、延长的桌形体。管足末端常有端板（end plate，图 10-11H）支持。

3. 石灰环 海参咽部有 1 个环状的石灰质结构，称为石灰环（calcareous ring）。石灰环对于支持咽部、神经环和水管系统具有重要作用，它的形态和大小随种类不同而异，也是分类的重要依据。典型的石灰环由 5 个辐板（radial plates）和 5 个间辐板（interradial plates）借结缔组织愈合而成（图 10-12），辐板通常比间辐板大。

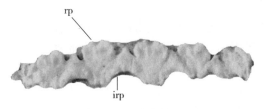

图 10-12　海参骨片

rp. 辐板　irp. 间辐板

4. 神经系统　神经系统主要由神经环及其分支构成（图 10-13）。神经环呈圆形或五角形的带状，位于口膜靠近触手基部的石灰环前端。神经环向外分出强的触手神经到各个触手，向内分出神经到围口膜和咽部。辐神经也由神经环分出，它的前方通过石灰环辐板的凹陷或穿孔，后方则沿着 5 个步带延伸，位置在辐水管的外面。

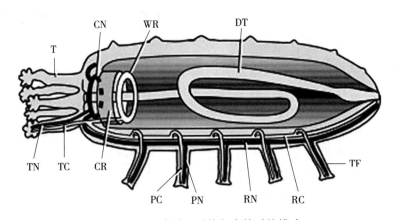

图 10-13　海参神经系统与水管系统模式

CN. 环神经　CR. 石灰环　DT. 消化系统　PC. 管足水管　PN. 管足神经　RC. 辐水管
RN. 辐神经　T. 触手　TC. 触手水管　TF. 管足　TN. 触手神经　WR. 环水管

(Inoue et al.，1999)

5. 体腔和体腔细胞　体腔是位于海参体壁和消化道之间的腔隙，体腔内含体腔液，体腔液中悬浮着多种类型的体腔细胞。同其他棘皮动物一样，海参的体腔细胞起到免疫防御、营养贮存和运输的功能。

Hetzel（1963）总结了棘皮动物海参纲的体腔细胞分类特征，将其分为 5 种基本类型，分别为血细胞、小淋巴细胞、桑葚细胞、吞噬细胞和结晶细胞（图 10-14）。其中，含有色素的血细胞、棕色体、纺锤细胞和振动细胞存在因物种而异。海参纲动物中，血细胞主要出现在无足目、枝手目和部分楯手目海参中，在无足目中未发现结晶细胞。

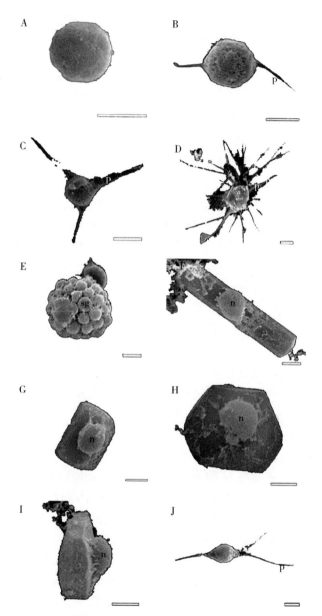

图 10-14 扫描电镜下刺参体腔细胞形态特征

A～C. 3 种形态的小淋巴细胞 D. 吞噬细胞 E. 桑葚细胞 F～I. 不同形态的结晶细胞 J. 纺锤细胞

p. 伪足 sg. 分泌颗粒 n. 细胞核

（标尺＝2 微米）

（邢坤，2009）

(1) 淋巴细胞（lymphocytes） 一般较小，直径 4～6 微米，具有 1 个带颗粒染色质的大核，核周围有薄的透明细胞质，核内偶尔可以见到 1～2 个核仁。小的淋巴细胞常缺细胞内含物或细胞器，如线粒体或高尔基体；大的淋巴细胞呈球形，还有一些呈卵圆形或三角形，具 1～3 个丝状伪足。

(2) 吞噬细胞（plagocytes） 具有吞噬其他细胞或物质能力的细胞。海参的吞噬细胞形状很多。典型的细胞核呈球形，直径 4～5 微米。当细胞做阿米巴运动时，细胞核变为肾形。吞噬细胞吞噬能力强，细胞质中含有大量异质性的颗粒，并通过大量伪足凝集在一起，形成血凝（clotting）现象，以防止体腔细胞大量散失。根据伪足的形态，吞噬细胞可分为丝状和扇状伪足吞噬细胞（Edds，1993）。在海参 *Holothuria polii* 中，扇状伪足吞噬细胞可以转变成丝状伪足吞噬细胞。扇状伪足吞噬细胞吞噬能力大于丝状伪足吞噬细胞，吞噬作用发生时，扇状伪足伸长变形，细胞骨架发生变化，变成丝状伪足，这一过程不可逆（Edds，1993）。吞噬细胞还能形成包囊体，消灭异物和微生物（Hillier & Vacquier，2003）。

(3) 桑葚细胞 较为常见，在环节动物和枝手目海参 *Eupentacta quinquesemita* 中也有发现。桑葚细胞含有大量颗粒状物质，细胞核通常在边缘。桑葚细胞通常被认为与机体营养和体液免疫有关。根据桑葚细胞颗粒的形态特征和理化性质，可分为同质性和异质性桑葚细胞。同质性颗粒主要含有糖蛋白，异质性颗粒外围主要是酸性黏多糖。内核主要由蛋白、脂类和中性多糖组成，以上颗粒可以释放到细胞外，作为消化酶和胞外间质的来源（Eliseikina & Magarlamov，2002）。

(4) 血细胞（hemocytes） 形状和大小变化很大，不仅随种而异，而且随个体不同。海棒槌围脏液的血细胞和血道（hemal channels）里的形状不同。当细胞呈球形时，直径 8～11 微米，各具 1 个直径为 4 微米的圆形细胞核，有少量黄色反光颗粒，内有血红素（hemoglobin）。虽然细胞为草黄色或草绿色，但细胞大量聚集时，致使体腔液呈红色。

(5) 结晶细胞 外形多样，呈现四方体、六边形或者长柱形。结晶细胞推测是由呼吸树分泌而来，细胞质很少，且分布在细胞表层，包裹晶体状物质，细胞核在细胞最外层。结晶细胞参与刺参体壁中的骨片的形成（Hetzel，1963），也可能与刺参的渗透压调节有关，并且在机体受到刺激后大量出现。

海参体腔液和周围海水是自由渗透的，把海参置于冲淡的海水中，体腔液也变淡，4 小时后到达平衡。因此，海参体腔液实际上和海水相似，至少在盐度上是相似的，但是在某些方面的性质又不同，如 pH。体腔液的 pH 低于海水。刺参（*A. japonicus*）体腔液的 pH 在 6.95～7.10，海棒槌的 pH 雄性为 4.9、雌性为 4.78，灰海参（*Holothuria grisea*）的 pH 为 6.8，平滑海参（*Chiridota laevis*）的 pH 为 7.0，叶瓜参（*Cucumaria frondosa*）的 pH 为 6.72～7.8。而海水的 pH 一般为 8.1 或 8.2。另外，海参体腔液的缓冲作用也大于海水，体腔液中钾的浓度也大于海水。

6. 水管系统 海参类的水管系统（water-vascular system）和其他棘皮动物一样，是按五辐射对称结构排列的。其中心是位于咽附近、石灰环稍后方的环水管（water ring or ring canal）。环水管沿着咽前方伸出 5 个大而明显的辐水管（radial canals）（图 10-15），辐水管通过石灰环辐板的内侧分出分枝到各个触手。此处的辐水管变细，并通过相应石灰环辐板的前端凹陷或穿孔，再向身体后方的各个步带延伸。环水管具有两种附属物：一种是波里氏囊（polian vesicles）；另一种是石管（stone canal）。波里氏囊的大小和数目及长度变化很大，从小的附属物到体长的一半或者更长。芋参目和平足目波里氏囊为 1 个；枝手目和楯手目多数为 1 个，少数为 2～3 个或 10～12 个；无足目的海参波里氏囊数目可多至 50 多个。波里氏囊壁的组织学与环水管相似，但壁较薄，内含体腔细胞。

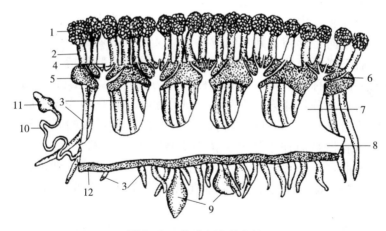

图 10-15 海参辐水管主枝
1. 触手前端 2. 触手柄部 3. 触手坛囊 4. 从石灰环伸出的辐水管
5. 石灰环 6. 辐水管通向触手的分枝 7. 辐水管主枝 8. 换水管
9. 波里氏囊 10. 石管 11. 筛板 12. 切边
（廖玉麟，1997）

石管是具钙化壁的小管，从环水管分出，末端为筛板（madreporic plate），或为具穿孔和管道的膨胀体。多数海参的石管为 1 个，位于环水管的背面。多数海参石管不和外界相通，筛板附着在体壁内面，或游离于体腔之中。石管的数目和波里氏囊一样也是变化的，多数为1个，少数为几个或多个。某些锚参的1个石管分出几个或多个分枝，每个分枝的末端各具1个筛板。石管通常都很短，但某些种类长可达10毫米或者更长。石管和筛板也有支持骨片。

触手实际上是水管系统的管足，故确切的术语应为口管足（buccal podia）。各触手常有1个坛囊（ampullae），呈短或长盲囊状，位于石灰环前缘，并向后延伸。无足目触手坛囊小，附着于石灰环的外面；芋参目、楯手目特别是楯手目触手坛囊长而发达，游离于体腔内，像包围水咽球的一圈长囊；平足目触手缺坛囊；枝手目触手坛囊不发达。

7. 消化系统 海参的消化系统由口、咽、食道、胃、肠（前肠、中肠、后肠）及排泄腔组成。

口圆形或卵圆形，位于身体前端围口膜中心，围口膜边缘围有1圈触手，口周围有括约肌。口向下进入咽部，穿过石灰环和环水管，消化道变为细短的食道，但食道往往不明显。食道下面接胃，胃在某些海参如强硬瓜参和锚参明显呈囊状，富有肌肉；但在多数海参上，胃的界限不明显。胃到肠管常经过稍缩细的通道。海参的肠管发达，长为体长的2～3倍或几倍，绕于体腔之中。肠环绕有规则，开始是沿着中背线向后延伸，然后拐弯再沿左边向上延伸，到水咽球附近，又拐弯沿着腹中线向后，直到肛门。由于后下降肠管的作用和其他肠不同，常充食物残渣，故称为大肠或直肠，前部的肠称为小肠。也有人称为大肠为后肠，小肠为前肠。还有人把肠管分为三部分：即第一下降部（或前肠）、上升部（或中肠）和第二下降部（或后肠）。在具有呼吸树的海参类群，肠管末端开口于膨大的泄殖腔。泄殖腔借悬肌连于体壁。锚参类体细长，呈蠕虫状，其肠管变短，只稍向前弯曲，但是胃部却十分明显；某些锚参消化道不弯曲，几乎成一直线通向肛门。某些平足目海参的泄殖腔的左面，分出1个向前延伸的盲囊。

8. 呼吸系统 呼吸树（respiratory trees）是海参类特有的呼吸器官，但只见于枝手目、楯手目和芋参。位于泄殖腔上端和大肠交界处，有一短茎分出左右2根树枝状分枝管，前端可伸到水咽球附近的体腔中（图10-16）。它们充满肠管环绕的整个空间，由不规则线条固定于体壁上或内脏上。左枝和右枝大小相等或不相等。左枝末端和附着于上升小肠的网状组织结合在一起。呼吸树的许多细分枝末端呈小囊状，形圆、壁薄。

9. 居维氏管 某些楯手目的海参，如海参属、辐肛参属和白尼参属等，

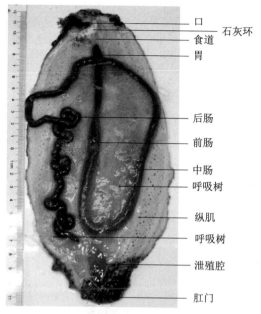

图 10-16 刺参的消化系统和呼吸系统

呼吸树的短茎或基部，特别在左枝附着有许多白色、浅红色或红色细管，由居维叶发现，故名居维氏器（cuvierian organ）或居维氏管（cuvierian tubules）。海参属的居维氏管和呼吸树分开，数目多少不一，多时似丛生（图 10-17A、B）。

居维氏管的排出现象曾有许多观察记录（图 10-17C）。当海参受到刺激时，肛门弯向刺激物，经过一阵收缩，居维氏管便开始从肛门排出，盲端先排出，盲端常膨胀，能朝各个方向排出，管很快变成黏性很强的细条，把侵犯动物缠住，使其失去运动的能力，然后线条从附着基断裂，海参再缓慢地爬离现场。如果居维氏管数目多，一次只排出一部分，其余的可以再排几次。断裂的居维氏管可再生。

10. 生殖系统 绝大多数海参为雌雄异体，从外形难以区别雌雄。少数海参的雌性具有育儿囊，另有一些海参是雌雄同体。海参的生殖系统不呈五辐射对称，与其他棘皮动物不同。生殖腺位于身体前部，开口于背侧体外触手后方。生殖腺通常由许多管状结构构成，在基部连成 1 簇，附着在背肠系膜左侧；有的为 2 簇，位于背肠系膜的两侧。生殖管有的为简单长管，有的为分枝复杂管。在性成熟时，生殖腺的体积很大，雌雄性腺颜色不同，易于辨别。如在生殖季节，刺参的雌性生殖腺为杏黄色或橘红色，雄性生殖腺为乳白色或浅

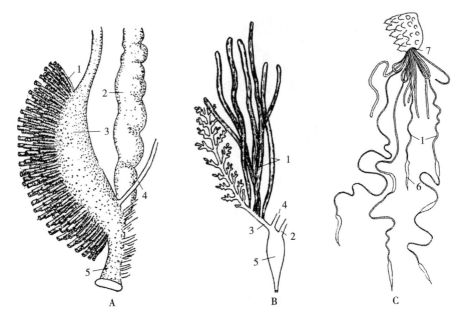

图 10-17 海参的居维氏管

A. 坎顿海参（*Holothuria catanensis*）的多数居维氏器 B. 丑海参的少数居维氏器

C. 伏卡海参（*Holothuria forskali*）释放居维氏管

1. 居维氏管 2. 肠 3. 左呼吸树基部 4. 右呼吸树基部 5. 泄殖腔 6. 膨胀顶端 7. 肛门

（廖玉麟，1997）

黄色（图 10-18）。

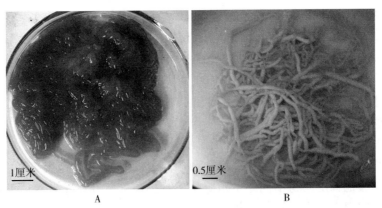

图 10-18 刺参的生殖腺

A. 雌性生殖腺 B. 雄性生殖腺

第三节　重要海参种类及经济价值

在我国，经济价值最高、被世界华人普遍认可的是自然分布于我国北方海域的仿刺参（刺参），其分布最南端在江苏省连云港海域。海参在全球海域的水平和垂直分布极其广泛，特别在热带与亚热带海域种类繁多。其中，很多也具有重要的经济价值，并有巨大的开发利用价值。

一、楯手目：海参科

1. 棘辐肛参（*Actinopyga echinites*）　最大体长约 35 厘米，通常在 20 厘米左右；颜色多变，从米黄色到锈棕色或深棕色，有时在背面疣足间有细的暗痕。身体中度细长，背面隆起，覆盖几毫米长的疣足，有时表皮起皱并经常被细沉积物覆盖；腹面长有数量众多、长的黄绿色管足。身体腹面扁平，向两端逐渐变细。口位于腹面，有 20 个粗壮的棕色触手。肛门周围有 5 个小的黄色圆锥形钙质齿。居维氏管通常不伸展。

通常，棘辐肛参在亚洲地区的主要消费形式是干制品，主要消费市场在新加坡、中国。鉴于该物种的国际贸易需求量巨大，已有多次报道，该物种已被过度开发利用。

棘辐肛参主要分布于整个中西太平洋、亚洲、非洲和印度洋地区。包括西印度洋岛屿、马斯克林群岛、东非、马达加斯加、阿拉伯半岛东南部、斯里兰卡、孟加拉湾、东印度群岛、澳大利亚北部、菲律宾、中国和日本南部。

2. 子安辐肛参（*Actinopyga lecanora*）　俗称"黄瓜参""石参"。躯体呈椭圆形。口偏于腹面，触手有 20 个。肛门偏于背面，周围有 5 个钙质齿。背面隆起，表面光滑。腹面平坦，管足成 3 纵带排列，中央带管足较稀，排列较宽；两侧带管足较多，排列较窄。

子安辐肛参在亚洲地区的主要消费形式是干制品，其肠、性腺也可作为传统食物被食用。该物种主要分布于马斯克林群岛、东非到红海和阿曼、马达加斯加、斯里兰卡、孟加拉湾、东印度群岛（安达曼群岛、拉克沙群岛）、澳大利亚北部、菲律宾、中国和日本南部、南太平洋岛屿。

3. 白底辐肛参（*Actinopyga mauritiana*）　海南渔民常称它为"赤瓜参"或"白底靴参"。身体后部常较粗壮，背面通常为橄榄青褐色，腹面颜色较浅。口大，偏于腹面。触手大，有 25～27 个，排列为不规则的内外 2 圈；围绕触手的疣襟部常表观清楚。背面隆起，生有一些小疣足，围绕各疣足基部常有一白色环，身体后端的白色环尤为明显。腹面平坦，密布管足，小个体腹面管足明显排成3纵带，大个体管足排列常无规则。肛门在身体后端，周围有5个明显钙质齿。参体壁厚，是我国海南岛和西沙群岛常见的重要食用海参之一。

该参是热带海域的广栖性海参，主要分布于西印度群岛、马斯克林群岛、东非、马达加斯加、红海、马尔代夫、斯里兰卡、孟加拉湾、东印度群岛、澳大利亚北部、菲律宾、中国（台湾南部、海南岛南部、西沙群岛）和日本南部、南太平洋岛屿，向东最远到皮特凯恩群岛。

4. 乌皱辐肛参（*Actinopyga miliaris*） 最大长度约35厘米，一般25厘米左右，平均湿重400克。体色有棕色到微黑色的背面和浅棕色的腹面。体型粗壮，圆筒形，背面有细长的管足，使它看起来毛茸茸的。背面一般覆盖黏液，并可能有细颗粒泥沙。口偏于腹面，有20个粗壮棕色到黑色的触手。肛门周围有5个坚硬的圆锥形或两头尖形黄色到橙色的钙质齿。没有居维氏管。

乌皱辐肛参在亚洲地区以干制品为主要消费形式。在帕劳等地区，其肠、性腺也可作为传统食物的一部分或者在困难时期被食用。

该物种主要分布于西印度洋群岛、马斯克林群岛、东非、马达加斯加、红海、斯里兰卡、孟加拉湾、东印度群岛（马纳尔湾、保克湾、安达曼群岛和拉克沙群岛）、澳大利亚北部、菲律宾、中国和日本南部、南太平洋岛屿东到法属波利尼西亚。

5. 蛇目白尼参（*Bohadschia argus*） 属海参科、白尼参属，是一种大型食用海参。南海各地称它为"虎鱼""豹纹鱼""斑鱼"。成参体长一般400～500毫米，宽约100毫米。体呈圆筒状。口偏腹面，触手20个。肛门位于身体后端，开口很大。波里氏囊有2个，石管有1个。体色鲜艳，全体为浅黄色或浅褐色，背面有许多蛇目状斑纹，排列为不规则的纵行。横斑直径一般为5～7毫米，但大小常有变化；各斑纹周围有一黑色环，环内为黄色或白色，中央有一深色小疣足，很像蛇目，故称蛇目白尼参。腹面为淡黄色，酒精标本改变其体色为灰褐色。

蛇目白尼参分布我国台湾南部、海南岛南端西沙群岛和从塞舌尔群岛、斯里兰卡到日本琉球群岛、塔希堤岛、澳大利亚北部的海域。

6. 图纹白尼参（*Bohadschia marmorata*） 最大长度约26厘米，平均体重300克，平均湿长18厘米。通常体色呈灰白色或浅黄褐色，背面常有几个棕色的大斑块。腹面白色到奶油色。图纹白尼参是一种小型到中型的海参，身体圆柱状，腹面扁平，两端逐渐变细，表面光滑。腹面有细长的管足，在身体侧缘很明显。肛门大，靠近背面。幼体浅橄榄绿色中杂有暗绿色斑点，借此伪装在海草床里。

通常在亚洲地区，该物种的主要消费形式是干制品。在斐济，它被认为是传统美味和高蛋白含量的食材，在经济困难时期消费量较大。

主要分布在马斯克林群岛、东非、马达加斯加、红海、斯里兰卡、孟加拉湾、东印度群岛、澳大利亚北部、菲律宾、中国和日本南部、南太平洋岛屿，东至法属波利尼西亚。

7. 黑海参（*Holothuria atra*） 最大长度约 45 厘米（大型变种）。全身黑色，身体通常覆盖着中等颗粒的沙子，沿背面有 2 行特有裸露的圆圈。背面管足小且稀疏，触手黑色，肛门位于末端，没有肛门齿或肛门疣。没有居维氏管。

在一些太平洋岛屿国家，体壁、肠和性腺作为传统食物或在困难时期被食用。更多的时候，它被干制后出口到亚洲。

广泛分布于印度洋-太平洋。该种被发现于马斯克林群岛、东非、马达加斯加、红海、阿拉伯东南部、波斯湾、马尔代夫、斯里兰卡、孟加拉湾、印度、澳大利亚北部、菲律宾、中国和日本南部、夏威夷群岛。

8. 黑赤星海参（*Holothuria cinerascens*） 颜色铁锈色到深褐色，管足和触手颜色略浅。体呈圆柱形，腹面和背面管足多而长。口段具有 20 个楯状触手，非常发达。末端肛门有小疣。该物种没有居维氏管（Purcell et al.，2012）。

该物种的性腺可以被食用。在亚洲地区，体壁也是主要的食用部分。

主要分布于东非和印度洋，包括红海、马尔代夫、印度和印度尼西亚，延伸到中国南海、菲律宾海和太平洋，包括澳大利亚、夏威夷、日本、新喀利多尼亚、库克群岛以及向东到复活岛。

9. 红腹海参（*Holothuria edulis*） 一种小型到中型海参，最大长度 38 厘米，一般为 24 厘米左右；平均湿重 200 克。背面深灰色、巧克力棕色或黑色，侧向至腹面颜色渐变为粉色或粉白色。腹面带有小黑点。体近似于圆柱形，表皮略粗糙，背表面疣足稀疏，腹面管足短而粗壮，数量很多，颜色较浅。肛门位于末端。没有居维氏管。

在亚洲地区，该物种的主要消费形式为干制品。

主要分布于东非、马达加斯加、红海、阿拉伯半岛东南部、斯里兰卡、孟加拉湾、东印度群岛、澳大利亚北部、菲律宾、中国和日本南部，延伸到东南部的法属波利尼西亚和东北部的夏威夷（Purcell et al.，2012）。

10. 黄斑海参（*Holothuria flavomaculata*） 一种比较大的、细长的海参，最大长度 60 厘米，平均体长 35 厘米。整个身体呈灰黑色、青黑色、棕红色到黑色，大的疣足遍布全身，数目众多，具有特有的粉红色、橙色或微红色末端，触手淡黄色。侧缘和口周围疣足数量众多，后端附近的管足很多，扣在腹面，有 20～31 个灰黑色或黄色的触手，末端颜色较浅。肛门在末端，周围有 5 组疣。没有居维氏管。

在亚洲地区，该物种的主要消费形式为干制品。主要分布在印度洋和中西太平洋。据报道从马达加斯加、马斯克林群岛、红海、斯里兰卡、印度尼西亚、中国、菲律宾、澳大利亚、帕劳、关岛、密克罗尼西亚（联邦）、新喀里多尼亚到法属波利尼西亚和克利帕顿岛均有分布。

11. 棕环海参（*Holothuria fuscocinerea*） 一种中大型海参，最大长度 30 厘米，平均体长约 20 厘米。背面呈灰棕色或灰绿色，腹面呈米色到棕色。背面可能有棕色斑块。体壁柔软，圆柱形。背面的棕色疣足底部宽末端窄。腹面的管足稀疏且小，但在腹面的两侧数目较多。口偏于腹面，有 20 个大触手。肛门偏于背面，周围有 1 个深紫色的圆环。本种重要标志是，疣足和管足的基部均围有一黑褐色环。居维氏管数量众多，很容易喷出（Purcell et al.，2012）。

该种可见于印度洋、红海、中西太平洋和亚洲。在西里伯斯岛、安汶岛、斯里兰卡、孟加拉湾、东印度群岛、澳大利亚北部、菲律宾、中国、日本南部、关岛和南太平洋岛屿也有分布。加拉帕戈斯群岛和加利福尼亚湾也有报道。

12. 黄乳海参（*Holothuria fuscogeliva*） 平均湿重 2 400 克（马达加斯加、印度和巴布亚新几内亚）至 3 000 克（埃及），平均体长从 40 厘米（印度和马达加斯加）、42 厘米（巴布亚新几内亚）到 60 厘米（埃及）。在新喀里多尼亚，平均活体重约 2 440 克，平均活体长约 28 厘米。颜色多变，从完全深棕色到暗灰色带有白点，或白色或米色带有深棕色的斑点；幼体呈黄绿色或黄色，有黑色斑点。在西印度洋，它往往是背面红棕色，腹面白色，肛门黄色。身体近椭圆形，腹面极度扁平，短粗而紧实，体壁厚，并呈现特有位于腹面边缘大的侧面突起。背面管足稀疏且小，但腹面管足数量众多。表皮通常由细沙覆盖。口在腹面，有 20 个粗壮灰色的触手。肛门由不显眼的肛门齿环绕。没有居维氏管。

在亚洲地区，该物种的主要消费形式为干制品。分布西从马达加斯加和红海，东到复活岛，从中国南部至豪勋爵岛。遍及大部分的中西太平洋以及东至法属波利尼西亚（Purcell et al.，2012）。

13. 丑海参（*Holothuria impatiens*） 最大长度约 26 厘米，平均湿重 50 克，平均体长小于 20 厘米。颜色呈浅棕色，背面有 5 条或更多暗棕色横带，后面逐渐变成斑点。腹面米黄色。体形近似于瓶形，手感粗糙。管足相对稀疏，口偏于腹面，有 20 个触手。具有长的、白的、密集的居维氏管。

在亚洲地区，该物种的主要消费形式是体壁的干制品。该种可见于从东非和印度洋至中西太平洋，包括夏威夷和皮特凯恩群岛，还包括大部分中美洲的太平洋海岸。

14. 玉足海参（*Holothuria leucospilota*） 最大长度约 50 厘米，平均体长约 30 厘米。身体通体黑色，细长，前端常比后端细。长的管足和疣足在背面随机分布。腹面管足数量众多。表皮有时被泥沙和黏液覆盖。口位于腹面，带有 20 个大的黑色触手。肛门位于身体末端。该种可喷射细长的居维氏管。幼体有类似于成体的外观。

通常在亚洲地区，该物种的主要消费形式是干制品。整个动物体或其肠和性腺，可以作为一种美味或传统食物以及困难时期（即飓风之后）的蛋白质补充而被食用。

该种可见于大部分热带地区，包括中西太平洋、亚洲和印度洋的大部分区域。

15. 豹斑海参（*Holothuria pardalis*） 平均体长为 12～25 厘米。身体米黄色到淡黄色或灰白色，有 2 行大黑斑和许多小黑点。身体覆盖着大量暗褐色或黑色短的圆锥形疣足，带有圆形或略呈锥形的尖，散布在背面。腹面淡黄色至浅棕色。身体细长，圆柱形，身体后端较宽。腹面管足粗短且数量众多。口在腹面末端，被 2 圈疣包围，有 18～22 个触手。肛门位于末端，被圆锥形疣包围。没有居维氏管。

该种参的分布范围从中西太平洋到夏威夷群岛，亚洲、非洲和印度洋地区，也发现于中美洲的太平洋海岸。

16. 虎纹海参（*Holothuria pervicax*） 是小到中等规格的物种，最大长度约 35 厘米。体色一般为淡褐色，背部有 4～8 条暗褐色斑带，斑纹上的疣足常较大而明显，腹面白色到淡黄色，覆盖众多长圆柱形的管足。口在腹面，有 20 个大的浅黄色或浅灰色的触手，触手上带有棕色小斑点。肛门位于末端，相对较大，被 1 圈宽暗棕色环和 5 组白色小疣包围。存在居维氏管，淡蓝色，容易喷射（Purcell et al.，2012）。

该物种被广泛发现于印度洋、东南亚和太平洋地区，包括夏威夷（美国）。

17. 糙海参（*Holothuria scabra*） 属海参科、海参属，俗称"白参""沙参"。糙海参为大型种，最大者可达 70 厘米，一般 30～40 厘米。体表粗糙，腹中央线有 1 条明显的纵沟，肛门端位。背面疣足小且数目不多，在各疣足的基部常围有白斑，顶端黑色；腹面管足呈疣足状，少而稀疏。背面和腹面交界处常有 1 行边缘腹侧疣。

体壁厚，骨片丰富，包括桌形体和扣状体。桌形体底盘发达，呈不规则方形，边缘平滑，周围常有 8 个穿孔；桌形体塔部适度高，由 4 个立柱和 1 个横梁构成，顶端有 12～16 个或者更多的小齿。扣状体多为椭圆形，有穿孔 3 对，并具有发达的疣突。体色变化很大，一般为暗绿褐色，并间有少数黑色斑纹。疣足基部常为白色。背中部色泽较深、两边较浅，腹面则逐渐变为白色。

糙海参分布于我国广西、广东、海南沿海，西从纳塔尔港到红海，向东可到加罗林群岛和斐济群岛，向北到日本南部，向南到澳大利亚罗德豪岛也有分布。

该种参是我国南海，乃至印度洋-西太平洋区域普通的食用海参，产量较大，体大肉厚，品质很佳。

18. 惠氏海参（*Holothuria whitmaei*） 最大长度约 54 厘米，平均体长 34 厘米。背面呈均匀的黑色，腹面深灰色。幼体在背面可能有米黄色或白色斑点，但腹面通常为深灰色。腹面侧缘具有 5～10 个大的粗壮尖突起，当被触碰或被保存时突起可完全收回。身体常被细沙薄层所覆盖。身体近似椭圆形，粗短结实。背部隆起，腹面极度扁平，末端圆形，体壁厚。背面管足稀疏且小，而腹面管足很多，短且呈棕色至灰色。口在腹面，有 20 个触手。肛门周围环绕 5 个小的钙质齿，居维氏管少且短，不喷出。在亚洲地区该物种的主要消费形式是体壁的干制品。在一些太平洋岛屿，其肠和性腺可能作为传统食物或在困难时期（即飓风之后）被消费。

该物种的分布从澳大利亚西部开始，东到夏威夷、法属波利尼西亚和中国南部，南至豪勋爵岛（澳大利亚）（Purcell et al.，2012）。

二、楯手目：刺参科

1. 仿刺参（*Apostichopus japonicus*） 又称刺参。平均湿重为 200 克，平均体长为 20 厘米。背面颜色从棕色到灰色或橄榄绿色，腹面棕色到灰色，背面常出现棕色到灰色小斑点。身体横截面呈近方形，前后两端逐渐变细。大型圆锥形疣足在背面呈 2 排松散纵向排列，腹面两侧也呈 2 排纵向排列，腹面管足呈 3 排无规则纵向排列。口位于腹面，有 20 个触手。肛门在末端，没有肛门齿。体壁的干制品、肠和性腺均被作为美味佳肴食用，或是蘸酱油生吃。通常作为传统医学原料。

该物种主要分布在西太平洋，包括黄海、日本海、鄂霍次克海。其地理分布的北限是库页岛、俄罗斯和阿拉斯加（美国）的沿海地区。在中国，它通常分布在辽宁省、河北省和山东省沿岸，南限是江苏省连云港市的连岛。

2. 绿刺参（*Stichopus chloronotus*） 最大规格为 35 厘米，大多为 20 厘米；平均湿重 80 克（毛里求斯），100 克（巴布亚新几内亚、印度），100～400 克（留尼汪岛），150 克（新喀里多尼亚）。背面颜色由深绿色到近黑色，腹面暗绿色。几行长的圆锥形疣足排于背面两侧和身体下缘。疣足末端通常是橘色到黄色。身体中等坚实，横截面近方形。腹面管足长，绿色，共4 排；口在腹面，有 19 个或 20 个白色到灰色粗壮的触手；肛门在末端。

在亚洲地区，该物种的主要消费形式是体壁的干制品。在某些太平洋岛屿，它被作为传统食物的一种而被食用。

绿刺参主要分布于西印度洋群岛、马斯克林群岛、东非、马达加斯加、马尔代夫、斯里兰卡、孟加拉湾、东印度群岛、澳大利亚北部、菲律宾、中国和日本南部，大部分的中西太平洋岛屿，但不包括马绍尔群岛。

3. 花刺参（*Stichopus herrmanni*） 最大规格 55 厘米，大多 20～40 厘米。体色多变，一般小个体为淡黄色，背上具橘红色斑点，大个体为暗红褐色或土黄色，且具棕色疣足。腹面管足数量很多，身体比较坚实，适度拉长，横截面方形。口在腹面，有 20 个楯状触手；肛门位于末端，没有肛门齿和肛门疣环绕。

在亚洲地区，该物种的主要消费形式是体壁的干制品。在一些太平洋岛屿，它的整体或其肠和（或）性腺被作为美食或传统食物，以及在困难时期（即飓风之后）的蛋白质补充。在埃及，该物种被用于制备传统医药产品。

花刺参分布于马斯克林群岛、东非、马达加斯加、红海、阿拉伯半岛东南部、阿卡巴湾、波斯湾、马尔代夫、斯里兰卡、孟加拉湾、东印度群岛、澳大利亚北部、菲律宾、中国和日本南部。它可见于西太平洋地区的大部分国家，东到汤加，南到豪勋爵岛。

4. 糙刺参（*Stichopus horrens*） 属刺参科、刺参属。体长一般为 200 毫米左右，直径约为 40 毫米。体呈圆筒状，背面有大的圆锥形疣足，沿着背面的 2 个步带和腹侧步带排列成 4 个不规则的纵行。口大，偏于腹面，具触手20 个。肛门偏于背面，周围没有疣。腹面管足成 3 纵带排列，中央带较宽。

体壁内骨片有桌形体、不完全花纹样体、C 形体和杆状体。杆状体中央扩大，并具穿孔。体壁桌形体较小，底盘圆且有多数周缘孔，塔部高适度，有1～2 个横梁，顶端具小齿 8～12 个；背部疣足内有大型桌形体，底盘穿孔很多，塔部高，有横梁 3～4 个，顶端愈合为单尖，并突出于体壁之外。体壁触感粗涩，故名糙刺参。生活状态下背面为深的橄榄绿色，并间有深褐色、灰色、黑色和白色。

糙刺参分布于我国台湾、海南岛、西沙群岛以及马达加斯加、印度尼西亚、夏威夷、日本南部、澳大利亚北部等海域。

5. 鼻刺参（*Stichopus naso*）　体长 10～20 厘米。背面淡黄褐色杂有棕色，或呈均匀的浅棕色；侧面颜色稍浅；腹面有棕色的中央纵带穿行于管足的行间。管足尖部和背面疣足呈暗棕色。横截面梯形到矩形；分裂生殖的个体身体前端或后端有截断。背部略隆起，带有矮胖圆锥形的背侧疣足。该种个体通常相对较小。数量众多大的管足排成纵列出现在腹面。口在腹面，有 18～20 个触手；肛门位于末端，周围没有疣。

通常，在亚洲地区该物种的主要消费形式是体壁的干制品。其肠和（或）性腺被当作传统食物消费。

该种参广泛分布于印度洋-太平洋区域。被记载的区域从菲律宾到马达加斯加，包括毛里求斯、斯里兰卡、泰国、印度尼西亚、婆罗洲、澳大利亚（从西北到东南沿海）、新喀里多尼亚、中国、日本和巴布亚新几内亚（Purcell et al.，2012）。

6. 梅花参（*Thelenota ananas*）　属刺参科、梅花参属。又因体形很像凤梨，故也称"凤梨参"。触手有 20 个；体型很大，体长可达 750 毫米；体壁很厚，厚度为 5～10 毫米；管足多而密集，排列不规则；背面疣足很大，呈肉刺状，每 3～11 个肉刺的基部相连，呈梅花瓣状，由此得名；骨片大为减退，只有细颗粒体和双分枝杆状体；背面和腹面的区别明显，背面体色为橙黄色或橙红色，散布着黄色和褐色斑点，腹面带赤色，触手为黄色；口位于腹面，肛门端位。

梅花参分布于我国台湾南端和西沙群岛以及东非、马达加斯加、马尔代夫群岛、印度尼西亚、日本琉璃群岛和澳大利亚北部的海域。

梅花参是我国南海优良的食用品种，体大壁厚，是我国海参资源开发利用的重要对象。

7. 巨梅花参（*Thelenota anax*）　属刺参科、梅花参属。体呈圆筒体，腹面平坦。背面有分散的小疣足，两侧疣足较大。腹面密集地布满管足，排列不规则。口偏于腹面，具触手 20 个。肛门偏于背面。酒精标本背面为灰褐色，夹有许多血红色斑点和横斑，腹面为灰白色，触手带黄色。

巨梅花参分布于我国西沙群岛以及马达加斯加、印度尼西亚、关岛、贝劳群岛、马绍尔群岛和托列斯海峡海域。巨梅花参体壁厚，个体大，可供食用，经济价值较高，但资源稀少，目前产量尚未达到商业规模。

8. 红纹梅花参（*Thelenota rubralineata*）　最大重量约 3 千克，平均体长为 30～50 厘米。体呈白色，带有鲜明而复杂的深红色线条。腹面深红色线条略少，但更不规则。背面有 2 排 13～15 个大的圆锥形肉质突起，末端带有黄棕色的尖。身体横截面大致为方形或梯形。身体后部略有变细。腹面平坦，有许多黄绿色或棕黄色管足随机分布。口在腹面，有 20 个暗红色的触手；肛门位于末端。

该种已发现于"珊瑚三角区"，并延伸到太平洋。在东南亚，其分布区域包括印度尼西亚、菲律宾、东马来西亚、中国南海诸岛以及太平洋地区，如关岛、所罗门群岛、巴布亚新几内亚。此外，在新喀里多尼亚及斐济也有观测记录（Purcell et al.，2012）。

第四节　刺参生态习性

刺参（*A. japonicus*）喜欢栖息在潮流畅通、水质清新、海藻丰富、附近无工业污染的浅海中，底质一般为岩礁底，较硬的泥沙底、泥底，大叶藻丛生的细泥沙底也常有发现。水深一般为 3～15 米，部分海域可深达 30 米。幼小个体多生活在潮间带。

一、温度

刺参成体生长的适宜温度为 3～18℃，最适水温为 10～16℃。当海水温度低于 3℃以下时，摄食量减少，活动迟缓，逐渐处于半休眠状态；自然海区水温达到 17～19℃时，刺参摄食强度大大下降，较大个体一般超过 20℃后就会进入夏眠。当年的刺参苗一般来说不夏眠，水温超过 20℃仍旧正常生长（常忠岳等，2003）。

二、盐度

刺参适盐范围为 18～39，成参的最低耐受的盐度为 16，幼参最低耐受的盐度为 18（吕伟志等，2006；张少华等，2004；肖培华等，2004）。刺参生活的海区要求盐度保持稳定，盐度的陡然升降，对刺参生长影响较大。因此，选择养殖刺参的海区要远离河口，避免雨水注入。大雨季节，还要避免雨水的大量注入，保持刺参生活环境盐度的稳定。

三、溶解氧

刺参耐低氧性强，成参在水中溶氧量降至 1 毫克/升以下、幼参在水中溶氧量降至 3.3 毫克/升以下时会呈现缺氧反应，表现为丧失附着能力，躯体萎缩，腹面朝上，呈现麻痹状态（王兴章，2000）。人工池塘刺参养殖中，水体的溶氧一般保持在 5 毫克/升以上，多为 6～9 毫克/升（杨秀兰等，2005）。

四、光线

刺参对光线强度的变化反应比较敏感，在自然环境中，随着昼夜光线强弱的变化，刺参的行为表现出明显的昼夜节律。在阳光或其他强光照射下，往往躲藏在阴暗处，呈收缩状态；在夜间或弱光条件下，摄食和活动明显增强。此外，不同体色的刺参对光强的敏感度不同。体色较深的刺参怕强光照射，遇到强光会迅速避开；而体色较浅的刺参，则更能耐受强光。

五、摄食

刺参主要以底栖硅藻、微生物、细菌以及大叶藻、海带、裙带等大型藻类腐败后存留的腐殖质、有机碎屑及原生动物、某些动物的幼体为食，食性杂，食物链短。大叶藻及大型藻类资源丰富的海区，有利于刺参的繁殖与生长。刺参摄食有明显的季节和昼夜节律。春秋季节摄食旺盛，生长快；盛夏、隆冬季节几乎不摄食。刺参白天不活跃，经常固着不动，摄食量少；夜间活跃，摄食量大。在人工养殖中通常傍晚投饵量要大，约占70％，白天占30％（王连华，2005）。

六、夏眠

刺参具有一种重要的生态习性，当夏季海水温度升高到一定范围后，刺参即迁移到海水较深、较安静的岩石间不动不食，这种现象称为"夏眠"（aestivation）。日本学者 Mitsukuri 最早观察到刺参的这一现象，并提出了夏眠的概念。成参或高龄参夏眠时，常到水深处或钻入岩礁内部；较小个体参夏眠的海水区域较浅，夏眠期也较短。刺参的夏眠期最短 2 个月，最长 4 个月，一般在 100 天左右。隋锡林总结了日本和中国学者的研究成果，认为刺参的夏眠临界温度为 20～24.5℃，差异主要取决于刺参的栖息地和体重的不同。日本七尾湾的青刺参夏眠开始和结束的临界水温均为 20℃；而北海道、宫城、爱知、德岛、鹿儿岛诸县的刺参在 19～22℃开始夏眠、18～23℃终止夏眠。在中国北方海域，刺参进入夏眠的日期随着纬度的增加而推迟。在夏眠临界温度附近（20～26℃），即使已经进入夏眠状态的刺参，在遇到连续阴天、风平浪静的持续天气时，仍可能大量出来摄食和活动。

活动减少、摄食逐渐停止、消化道退化、体重减轻和代谢率降低以及能量利用对策发生改变等，是刺参夏眠的典型特征。夏眠是刺参长时间处于高温环境、摄食受阻条件下的一种能量节约方式，这种适应机制保证了个体的存活和种族的繁衍。

七、排脏和再生

刺参受到强烈刺激时，如水质恶化、受敌攻击、水温剧烈变化、离开海水时间过长、机械摩擦等，常把其内脏（消化管、呼吸树、性腺等）全部由肛门排出来，这种现象称之为排脏（图 10-19）。排脏是刺参的一种自我保护方式。

如环境合适，刺参排脏后内脏可以再生，约需要 1 个月左右的时间完成内脏的再生（王霞和李霞，2007）。

图 10-19　人工诱导的刺参吐脏

（孙丽娜，2013）

第十一章 11

海参生活史

　　海参的生活史，主要以刺参特征为例。刺参雌雄异体，卵生型，沉性卵。雌雄亲参成熟后，精卵被排出体外，在水中受精发育。发育生长主要过程有成熟精卵、受精卵、卵裂、囊胚期、原肠期、耳状幼体（小、中、大）、樽形幼体、五触手幼体、稚参、幼参、成参（根据主要发育结构、生活习性特征进行分期）。

　　亲参：亲参是指生长发育为能够排放成熟精卵的雌雄海参。人工育苗所用亲参可以采捕于自然海区，也可以来自于养殖池塘以及通过遗传育种技术选育的海参。刺参一般从外形上很难鉴别雌雄，在生殖季节通过解剖观察生殖腺颜色鉴别雌雄。自然海区生长的刺参达到性成熟一般需要3年以上（人工条件干预的部分刺参2年可达性成熟）。刺参亲参一般要求体重200克以上为宜，表皮完整，活动自如，体质健康。

第一节　性腺发育与繁殖习性

一、性腺发育

　　1.性腺构造　刺参生殖腺生于体腔内的背系膜中，呈多分枝树枝状，各分枝在围食道处汇聚成总管。总管一般为1条，偶尔可见2～3条。总管向前通向生殖孔，成熟精卵由此排出体外。刺参生殖孔一般1个，偶见2～3个，位于头背部距前端1～3厘米处的生殖疣突上。生殖疣向内凹陷，生殖期间凹陷处色素加深，临近排放性产物时，生殖疣向体外突出呈疣状。在通常情况下，生殖疣与普通疣足非常相似，不易分辨。生殖腺结构形态在不同的季节变化很大，长短、粗细、颜色均具有显著变化（表11-1）。各分枝随发育成熟而逐渐变粗，性腺成熟时主分枝直径可达1.5～2.0毫米，个别的可达3.0毫米以上，而在休止期仅有0.1毫米左右；一般主分枝直径为次级分枝直径的2～3倍。主分枝长度在成熟时可达20～30厘米，甚至超过30

厘米；而在休止期其长度不足 1 厘米，一般难以见到。成熟的雌雄生殖腺具有明显的颜色区别，雌性生殖腺为杏黄色或橘红色，雄性生殖腺为乳白色（图 11-1）。

表 11-1 刺参性腺不同发育时期的生殖小管和卵径变化

（庞震国，2006）

发育阶段	生殖小管						卵径（微米）
	长度（厘米）		重量（克）		直径（毫米）		
	雄	雌	雄	雌	雄	雌	
休止期			<0.2	<0.2			<10
增长期	3～4	3.5～4	0.5～1	1～2	0.1～0.2	0.2±	20～25
发育期	3.5～5	4～5	5～10	10～15	0.5±	0.5±	60～90
成熟期	10±	12±	12～20	40～50	1～1.5	1～3	100～130
排放期	5～10	7～10	8～10	15～20	<0.5	0.6±	70～80

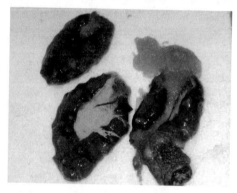

图 11-1 亲参性腺

（右为雌性，左下为雄性）

2. 性腺发育分期与特征（图 11-2、图 11-3） 根据性腺发育过程中生殖腺结构特征和组织学观察，刺参性腺发育一般可划分为 5 期，分别为休止期、增殖期、发育期、成熟期、排放期。生活在自然海区的刺参性腺发育，主要与生存环境的水温变化密切相关。因此，自然分布于地理位置偏南的刺参繁殖时间较早于偏北区域的，因此在人工育苗生产中，经常采取提前升温加强营养，达到促进刺参提前成熟繁殖的目的。

（1）休止期 性腺呈透明状，腺体短小呈细丝状，量极少，一般性腺重量在 0.2 克以内或难以发现，肉眼难辨雌雄。该期为刺参产卵排精后并逐渐将残

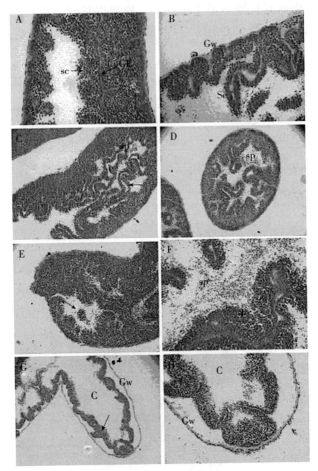

图 11-2 刺参雄性生殖腺发育

A、B. 增殖期 C、D. 发育期 E、F. 成熟期 G、H. 排放期 GE. 生殖上皮

Gw. 生殖管壁 Sc. 精母细胞 sp. 精子 C. 空腔

（庞振国，2006）

余精卵及相关细胞被吞噬细胞"消化吸收"后的性腺状态。雄性生殖腺上皮沿管状壁没有凹凸，由 1～3 层精原细胞或精母细胞组成；雌性生殖腺上皮沿管状壁没有凹凸，多为 1 层，有时由 2 层卵母细胞组成，卵径大约 10 微米或更小。

在我国刺参的主要分布区域，山东沿海一般 7～11 月为休止期；辽宁海域沿海刺参性腺发育一般滞后 15～20 天甚至更长时间。

（2）增殖期 性腺多呈无色透明或略呈淡黄色，部分雌雄逐渐可辨。精巢多为无色透明，生殖腺上皮生长，生殖管壁较厚，生殖管沿管壁有大量凹凸皱

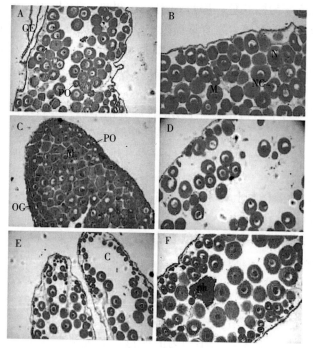

图 11-3　刺参雌性生殖腺发育

A. 增殖期　　B. 发育期　　C. 成熟期　　D～F. 排放期　　GE. 生殖上皮

M. 成熟卵母细胞　　N. 细胞核　　NC. 核仁　　OG. 卵原细胞

PO. 初级卵母细胞　　ph. 吞噬细胞　　C. 空腔

（庞振国，2006）

褶，其上附着大量的精原细胞和精母细胞，此时管腔内无精子（图 11-2A、B）；雌性性腺呈淡黄色，生殖上皮生长显著，生殖小管壁有单层生殖上皮构成，有明显凹凸褶皱，生殖腺横断面呈花瓣状，卵原细胞附着其上，部分卵原细胞转化成初级卵母细胞，近似圆形或椭圆形，直径为 20～25 微米，核圆形，空泡状，直径约 10 微米，核仁明显，染色深（图 11-3A）。此时，生殖管腔内的卵母细胞密度较小。

增殖期为生殖细胞的数量增殖期。性腺重量一般 0.2～2 克，性腺指数在 1％以内。在山东沿海一般 12 月至翌年 3 月为增殖期。

（3）发育期　此期为生殖细胞的生长发育期，雄性生殖腺内精母细胞增殖生长明显，精巢生殖小管壁开始变薄，生殖上皮由数层相同的精母细胞组成，从生殖小管的横断面，可见许多褶沟向管腔内侧迁回曲折。生殖上皮沿管壁至管腔由精原细胞、精母细胞和精子细胞构成，精子已开始形成，生殖管腔内出现少量的精子（图 11-2C、D）。雌性性腺逐渐增粗，分枝增多，性腺颜色逐渐加深，由浅黄色变为橘红色，卵母细胞生长明显，形状为圆形，包裹在滤泡内。卵母细胞之间空隙随着发育逐渐减小，卵母细胞逐渐充满整个卵巢，卵径60～90微米，核质比低于恢复期卵母细胞，部分卵母细胞已经发育成熟。切片观察生殖管壁厚度有所减小（图11-3B）。此期为生殖细胞的快速生长发育时期。

发育期可分为Ⅰ期和Ⅱ期。Ⅰ期的性腺逐渐增粗，分枝增多，雌雄肉眼可辨，雌性性腺呈杏黄色或浅橘红色，雄性性腺呈水白色，性腺重量多为2～5克，性腺指数为1％～3％；Ⅱ期的性腺发育迅速，性腺颜色加深，雌雄明显可辨，重量急剧增加，一般为3～13克，7克以上者占总数的70％以上，最重的可达43克，性腺指数上升为7％左右。山东沿海一般在3～5月上旬为发育Ⅰ期，5月下旬为发育Ⅱ期。

(4) 成熟期　性腺变粗，颜色变浓，精卵逐渐成熟。雄性生殖腺颜色为乳白色，各分枝粗大，直径达到1～1.5毫米，生殖管壁厚度达到最小，生殖上皮的褶皱减少或消失。精巢腔内充满活泼的精子，精子发育早期阶段的精原细胞已经消失，生殖上皮仍有精母细胞（图11-2E、F）。雌性性腺明显变粗，呈现半透明状，颜色进一步加深，卵巢内可以肉眼分辨卵粒，卵母细胞直径达110～130微米，大小均匀的卵母细胞充满整个卵巢腔，出现成熟卵子，生殖管壁继续变薄，其上仍附着有少量卵原细胞和早期卵母细胞（图11-3C）。

山东沿海一般在5月下旬至6月上旬为成熟期，刺参繁殖的环境条件逐渐得到满足。此期刺参的性腺指数达10％以上者占总数的50％；繁殖盛期的性腺指数可以达到15％～20％（性腺重/体壁重％）。

(5) 排放期　自然排精、产卵现象开始出现，相同环境条件下，刺参个体越大，成熟越早，排放精子、卵子的时间越早。雄性个体由于精子的排出，精巢内出现明显的空腔，但生殖上皮仍有许多精母细胞附于其上，排精后的精巢腔内散存有直径为6～7微米的吞噬细胞（图11-2G、H）。卵巢排空后生殖小管内出现大片的空腔，管腔内仍残存少量未排放的卵母细胞（50～60微米）和成熟卵子（100～130微米）。产卵期过后将解体被吞噬细胞消化吸收，在有些样品中可以观察到继续发育的现象。随着成熟卵子的排放，卵巢生殖管直径减小并且出现皱缩现象，生殖管壁在排放期初期仍旧较薄，但随着后期的到来，厚度开始逐渐增大（图11-3D～F）。

山东沿海一般在5月底至7月上中旬为排放期。在自然海域排放期过后，水温继续升高，刺参停止摄食，逐渐进入夏眠状态，性腺迅速退化，进入休止期状态，也进入性腺发育的下一个循环。

刺参性腺发育进程的快慢，受多种因素的影响。其中，主要与个体大小、水温高低、饵料丰寡等因素密切相关。养殖池塘由于水温回升较快，饵料充盈，刺参性腺成熟一般较自然海区为早，且相同条件下大个体较小个体成熟早。目前，刺参增养殖模式多样化，亲参也可以通过水温、饵料、光照等条件调控进行性腺促熟，使产卵期提前，争取当年刺参苗种有更长的适宜生长期。

二、繁殖习性

1. 繁殖季节　在我国沿海，刺参自然分布于辽宁、河北、山东至江苏北部沿海。由于不同区域春季水温回升的差异，刺参繁殖的时间也不相同，一般南部海区早于北部海区，池塘早于自然水域。即使在同一海区，繁殖时间随不同年份也有些变动，变动的因素较复杂，但水温的高低是主要影响因素。据日本资料报道，北海道的青刺参产卵期为 6 月下旬至 9 月上旬，宫城县的万石浦其产卵期为 6 月下旬至 7 月上旬，女川湾为 7 月下旬至 8 月下旬，产卵水温 13～20℃。在自然海区，我国山东半岛南部沿海，产卵期为 5 月底至 7 月上旬；山东半岛北部沿海，如蓬莱、长岛、烟台、威海等地为 6 月上旬至 7 月中旬；大连地区为 7 月上旬至 8 月中旬。从各海区产卵情况看，自然产卵水温为 15～23℃，大多在 16～20℃。养殖池塘中因水温回升较快，刺参产卵时间一般早于自然海域。在人工育苗过程中，依据其产卵规律，充分利用时间差，合理安排苗种培育时间，提高基础设施的有效利用率。

2. 繁殖行为　亲参成熟后能够自然排放精卵，人工育苗过程中也可以通过物理刺激排放，达到集中排放的目的。排放精卵的时间，通常在 20：00～24：00。但也有在 1：00～6：00 排放精卵的情景，有时甚至在白天排放精卵。亲参排放精卵之前活动频繁，多数爬至水浅处。养殖池中亲参会爬至池壁水的表面，不断地将头部抬起左右摇摆，这种现象的出现预示着亲参即将排放精卵。一般雄参先排精，排精持续约半小时左右，雌参受到性产物的诱导开始产卵。雄参排精时，位于背部头前端的生殖疣突出，成熟的精子由生殖疣上的生殖孔排出，先呈细线状，随后很快在水中徐徐扩散开呈乳白色烟雾状（图 11-4）；雌参产卵时，生殖疣突出，卵子从生殖孔产出后，像 1 条杏黄色绒线，粗细不等，波浪似的喷出（图 11-4）。随后卵子慢慢地散开并徐徐下沉于池底，卵子在散开过程中，很快与周围的精子结合。刺参受精卵为沉性卵，之后随胚胎发育逐渐上浮。在人工育苗时，此期间需要不断搅动水体或给水体缓缓充气。其目的一是使卵子充分受精；二是使受精卵悬浮于水中更有利于胚胎发育，提高成活率。

图 11-4　排精产卵
A. 雄参排精　B. 雌参产卵

3. 产卵量　据日本崔相报道，日本青刺参生物学最小型（性成熟的最小个体）为体壁重 39 克，一般为 58～60 克。成熟期每克卵巢含卵量 22 万～29 万粒，平均 25 万粒。体重 200～300 克的亲参，怀卵量一般为 350 万～500 万粒。国内报道，刺参生物学最小型约为体重 110 克，体壁重约为 60 克。辽宁省海洋水产研究所对个体大小不同的刺参进行测定，成熟卵巢每克所含卵数平均约为 20 万粒左右；具有 100 克重成熟卵巢的大型亲参，其怀卵量可达 1 800 万～2 600 万粒。

刺参性成熟年龄一般为 2～3 龄，同时与个体体重有很大关系。个体过小，即使足龄，性腺仍然发育不良、不成熟。在充分良好的养殖条件下，刺参生长迅速，体重 200 克以上的个体，即使不足 2 龄，性腺依然可以发育。刺参繁殖为多批次产卵，一批亲参有 1～3 次产卵高峰，每次产卵一般持续 0.5～1.0 小时。人工育苗生产中，产卵量每头平均 100 万～200 万粒，多者可达 400 万～700 万粒，个别大个体产卵量可超过 1 000 万粒。刺参育苗过程中，排卵量的多少与亲参体重、水质条件、天气状况、饲养条件及刺激操作等多种因素有关。同时，产卵量和怀卵量时常有较大差异。

4. 性腺发育的生物学零度与有效积温　生物学零度，是指某种生物生殖腺开始生长发育的起始温度；而有效积温，是指从起始温度至性腺成熟可以繁殖时的积累温度。据李爽（2016）等对渤海湾刺参的实验研究结果表明，刺参性腺发育的生物学零度为 6.14℃，有效积温为 800.19℃。在人工控制条件下繁育苗种的生产过程中，确定并掌握了这两个基本指标，将会对实验研究的科学调控以及有序安排生产布局方面发挥重要的作用。

第二节　精卵结构与胚胎发育

一、精卵结构

1. 精子发生与结构（图 11-5、图 11-6）　庞振国等通过透射电镜，观察了刺参精子的发生过程和结构变化。精细胞的成熟发育过程，可分为精原细胞、精母细胞和精细胞三个阶段。成熟的精子为原生型，分为头部、中部和尾部。头部圆形，直径约 3 微米；中部不发达，有一围绕头部的环形凹陷沟；尾部细长，长 50～60 微米（占精子总长度的 95％左右）。成熟精子排出入水被激活后能够在水中活跃游动，肉眼难辨，显微镜下明显可见。

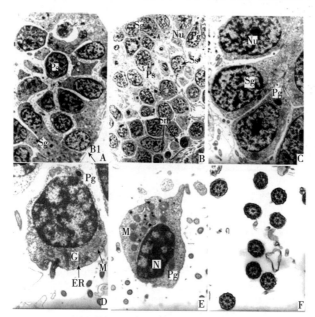

图 11-5　刺参精原细胞和精母细胞的超微结构

A. 精原细胞（Sg）与初级精母细胞（Ps）　B. 生精小管　C. 精原细胞　D. 次级精母细胞

E. 早期精细胞　F. 9＋2 结构的鞭毛横切

Sg. 精原细胞　Ps. 初级精母细胞　Ss. 次级精母细胞　Sm. 精细胞　Nu. 核仁　Pg. 前顶体颗粒

（庞振国，2006）

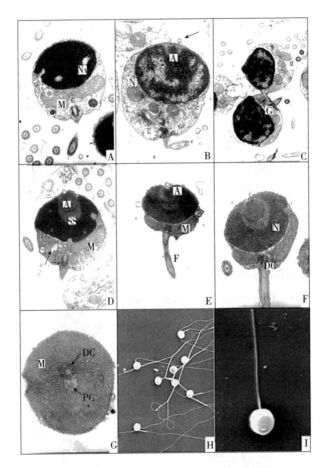

图 11-6　刺参精细胞和精子细胞的超微结构

A. 成熟中的精子　B. 顶体形成　C. 精子连体发育　D. 精细胞　E、F. 精子纵切

G. 线粒体横切　H、I. 成熟精子　N. 细胞核　Nu. 核仁　G. 高尔基体

M. 线粒体　F. 鞭毛　A. 顶体　DC. 远端中心粒　PC. 近端中心粒

（庞振国，2006）

2. 卵子发生与结构（图 11-7）　　刺参卵子的成熟发育过程，也分为卵原细胞、卵母细胞和卵子三个阶段。成熟的卵子近圆形，直径为 140～170 微米，均黄卵，卵黄含量少，在细胞内分布较均匀，极性不明显，染色体处于第一次成熟分裂中期，排入水受精后完成成熟分裂。为沉性卵，水中肉眼可见颗粒状。

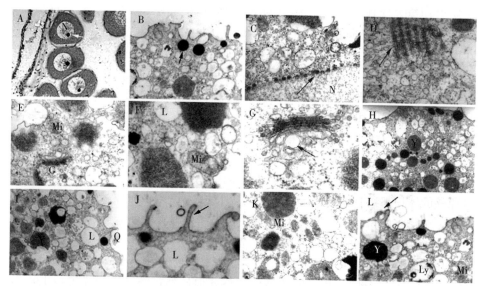

图 11-7 卵子发生超微结构

A. 卵原细胞 B. 卵原细胞膜 C. 卵母细胞核膜结构 D. 核糖体 E. 卵母细胞内部 F. 线粒体
G. 高尔基体 H. 卵黄颗粒及脂滴 I. 脂滴和卵黄颗粒 J. 伪足状突起 K. 线粒体 L. 胞饮作用

(庞振国，2006)

二、受精和卵裂

谭杰等（2012）采用 HOECHST 33258 染色荧光显微方法，对刺参成熟未受精卵以及受精过程中精子入卵、极体排放、雌雄原核的形成与结合、早期卵裂以及多精入卵等细胞学现象进行了观察研究（图 11-8）。

1. 精子入卵与成熟分裂 刺参成熟未受精卵呈圆球形，直径 140～170 微米。核相处于第一次减数分裂中期，经 HOECHST 33258 染色后，卵母细胞卵质为浅蓝色，染色体较小，呈亮蓝色，在纺锤丝的牵引下排列于赤道板中央（图 11-8A）。

精卵混合后，精子借助于鞭毛的摆动，以头部附着于卵母细胞表面，附着部位随机（图 11-8B）。受精后 6～9 分钟，精子通过顶体反应穿过卵黄膜进入卵内，并迅速去致密完成第一次膨胀，形成圆球形的精核，精核直径为 4.0～6.0 微米（图 11-8C）。精子入卵后，卵母细胞的成熟分裂重新启动，染色体在纺锤丝的牵引下开始向卵膜移动。在移动的同时，同源染色体逐渐分开，至分裂后期，2 组染色体已被明显分为 2 组（图 11-8D、E）。受精后 12 分钟，靠近卵膜的那组染色体脱离卵质形成第一极体，第一次成熟分裂完成（图 11-8F）。第一极体排出后，留在卵质内的另一组染色体很快启动第二次成熟分裂，姐妹染色单体分离（图 11-8G）。至受精后 20 分钟，大部分受精卵排出第二极体，完成第二次成熟分裂（图 11-8H）。在成熟分裂过程中，精核不断向卵母细胞中央迁移，至第二次成熟分裂结束，精核已迁移至接近中央处，这期间精核的大小未发生显著变化。

2. 雌雄原核的形成与联合　随着第二次成熟分裂的完成，精核进行了它的第二次膨胀，体积急剧扩大，形成圆形的雄原核。同时，卵子染色体也去浓缩扩散，形成形状相似的雌原核（图 11-8I）。至受精后 30 分钟，多数雌雄原核达到最大体积，雄原核的直径为 15～17 微米；而雌原核比雄原核稍小，为 13～14 微米。雌雄原核形成以后，开始向受精卵中央迁移，到达中央时，雌雄原核的体积都稍有缩小，雄原核直径为 13～14 微米，雌原核直径为 10～11 微米。至受精后 35 分钟，部分受精卵中的雌雄原核在中间赤道板相遇（图 11-8J），但仍可看到中间的核膜。随后两者的核膜破裂，染色质浓缩，形成各自的染色体组，在卵子中央合并，雌雄原核通过联合的方式形成联合核（图 11-8K）。受精后 50 分钟，联合核的染色体整齐地排列在纺锤体的赤道板上，形成第一次卵裂的中期分裂象（图 11-8L）。

3. 早期卵裂　受精后 55 分钟，染色体在纺锤丝的牵引下开始向两极移动（图 11-8M），至受精 70 分钟后观察到明显的卵裂沟（图 11-8N）。受精后 80 分钟左右，第一次卵裂完成，形成 2 个大小相同的卵裂球。大部分刺参受精卵在第一次卵裂时的卵裂沟位于极体处，但也观察到少量受精卵第一次卵裂的卵裂沟并不位于极体处。

第一次卵裂完成后，2 个卵裂球中的染色体去致密变为染色质，核膜重建，进入有丝分裂的间期（图 11-8O）。受精后 90 分钟左右，2 个卵裂球中的染色质经复制后，又开始螺旋化，形成清晰可见的染色体。第二次卵裂开始，第二次卵裂的方向与第一次卵裂的方向垂直（图 11-8P、Q）。受精后 100 分钟，部分受精卵的第二次卵裂完成，形成 4 个大小一样的卵裂球（图 11-8R）。刺参受精卵卵黄少且分布均匀，故卵裂属于典型的等裂（均裂），其特点是分割沟遍及整个卵子，分裂球大小相等。刺参在受精过程中，存在极少数的多精入卵现象。

4. 多精入卵　在受精过程中发现少量的多精入卵现象。一般是 2 个精子同时进入卵母细胞，进入卵母细胞的精子都能够去致密形成雄原核，并且刺激卵母细胞排出 2 个极体，正常完成成熟分裂（图 11-8S）。在发生多精入卵的卵子中，只能观察到 1 个雄原核与雌原核发生联合形成联合核（图 11-8T）。在对第一次卵裂的观察中，没有发现染色体异常分离的现象。

卵裂的结果，从动物极看分裂球呈辐射状排列。第一次分裂为纵裂，分裂

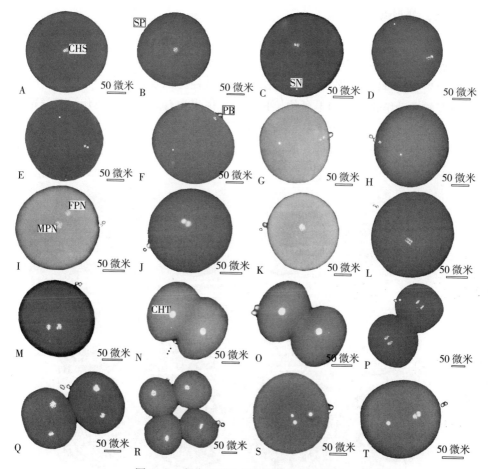

图 11-8 刺参受精和卵裂的荧光显微观察

A. 成熟未受精卵 B. 精子附卵 C. 精子入卵 D、E. 第一次成熟分裂后期 F. 排出第一极体
G. 第二次成熟分裂后期 H. 排出第二极体 I. 雌、雄原核的形成 J、K. 雌、雄原核的靠近与联合
L. 第一次卵裂中期 M、N. 第一次卵裂后期 O. 2 细胞期 P、Q. 第二次卵裂后期 R. 4 细胞期
S. 双精入卵 T. 多精入卵时的雌雄原核联合 CHS. 染色体 SP. 精子 SN. 精核 PB. 极体
FPN. 雌性原核 MPN. 雄性原核 CHT. 染色质
（标尺＝50 微米）

面通过卵子动植物极，2 个分裂球大小相等；第二次分裂也为纵裂，分裂面仍
与卵轴平行，与第一次分裂面相垂直，产生 4 个大小相等的分裂球；第三次分
裂为横裂，分裂面位于卵子赤道线附近，产生 8 个全等细胞，排列 2 层；之后
的卵裂，基本上以纵裂与横裂交替的方式进行。卵裂的结果细胞数量不断增
加，细胞体积越来越小（图 11-9）。

三、囊胚期

受精卵经多次分裂，分裂球达 512 个时，胚体进入囊胚期。刺参囊胚属于有腔囊胚，囊胚胚体中央呈现 1 个大而圆的空腔为囊胚腔，腔周围被分裂细胞包围，囊胚周身遍生纤毛，此时为圆球形，直径为 186.2～199.5 微米。此后，胚体开始在动植物极方向上延伸拉长。由于体表生有纤毛，囊胚开始在受精卵膜腔内慢慢转动，转动方向从动物极看以左旋为主，但是有时急速地变为相反的右旋。囊胚期后期，胚体在膜内旋转不久就脱膜而出，在水体中快速旋转运动，称为脱膜旋转囊胚（图 11-9）。

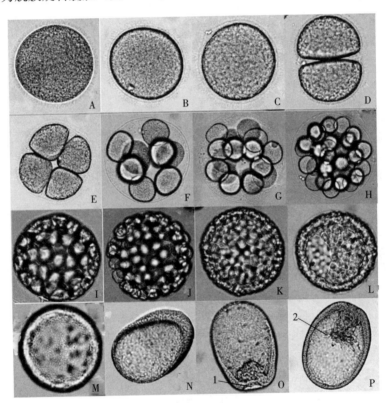

图 11-9　刺参的胚胎发育

A、B. 受精卵　C. 出现极体　D. 第一次分裂　E. 第二次分裂　F～I. 多细胞期

J～L. 囊胚期　M. 旋转囊胚　N～P. 原肠作用过程

（朱峰，2009）

四、原肠期

囊胚后期逐渐发育为原肠期，刺参的原肠是通过内陷法形成的（图 11-9、图 11-10）。囊胚后期，囊胚拉长，先在植物极变为扁平，而后细胞逐渐内陷，内陷程度由浅到深，经内陷后形成的腔称为原肠腔，其深度可达整个胚体的 2/3 左右；与胚体外相通的口，称为原口，整个内陷的过程称为原肠作用，即为原肠形成的过程。原肠后期，原肠腔由原来直立方向逐渐向胚体一侧倾斜，此处将成为幼体腹侧。最后原肠的顶端成直角弯曲，并逐渐与腹面形成的凹陷相接近，这一凹陷称为口凹。近口凹的一段原肠形成食道，原来的原口形成肛门。在原肠弯曲部分的囊胚腔内，细胞继续增殖，一部分向反口面的正中线延

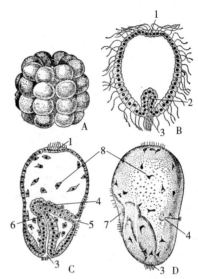

图 11-10 海参的原肠形成
A. 32 细胞期 B. 早期原肠胚 C. 后期原肠胚（矢切面） D. 后期原肠胚（左侧面观）
1. 顶部加厚 2. 原肠腔 3. 原口 4. 体腔囊
5. 背孔 6. 消化管 7. 口凹 8. 原始间叶细胞
（楼允东，2009）

长成管状；另一部分在食道基部呈囊状，管状部分在背部开口形成背孔，中间的管为孔管，囊状部分进一步分化为体腔和水腔。在原肠作用的同时，原肠顶端分出中胚层母细胞，在囊胚腔中分裂产生原始星状间叶细胞，形成原始间充质，间充质细胞将来分化形成成体的骨片、肌肉和结缔组织等（图 11-10）。

第三节 幼体发育

海参幼体发育根据形态结构特征、生活习性等特点，主要分为耳状幼体期（小、中、大）、樽形幼体期、五触手幼体期和稚参阶段（图 11-11）。

一、耳状幼体

1. 发育分期 由原肠期进一步发育成初期幼体，其外部侧面观很像人的

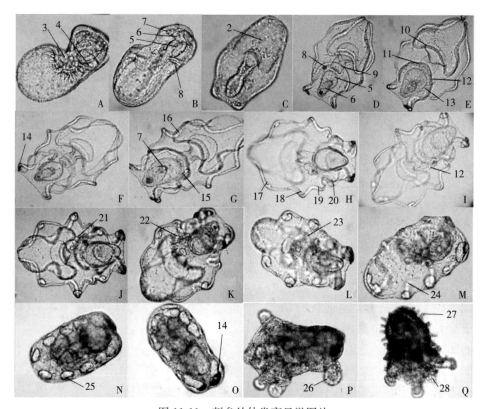

图 11-11 刺参幼体发育显微图片

A～C. 小耳幼体 D～G. 中耳幼体 H～L. 大耳幼体 M～O. 樽形幼体 P、Q. 五触手幼体

1. 胚孔 2. 间质细胞 3. 口 4. 体腔囊 5. 胃 6. 肠 7. 肛门 8. 水管

9. 食道 10. 口前环 11. 肛前环 12. 水体腔 13. 左体腔 14. 钙质骨片

15. 口后臂 16. 口前臂 17. 前背臂 18. 间背臂 19. 口后臂 20. 后侧臂

21. 初级口触手 22. 轴水管 23. 口触手 24. 环状纤毛带 25. 球状体

26. 第一管足 27. 棘状肉刺 28. 板状骨片

（朱峰，2009）

耳朵，故名曰耳状幼体。此期幼体在水中营浮游生活。耳状幼体背腹扁平，外部形态较前有明显的变化。随着发育，根据幼体的规格和内部结构的发育，耳状幼体分为小耳幼体、中耳幼体、大耳幼体。

（1）小耳幼体（图 11-12） 小耳幼体结构简单，水中通体透明，幼体臂刚长出，明显的只有口前臂与口后臂，臂上布有纤毛，幼体臂具有支撑身体结构和游泳的功能；消化道已分化为口、食道、胃、肠、肛门；背面观在胃与食道交界处的左侧有体腔囊。此期消化道刚刚打通，幼体开始从外界摄取食物。在人工育苗过程中，开始投喂饵料，在此之前是以卵黄营养支撑胚胎发育。小耳幼体体长约 400 微米、宽约 280 微米。

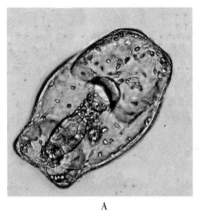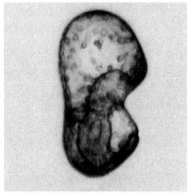

A
B

图 11-12 小耳幼体
A. 腹面观 B. 侧面观

(2) 中耳幼体 (图 11-13) 中耳幼体体臂继续发育壮人，6 对幼体臂逐渐发育完整，包括口前臂、口后臂、后背臂、间背臂、前背臂、后侧臂。在食道与胃交界处的小圆形体腔囊发育呈扁囊状拉长的水体腔。口、食道、胃、肠、肛门分化明显，位于体后部的胃逐渐增大呈倒梨形，可见食物或消化液颜色。中耳幼体体长为 500～700 微米。

(3) 大耳幼体 (图 11-14) 大耳幼体的 6 对幼体臂更为粗壮明显。此期的重

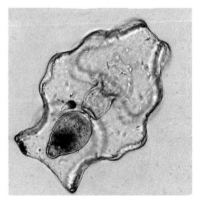

图 11-13 中耳幼体

要明显标志是，幼体在身体两侧即后背、间背、前背、后侧臂及额区背部上方，出现 5 对球状体；水体腔进一步发育出现 5 个囊状初级口触手原基和交互排列的辐水管原基；后侧臂的下端一侧出现 1 个石灰质的幼生骨片。大耳幼体体长为 800～1 000 微米。

2. 耳状幼体基本形态构造和主要器官结构 (图 11-14、图 11-15)

(1) 纵纤毛带 原肠期纤毛遍布整个体表面，发育到耳状幼体初期，只在身体两侧，由外胚层形成的 2 条纵行嵴起上才具纤毛，即纵纤毛带，主营运动功能。2 条纤毛带出现后不久，彼此在口凹的前面连接形成口前环，在肛门前形成肛前环（幼体臂上）。

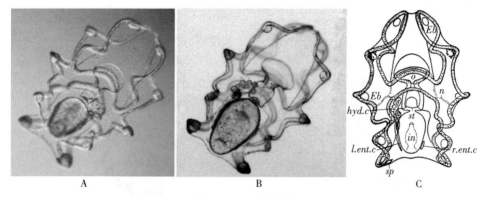

图 11-14 大耳幼体

A. 腹面观（实体照片） B. 背面观（实体照片） C. 基本形态结构示意图

Eb. 球状体 hyd. c. 水体腔 in. 肠 l. ent. c. 左侧肠体腔 n. 幼虫神经

o. 口 st. 胃 r. ent. c. 右侧肠体腔 sp. 幼虫骨片

（楼允东，2009）

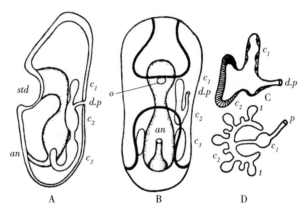

图 11-15 耳状幼体主要器官结构示意

A. 侧面观 B. 腹面观 C、D. 水体腔的改建

an. 肛门 $c_1 \sim c_3$. 前、中、后体腔 d、p. 背孔 o. 口孔 p. 孔管 std. 口凹 t. 初级触手

（楼允东，2009）

（2）幼体臂 随着初耳幼体的生长发育，躯体部分部位突出于体表而被称为幼体臂。幼体臂多呈左右对称排列，共 6 对。按其所在位置不同，分别命名为口前臂，位于幼体腹面的前端；口后臂，位于幼体腹面、食道与胃交界处的前端；前背臂，位于幼体前端背面、口前臂的斜上方；后背臂，位于幼体背面后端；间背臂，位于幼体背面中央部的两侧、前后背臂之间；后侧臂，位于幼体最末端身体两侧的背面。幼体臂上布生纤毛，其臂具有支撑幼体体型和游泳运动的功能。

（3）消化道　由原来的简单管状（原肠）构造，逐渐分化为界限分明的口、食道、胃、肠和肛门。口呈漏斗状，周边密布许多细小的纤毛，称为口纤毛环。幼体借助纤毛环纤毛的摆动形成水流，饵料随水流进入食道。食道呈管状具有许多排列整齐的环形皱纹，饵料通过食道强有力的收缩，将其压入胃内。胃呈倒梨形或椭圆形，在前端与食道的连接处，有一明显的狭窄部。饵料进入胃之后，随胃液的流动而翻动，在胃液的作用下，易消化的饵料如盐藻、角毛藻等，在胃内很快被消化，仅留有不易消化的残渣排入肠内。肠呈管状，自胃通出后立即向腹面弯曲，并开口于幼体后端的腹面，即肛门，耳状幼体期的肠较短。肠和胃连接处，也有 1 个明显的狭窄部。消化后的残渣及尚未消化的饵料，经过肠由肛门排出体外。

（4）**体腔囊的发生和演变**　在原肠后期，当原肠顶端向一侧（腹面）弯曲时，从原肠顶端分出 1 团细胞，开始位于背面，以后逐渐移至幼体左侧，这团细胞即体腔囊。体腔囊在耳状幼体阶段逐渐自行分化为左前体腔、水体腔和后体腔三部分。右前体腔很小，为退化部分，它与背水管孔相连；后体腔不断向腹面延伸，直延伸至幼体胃的右侧，且很快一分为二，位于右侧的为右后体腔，位于左侧的为左后体腔；水体腔位于食道与胃交界处的左侧，开始呈囊状，后来随着幼体的发育，逐渐变成半环形，并以凹下一侧向着食道、凸面向外侧。幼体发育至大耳幼体时，从半环形水体腔的外侧壁上生出 5 个指状小囊，称为五触手原基。它将构成成体触手的一部分，在五触手原基形成的同时，与五触手原基相间排列出现另外 5 个囊状构造，即辐水管原基。发育至幼体后期，它向身体后部伸长，逐渐发育成成体的辐水管。

二、樽形幼体

1. 形态构造　耳状幼体继续发育，大耳幼体身体在短时间里快速收缩变小，且幼体由背腹扁平型而逐渐变为圆桶型，最终形状很像被囊动物的海樽，故名樽形幼体（图 11-16）。由耳状幼体变为樽形幼体的过程中，幼体外部形态和内部构造发生了巨大变化，因而也把此期视为幼体变态的开始。直观上的突出特点是，幼体体长明显缩小，大约仅为大耳幼体的一半或更小，体长可收缩至约 400 微米，身体由透明状变为暗灰色，内部构造已辨别不清，5 对球状体仍明显可见。

2. 樽形幼体主要系统发育变化（图 11-16）

（1）纤毛环的形成　在身体收缩的同时，原有的纤毛带很快失去其连续性，而变成了许多段落，经过重新排列后形成樽形幼体的 5 条纤毛环。樽形幼

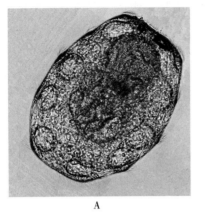 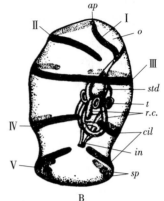

图 11-16　樽形幼体

A. 实体照片　B. 结构模式图

Ⅰ～Ⅴ. 纤毛环　ap. 顶端肥厚部　cil. 环状纤毛带　in. 肠　o. 口　r.c. 辐水管

sp. 幼虫骨片　std. 口凹　t. 初级口触手

（楼允东，2009）

体依靠纤毛的摆动，在水中呈浮游状态。

（2）**环水管和波里氏囊**　水体腔横于食道之下，且以凹面向上逐渐将食道包围起来。此时，原来的后部位于食道的腹面，原来的前部已经移到食道的背面，当背腹两部彼此相结贯通之后，一个完整的环水管便形成了。同时，由水体腔的腹面部分产生出 1 个囊状物，即为波里氏囊。

（3）**体腔的发育**　左后体腔发育较右后体腔快，继续增大，绕过幼体的消化道和右后体腔，最后和右后体腔的隔膜消失，左右后体腔合并、扩大，逐渐发育成为成体的体腔。

（4）**前庭的形成**　在口凹的四周，由于外胚层的加厚及下陷，又重新形成 1 个较大的凹陷，称为前庭。原有的口凹位于前庭底部中央，这时前庭位于幼体中部的前端，以后逐渐向前移动，后期则移至幼体前端的中央，在前庭中可以看到初级口触手；但此时口触手仍未伸出体表之外。

3. 樽形幼体活动特点　樽形幼体早期阶段可以活泼地游动，多分布于水体的中上层；但在樽形幼体后期阶段由于纤毛逐渐退化，运动减弱，幼体慢慢转入底层。在此过程中，幼体选择适宜的基质并附着其上。在人工育苗过程中，应密切观察掌握樽形幼体出现的时间，及时投放附着基。有条件的情况下，投放附着有底栖硅藻的附着基会更好地诱导幼体附着，否则将会大大降低幼体的成活率。此时正值幼体变态，幼体的结构特别是消化系统发生急剧改变，并有短时停止摄食，食性、摄食和生活方式发生转变。若培育条件不能满足，将会导致大量死亡。

三、五触手幼体

樽形幼体后期活动减慢，幼体寻找到适宜的基质附着其上，并逐渐在幼体的前端前庭周围伸出 5 个可以自由活动的指状触手，故而得名五触手幼体期（图 11-17）。该期幼体除形态结构的逐渐发育变化外，更重要的是生活方式的改变，开始由浮游转为营附着爬行生活。

1. 形态变化 樽形幼体后期 5 个触手伸出前庭，触手活动自如，兼有摄取食物和运动功能故而得名五触手幼体（图 11-17）。口凹腔加宽，肛门一度失去，不久重新形成；五触手从前庭伸出并逐渐生出侧枝，成为主要运动和摄食器官。消化道伸长，变为弯曲；排泄腔一侧生出囊管，将来发育成呼吸树。靠近左后体腔的腹面上皮层产生 1 团细胞，由此逐渐发育向后体腔伸展，并分化为生殖腺的原基。细胞团一端开口与外界相通，一端发育为生殖腺管。

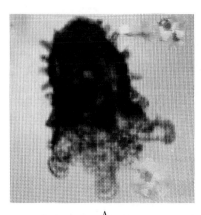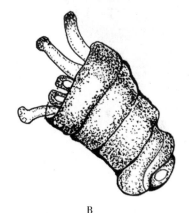

A   B

图 11-17 五触手幼体
A. 实体照片 B. 基本结构示意图

此期幼体钙质骨片逐渐形成。石灰质骨片在体壁由间叶细胞开始形成，且成 X 形骨片。随着 X 形骨片的增加，各骨片的分枝互相延伸而结合成为板状，逐渐形成具有种间特征的骨片。五触手幼体末期，这种骨片几乎被覆全部体表，具有支撑身体的作用。另外，左前体腔周围的间叶细胞形成 1 个钙质板，包在左前体腔的外面，形成成体的筛板。筛板上生有筛孔，故左前体腔与后体腔之间仍然可以相通。

2. 生态习性变化 幼体纤毛环逐渐退化，以致最后完全消失，逐渐转入底栖附着性生活。触手是主要的附着、活动和捕食器官，但活动能力很弱。

四、稚参

五触手幼体后期，在身体背面长出许多刺状突起，即为肉刺；同时在腹面后端，肛门的下方将会长出第一个管状体称为管足，至此幼体形态基本呈现刺参的雏形，视为幼体发育至稚参期（图 11-18）。之后幼体开始拉长，并在体表密布外形似蜂窝状的钙质骨片，显微镜下明显可见。不久又在第一个管足的右前方长出第二个管足，此后管足数目逐渐增加，与此同时触手也会慢慢增多，成体刺参具 20 个触手。刚变态至稚参的个体因骨片开始形成，体呈半透明状，内部器官模糊，消化道因食物的颜色尚可见；之后骨片增多，色素逐渐出现，体肤由无色透明逐渐变成深褐色。

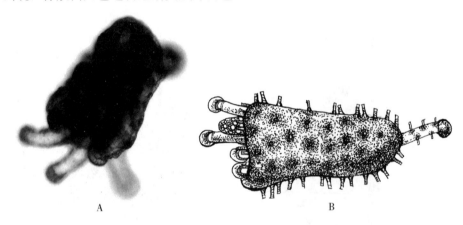

图 11-18　稚参（1 个管足）
A. 实体照片　B. 基本结构示意图

管足和触手是稚参的主要附着和活动器官。在人工育苗期间，进入稚参初期因管足数量少、活动能力较弱，能够活动和摄食的范围很小，因此，在这种情况下必须保证稚参可以摄食到充足并且适宜的食物。之后随着器官功能的逐渐完善，幼参的活动、摄食和适应能力不断加强，生长发育直至长大。

综上所述，刺参的生活史从生活习性方面，可以分为浮游生活和附着底栖生活两个阶段。胚胎和幼体发育阶段基本营浮游生活，稚参期之后营附着底栖生活。从营养方面，胚胎阶段主要以自身营养，幼体阶段以浮游生物为主，稚参期之后主要以底栖生物、沉积物以及底泥中生物腐殖质等为营养来源。刺参胚胎及幼体发育时序如表 11-2。

表 11-2 刺参胚胎及幼体发育历程

（水温 20～21℃）

序号	受精时间	发育阶段	体长（微米）
1	20～30 分钟	极体出现	140～170
2	43～48 分钟	第一次分裂	140～170
3	48～53 分钟	第二次分裂	140～170
4	1 小时至 1 小时 30 分钟	第三次分裂	140～170
5	3 小时 40 分钟至 5 小时 40 分钟	囊胚期	200 左右
6	12 小时至 14 小时 20 分钟	脱膜旋转囊胚	200 左右
7	14 小时 20 分钟至 17 小时 40 分钟	原肠初期	260 左右
8	17 小时 40 分钟至 25 小时 20 分钟	原肠期	280 左右
9	25 小时 20 分钟至 31 小时 30 分钟	初耳状幼体	360～430
10	5～6 天	中耳状幼体	500～700
11	8～9 天	大耳状幼体	800～1 000
12	10 天左右	樽形幼体	400～500
13	11 天左右	五触手幼体	300～400
14	12～13 天	稚参	300～500

第十二章 *12*

刺参繁育技术

第一节 基础设施

一、选址

育苗场地的选择，应该充分考虑海水水质、地理交通和社会环境等多方面的因素。选择的海区应该远离工业、农业和生活污染，无大量淡水注入，交通便利。

二、基础设施

刺参人工繁育的基础设施，主要包括育苗室、进排水系统、充气系统以及供热系统。

1. 育苗室 育苗室的设计应有利于室内通风和保温，室内光照柔和均匀，控制在 1 000～2 000 勒。育苗室多为砖砌体，屋顶采用钢梁或木梁结构，呈圆弧形或玻璃钢瓦顶。育苗池一般采用砖石水泥结构。池子以长方形为宜，池角应抹圆，有利于水的交换。育苗池一般深度在 1～1.5 米，容积在 10～30 米^3，池底应有 1%～2% 的坡度斜向出水口。

2. 进排水系统

（1）沉淀池 育苗用的海水应充分沉淀，使自然海水中的泥沙、有机碎屑和各种浮游生物下沉，保持水质澄清。一般沉淀时间在 24 小时以上，沉淀池的总容量应为日用水量的 2～3 倍。并应分为 2～3 个池，以便分池沉淀。池底应有 1%～3% 的坡度，便于清刷排污，清除池底污物及清扫。沉淀池应加盖，使之保持黑暗沉淀。

（2）过滤器 沉淀池的水必须经过过滤后，方可进入育苗室和饵料室。目前，使用的过滤器有无压砂滤池、压力砂滤器和重力式无阀砂滤器。其中，无压砂滤池最为常用。无压砂滤池是靠水的自重通过滤料层。滤料多采用沙、石分层铺放。砂滤池底部留有蓄水空间，其上铺有水泥筛板或塑料筛板。筛板上密布 1～2 厘米的筛孔，其上铺有 2～3 层网目为 1 毫米左右的聚乙烯网，再往上分别为卵石、砾石、沙粒、细沙，每层厚度为 10～15 厘米，细沙层一般为40～60 厘米。

(3) **蓄水池** 蓄水池用于储存砂滤后的净水。蓄水池也可作为预热池，即在蓄水池内加设加温盘管预热海水。

3. 充气系统 充气系统包括空气压缩机、气管和气石等；充气系统设计应注意充气均匀，充气量便于调节。大型育苗场可配置多个不同规格的空气压缩机，根据需要调换使用，避免电力浪费。

4. 供热系统 如果升温育苗或苗种越冬应有供热系统。利用锅炉加热，可以利用预热池或采用换热器对海水进行预热，也可以直接在培育池加设热盘管加热。

第二节 亲 参

亲参的质量关系到受精卵的质量及幼体的生长发育，是刺参人工育苗成败的决定因素之一。

一、亲参采捕

1. 采捕时机 采用自然成熟的亲参，掌握好采捕时机，是获得性腺发育良好的亲参关键。采捕过早，亲参性腺尚未发育成熟，蓄养时间过长，导致亲参活力降低，甚至性腺会萎缩退化，而且增加管理费用；采捕过晚，亲参在养殖池或自然海区已经排放精卵，失去获卵机会，或者只能采到少量受精卵，而且所获受精卵质量难以保证。

亲参的采捕时机可以通过两方面的因素作为依据：一是海水温度，当采捕海区底层水温上升至 15～17℃，是亲参采捕的适宜时机；二是海参性腺指数（性腺重与体壁重之比），当 50% 以上的个体性腺指数达到或超过 10% 时，性腺发育处于成熟期，此时性腺主分枝直径可达 1.5～3.0 毫米，个别的可达3.0 毫米以上。精巢呈乳白色或乳黄色，刺破后可流出乳白色精液；卵巢呈橘红色，卵母细胞充满整个卵巢腔，卵粒清晰可见，预示采捕亲参的时机已经到来。我国各地从自然海区采捕亲参的具体时间不同，山东南部地区一般在 5 月下旬开始，山东北部沿海从 6 月上旬开始，大连地区、黄海北部沿海 6 月下旬开始。山东南部地区从养参池采捕亲参，则从 4 月底或 5 月初开始。由于各地区水温的回升快慢不一，即便在同一地区的不同年份、水深不同的海区，水温回升的速度也不相同。因此，亲参采捕的时间，应根据具体情况灵活掌握，因时因地而宜。

2. 采捕亲参的规格和数量　亲参的个体越大，怀卵量越多，卵的成熟度越好，所以应尽量挑选个体较大的作为亲参。有关报道表明，体壁重为130～255克的个体，性腺平均重34.7克，平均性腺指数为16.6%；体壁重115～200克的个体，性腺平均重17.6克；体壁重80～110克的个体，性腺平均仅重5.6克，表明刺参性腺重与体壁重呈正相关。生产中应尽量选用体重大于200克的个体。

亲参采捕的数量应充足，如果因为亲参的数量不足，导致受精卵的数量少，不能满足生产需要或采卵不集中，将会影响后续生产的进行。亲参采捕的数量以育苗水体计，一般按1～2头/米^{3}安排生产。亲参质量好可适量少捕，否则应适量多捕。

3. 采捕时应注意的问题

（1）**避免海参与油污接触**　因油污可使亲参皮肤溃烂，甚至自溶解体，需特别加以注意。潜水员和操作人员在接触海参之前应将手清洗干净，切不可用沾有油污的手直接接触海参。采捕和装运亲参的工具及暂养海水，也不可沾有油污。

（2）**避免机械刺激和损伤**　潜水员在采捕亲参过程中，每次采捕的数量不宜太多，以避免亲参之间相互挤压而导致亲参受伤、排脏或排精产卵。采捕上来的亲参在船上暂养密度也不应太大，控制在300头/米^{3}以内或更少。

（3）**保持船上暂养槽内水质清新**　暂养过程中要及时换水，如暂养时间长，应连续充气。采捕到的亲参要避免高温和直射光的照射，将其用遮光帘遮盖并放于背阴处。

4. 亲参的运输　采捕亲参时，作业时间不宜过长，最好在2～3个小时内装箱起运，以避免亲参排脏。目前多采用聚乙烯塑料袋，袋中装海水1/3，亲参以2头/升水的密度置于塑料袋内，并放在保温箱内保持温度，尽快运回繁殖场所。运送过程中不需充气，以免亲参体表黏液混合海水形成泡沫而污染水质。如气温高，可在箱中加入冰袋降温。

二、亲参蓄养

如果采捕时机适宜，采捕回来的亲参性腺发育已经成熟，经过采捕和运输的刺激，一般当天就能产卵。如果亲参不能立即产卵，则需要蓄养一段时间。蓄养之前应把已排脏的个体及皮肤破损受伤的个体拣出，以免在蓄养过程中继续溃烂并影响其他个体。

亲参蓄养密度应适当,密度过大,会导致水体溶解氧下降;亲参长期处于低溶氧环境,对性腺发育将会有不利影响,不能正常排放精卵或影响精卵质量,同时会出现一些异常行为,如参体卷曲、翻转等;持续缺氧,当溶解氧降至 0.6 毫克/升时,亲参会因缺氧窒息而滑落池底,躯体僵直呈麻木状态,部分个体会因此而排脏,甚至会出现溃烂死亡。亲参蓄养池内的溶解氧不能低于 5~6 毫克/升。蓄养期间亲参的密度,应控制在 20~30 头/米³。如果蓄养用水水温较高和亲参个体较大,也应适当降低蓄养密度。

蓄养期间应用砂滤水,临近产卵期间,进水口还应加滤袋,以滤除敌害生物等。每天早晚各换水 1 次,每次换水量为蓄养池水体的 1/3 或 1/2;同时通过吸底或倒池方式,清除池内亲参粪便及其他污物和已排脏的个体。早晨换水吸底时应检查是否有卵,以免漏掉小批量的卵。

亲参蓄养的池底可加置空心砖、扇贝笼等作为附着基。蓄养期间一般不投喂饲料,蓄养时间长需要适当投饵。蓄养期间光照应均匀偏弱,避免强光直射,光照强度可控制在 500~1 000 勒。

亲参蓄养期间,要注意观察亲参的活动情况,特别是在傍晚应连续观察。当发现部分亲参在水体表层沿池壁活动频繁、不时地昂头摇摆时,或者已出现少量雄参排精时,预示着雌参可能即将产卵,应及时做好采卵的准备工作。

三、亲参的人工控温促熟

当在繁殖期从池塘或海上采捕自然成熟的刺参用作亲参时,常常由于天气、海况变化无法从海上采捕到亲参,而使当年育苗生产受到影响。另外,采用自然成熟的亲参,人工育苗最早始于 4 月底、5 月初。到当年秋季放苗时,苗种规格较小,投放于养殖水域抵抗力较弱,成活率不高,而且当年放养的参苗由于规格小,大部分到第三年甚至第四年才能达到上市规格,养殖周期长,成本高。采用亲参人工控温促熟的方法,可有计划地提早育苗,提高当年苗的规格,还可以在一年内进行多茬育苗。

每年的秋天,当自然海区的海水水温达到 10~12℃时,在池塘或海区采捕体重 250 克以上的健康个体,运输至亲参培育室内。亲参在室内的培育密度,控制在 20~30 头/米³。亲参入池后,采用自然海水培育。当自然海水水温降至 2~3℃后,保持此水温 3 天左右。此后,每天升温不超过 1℃。当升到 13~15℃时,恒温培育一段时间,直至采卵前 10~20 天,将水温提高到 17~18℃进行培养。一般当积温达到 800~1 200℃时,亲参的性腺能够成熟并自然排放。

在人工促熟过程中,亲参需要投饵,重视加强营养搭配,饵料采用配合饲料和海泥的混合物，日投饵量占亲参体重的 3%～8%，产卵前 1 周停止投饵。配合饲料由海藻粉、鱼粉或贻贝粉、酵母粉和复合维生素等制成。每天换水 1 次，每次换水量为培育水体的 40%～60%，每天吸底 1～2 次，每 3～5 天倒池 1 次。整个培育过程中，室内光照强度应低于1 000勒，光线均匀。

第三节　采卵、受精与孵化

一、采卵方法

目前，采卵方法主要有两种。一是自然排放；二是通过人工刺激的方式，促使亲参排放。

1. 自然排放法　当亲参性腺发育充分、成熟度好时，可在蓄养池内自然排放性产物。由于刺参往往在傍晚或夜间产卵、排精，不能人为地控制产卵时间和产卵量，有时会发生产卵量过大、精液过多，造成水质败坏而导致受精卵孵化率低的现象。因此，应安排夜间值班人员随时观察，将过多的排精雄参移出排卵池，受精卵密度过大应及时分池。自然排放的卵一般质量较好，但产卵不够集中。

2. 人工刺激诱导法

（1）实施条件　当亲参经过一段时间的蓄养，性腺发育成熟并有少量性产物排放，育苗设施和饵料已经准备好，天气晴朗时，可以实施人工刺激诱导采卵。人工刺激诱导采卵法，可以根据排放性产物的规律，人为地掌握亲参排放时间，便于有计划地安排生产；所获得的卵质量较好，受精率较高，孵化的幼体健壮。

（2）具体做法

①升温诱导法：此法属于温度刺激。升温方法可以将过滤海水经日光照射升温，或者用电热器升温，或者添加高温水升温，使海水温度较原蓄养水温升高 2～3℃，但升温后的水温一般不宜超过 23℃。此法可以单独使用，也可以和其他诱导方法配合使用。

②阴干流水刺激法：一般在傍晚开始，先将蓄养池内海水放干，亲参在池底阴干 45～60 分钟，然后用水流冲击 10～15 分钟；冲击的同时，将蓄养池洗刷干净。然后，注入新鲜过滤海水，或将亲参移入备好的新鲜过滤池水中。整个操作宜在 18：00 前结束。一般刺激后 1～2 小时，亲参开始沿池壁向上层爬行，活动频繁，经常将头部抬起左右摇摆，先出现雄参排精，约半小时后雌参开始产卵。

目前，在实际育苗生产中，上述两种方法常被结合使用。

二、受精与孵化

1. 受精　在刺参育苗生产中，受精方式通常有两种：

（1）**产卵箱内产卵受精**　产卵箱多采用容积为 100～500 升的塑料或玻璃钢水槽制成，产卵前产卵箱内注满与亲参蓄养池或刺激池中水温一致的过滤海水。当发现亲参在池内产卵、排精时，及时将亲参移到产卵箱内，让亲参在产卵箱内继续产卵、排精，雌雄亲参分开排放。注意移动亲参时，动作要轻，以免亲参受到刺激停止排放精卵，影响产卵数量。由于刺参的卵为沉性卵，所以在产卵过程中要不断搅动箱内水体或微充气，以免卵子堆积于箱底因缺氧影响发育。在产卵的同时，要及时添加精液，精液应是多头雄参排放的混合液，精液添加量不宜过多，控制在卵周围 1 个视野面可见 3～5 个精子即可。产卵箱内受精卵的密度，应控制在 300 粒/毫升以内。如果受精卵密度很大，应及时将受精卵移入孵化池，产卵箱内另加新水。

产卵结束后，应立即将亲参移出；受精卵计数、观察后，移到孵化池内。

采用这种方式，可以很方便地控制精子的数量，胚胎发育正常，畸形少，幼体健壮。如果亲参蓄养时间较长，体质消耗较大，产卵的亲参从蓄养池内移到产卵箱内以后，往往不再产卵，或产卵时间短、数量少。因此，育苗后期一般不采用此法。

（2）**产卵池内产卵受精**　产卵池内产卵受精，指亲参在蓄养池内产卵受精的方式。当观察到雄参排精后，及时将排精的雄参由池内逐步移出，置于其他容器内。排出的精子对雌参产卵有诱导作用。当雌参开始产卵后，让雌参在池内产卵，并在池内受精；雌参停止产卵后，将池内所有亲参移出。亲参移出后，对卵子进行镜检，低倍镜下观察每个卵子周围有 3～5 个精子即可。如果精子浓度过高，要及时进行洗卵。在卵全部沉到池底后，通过虹吸方法将上中层水放掉，加入新鲜海水。洗卵结束后，进行卵的定量，进入孵化阶段。

采用这种方式，由于在亲参产卵过程中没有人为的移动等干扰，产卵持续时间长，产卵量大，卵子质量好；然而，池内精液量往往难以准确控制，容易导致精液过多、水质污染、胚胎畸形，影响孵化率。因此，要特别注意及时移出雄参，防止精液过多，并应及时搅动水体，防止卵子堆积，使卵子和精子分布均匀，以利于卵子的受精和孵化。

2. 孵化　目前，刺参苗种生产中受精卵的孵化一般在幼体培育池中孵化，受精卵孵化密度一般控制在 10 粒/毫升以内。在产卵池内产卵受精的，如果卵子密度太大，可以采取分池的方法，调整卵子密度。采用虹吸法将受精卵移至旁边的培育池，移入的培育池底部应事先放入一定量海水，防止受精卵受伤。

分池结束后，重新加满新鲜海水。孵化海水或新加入的海水与受精时海水或原孵化水的水温温差不要太大，不应超过3℃，一般应在1～2℃。孵化期间为保证受精卵在水中保持悬浮状态，应持续微量充气或定时搅动，一般每隔30～60分钟搅动1次。搅动时要上下搅动，不要使池水形成漩涡，导致受精卵旋转集中。

第四节　幼体培育

一、小耳状幼体选优布池

小耳状幼体孵出后，一方面孵化水体中有未孵化的卵子、多余的残余精液和不健康的幼体，水质受到一定程度的污染；另一方面孵化密度较大，幼体的生长将会受到影响。因此，耳状幼体孵出后应立即选优，并同时进行布池，调整各池耳状幼体的密度，达到排除污物、不健康幼体和筛选健壮幼体的目的。小耳状幼体孵出后，位于水的中上层多为发育健壮、体质良好的幼体，把浮于上中层健壮的幼体选入培育池，即为选优的过程。

幼体的选优方法一般有两种。然而无论采用哪种选育方法，都应使幼体始终保持不离水的状态下进行。

1. 虹吸浓缩法　即将孵化池内含有一定数量幼体的水体，用虹吸方法使水通过网箱外溢，幼体则滞留浓缩于网箱内。新池内预先注入布满整个池底的过滤海水，以免幼体移入培育池内与池底摩擦受伤。网箱形状和大小可依据条件灵活掌握，但制作网箱的筛绢网目大小应适宜，网目对角线长度应小于幼体的宽度，以免幼体漏失；一般可选用200～300目的尼龙筛绢。在操作中，网箱要放在塑料（或玻璃钢）水槽内，网箱上沿应高于水槽的上沿，以利于溢水和防止幼体流失；要不断地搅动网箱内的水体，使幼体分布均匀，防止局部幼体堆积挤压损伤；幼体池出水口与浓缩网箱水面的高度差不应过大，虹吸水流应缓慢而不应过急，否则幼体贴附于网箱壁上，压力增强，小耳状幼体体质极其脆弱，易出现幼体损伤，甚至造成大量死亡；应及时将幼体按幼体培育密度要求，从网箱内移入新的培育池。用此法选优，虽有可能引发部分幼体损伤，但由于避免了将原孵化池中的不洁净海水大量带入培育池，保证了培育池的水质清新，有利于幼体的正常发育。

2. 拖网选择法　当孵化出的幼体密集于水的上中层时，可用特制的宽、高均为40厘米左右的长方形网箱将幼体拖捞到培育池（网箱筛绢一般采用200目）。具体的操作是，用网在池水上表层拖或推，动作要轻缓，使幼虫密集到网中，将网口轻轻提起，网口稍离水面，网底不要离开水面。然后将网中集中的幼体带水舀出，装入预先备好的水槽中。如此反复多次，当观察池内幼体基本没有后，就可以停止。这一选优方法操作简单，而且可较快地将大部分幼体选出并集中，也易于定量。

二、耳状幼体培育密度

耳状幼体的培育密度，是指小耳状幼体入池培育时的密度，即每毫升水体内所含小耳状幼体的个数。耳状幼体培育密度的大小，是海参育苗中需要认真控制的一个重要指标，密度适宜则幼体生长快，发育正常，变态率和成活率较高。而且，耳状幼体的培育密度也跟稚参的附着密度相关，决定了稚参的生长速度。

实践表明，初期耳状幼体培育密度应控制在 0.5 个/毫升以内，一般维持在 0.15～0.2 个/毫升为宜。

三、饵料投喂

初期耳状幼体，当消化道已经形成并开始摄食时，应及时投喂适宜的饵料。饵料是幼体生长发育的物质基础，选择适宜的饵料种类和确定合理的投喂量，是培育好耳状幼体的决定因素之一。

1. 饵料种类 目前，刺参浮游幼体培育使用的饵料主要有两大类。一是单细胞藻类，包括角毛藻、盐藻、三角褐指藻和小新月菱形藻等；二是酵母，包括海洋酵母、啤酒酵母等。两者各有特点，单细胞藻类是长期以来使用的饵料，适口性好、投喂效果好，但其培养生产对技术条件的要求较高，受天气条件影响较大，遇连阴天往往导致培养失败，且在饵料投喂时培养液随同进入幼体培育水体，对水质造成一定程度的污染；常用的酵母种类生产技术成熟，已经能够进行工业化生产，运输、储存和使用方便，成本低，不受天气变化的影响，能够保证长期稳定的供应。

2. 投喂量 必须掌握好幼体饵料的适宜投喂量。投喂单胞藻饵料，按培育水体计算，小耳状幼体日投饵量每毫升 2 万个细胞；中耳状幼体日投饵量每毫升 2.5 万～3 万个细胞；大耳状幼体日投饵量每毫升 3 万个细胞。单独使用酵母作为幼体的饵料，日投喂量为每毫升 20 万～50 万个细胞。当单细胞藻类和酵母搭配投喂时，搭配的比例以及投喂的数量，可以根据饵料供应情况、幼体摄食情况和胃的饱满程度灵活掌握。而每次投喂单细胞藻类和酵母的总投喂量，可以多于单胞藻饵料单独使用时的投喂量。在具体的育苗实践中，应根据幼体的密度、摄食情况等因素综合考虑，来确定实际投饵量。并根据实际情况，随时增减饵料的投喂量。投饵量的掌握，还应根据当天检查幼体胃含物的具体情况进行适当增减。投饵前取样观察，胃内饵料较多、胃液色浓、胃型呈鸭梨状；同时，显微镜下观察培育水体内单细胞藻类的数量，每个视野 1～3 个细胞，表明投饵量适宜，可维持原来的投饵量。若发现幼体胃内饵料量减少，胃液色淡或镜检观察难以发现培育水中的饵料，表示饵料缺乏，需适当增加投饵量。饵料投喂量不可太大，以免幼体摄食太多而导致消化不良引发烂胃。

3. 投喂方法 投喂方法以少量多次为宜，一般每天分 4～6 次投饵。应对饵料的质量严格把关，避免投喂培养时间过长的老化饵料，原生动物感染严重的饵料也不宜投喂。饵料可在每次换水后均匀泼洒到全池。

四、水质条件与水质管理

1. 水质条件

(1) 温度 温度对幼体发育有非常重要的作用。温度太低，幼体会发育缓慢而导致畸形率高，成活率低；温度太高，水体中的细菌等有害生物容易大量繁殖，对幼体的正常发育有很大影响，而且幼体的畸形率也会增加，幼体成活率明显降低。李莉的研究表明，在一定温度范围内，幼体生长随温度升高而加快。受精后第 8 天，21℃培育的幼体成活率最高（为 90.8%），27℃培育的幼体成活率仅为 41.7%；18℃培育的幼体成活率，低于 24℃培育的幼体。温度为 21℃时，幼体的附着变态率最高（为 31.6%）；当温度为 18℃时，幼体的附着变态率为 29.8%，与 21℃组没有显著差异；当温度升高到 24℃和 27℃时，幼体的附着变态率显著下降，分别为 23.3%和 16.2%。邱天龙的研究（2013）表明，刺参胚胎发育的生物学零度为（8.87±0.63）℃，在此温度以上，随温度的升高生长发育速度加快，19～21℃为最适生长温度。当温度高于 25℃时，浮游幼体存活率显著降低；在 31℃条件下，1 周后幼体全部死亡。幼体在低于最适温度条件下死亡率并没有明显增高，但随着温度的降低畸形胚的比例会增加。因此，培育中应将水温控制在 21℃左右最佳，而且换水前后的水温温差不要超过 1℃。

(2) 盐度 幼体存活的盐度范围为 20～35，盐度过高或过低，导致幼体全部死亡或降解。幼体能够完成附着变态的盐度上限和下限分别是 38 和 23。在自然海水盐度 30 时，幼体的生长率和成活率始终最高。随着盐度的升高或降低，畸形幼体的比例也逐渐增加。在盐度为 25 和 35 时，畸形幼体的比例分别为 15.4%和 22.2%。在育苗过程中，遇到连续阴雨天气，应注意监测海水的盐度。

(3) 光照 张永胜的研究（2013）表明，刺参幼体在不同光照强度下生长速度的高低顺序为：500勒＞50勒＞2 000勒＞0勒，不同光照周期下生长速度的高低顺序为：14光照：10黑暗＞10光照：14黑暗＞24光照：0黑暗＞0光照：24黑暗。500勒光照条件下的幼体发育最快，受精后9天时樽形幼体的发生率为30.9%；0勒光照条件下，9天时樽形幼体的发生率仅为5.2%，且致畸率高达17.7%。光照强度与光照周期均显著影响幼体的变态。可见，提供一定的光照，对刺参浮游幼体的生长发育更为有利。全光照和全黑暗条件下的幼体畸形比例较高。在刺参幼体培育过程中应避免直射光的照射，室内的光线应均匀而柔和，适宜强度应在500~1 500勒。

（4）pH 据试验报道，刺参幼体对pH的适应范围比较广。当pH下降至6.0以下、上升至9.0以上时，幼体活力减弱，生长停止，时间长了会逐渐死亡。通常情况下，海水的pH比较稳定，一般在7.5~8.6。但有些情况下会有异常，如长时间以超过培育水5%的单胞藻饵料液投饵或新建的培育池未处理好等，都能明显改变海水的pH。因此，在生产中也要注意监测海水培育水的pH。刚建好的池子应该用淡水浸泡20~30天（应换水2~3次），否则水的pH会升高，可能会造成幼体烂边。

（5）溶解氧 在不同温度和盐度条件下，海水中的饱和溶解氧量也不相同（表12-1）。

表12-1 海水中溶解氧的饱和值

单位：毫克/升

温度（℃）	溶解氧				
	25	27	29	31	33
0	12.3	12.16	12.04	11.8	11.7
10	9.62	9.50	9.38	9.26	9.15
20	7.83	7.75	7.66	7.56	7.47
30	6.57	6.50	6.43	6.26	6.19

据试验，刺参耳状幼体单位时间耗氧量很低，每千个耳状幼体6小时内耗氧量为0.35毫克/小时；12~24小时耳状幼体耗氧量略有下降的趋势，耗氧变动范围为0.019~0.039毫克/小时；36小时进一步下降为0.017毫克/小时。在培育水体中溶解氧在6.0毫克/升以上时，耳状幼体正常；溶解氧降至3.15~4.29毫克/升时，有50%左右耳状幼体存活；溶解氧在3.5毫克/升时为安全量。以单胞藻为饵培育幼体时，通常不会出现溶解氧过低的现象；但是，在闷热天气、气压低、密度过大以及利用代用饵料投喂幼体时，溶解氧可能低于5.0毫克/升，影响幼体发育，甚至导致幼体死亡。因此在这种条件下，

应注意监测溶解氧的变化，及时采取换水、充气等补充溶解氧的措施。

（6）其他因子　另外，在生产过程中还应随时监测氨态氮、重金属离子、混浊度等指标，以确保育苗工作的正常进行。

自然海水中氨氮含量一般比较低，培育池内氨氮的来源，主要是幼体的代谢产物、死亡饵料及水中有机物分解产物等。特别是当饵料密度太稀又加大了投饵量，氨氮往往会偏高。因此在投饵的同时，一定要考虑到氨氮的影响。研究表明，未离解氨浓度为 2.184 毫克/升时，3 天内幼体全部死亡；浓度为 1.248 毫克/升时，10 天内幼体全部死亡；浓度为 0.218～0.700 毫克/升时，个体发育很小，且与对照组相比，存活率较小；在浓度为 0.07～0.125 毫克/升时，第 10 天镜检发现很多幼体出现畸形，且存活率较少，仅达 60% 左右。由此可粗略推出，未离解氨对刺参耳状幼体的影响浓度为 0.07 毫克/升。通常，未离解氨对水生动物的毒性，随着水中溶解氧、pH 及水温等因素而发生变化，特别是水中的 pH。pH 越高，未离解氨占总氨的比例越大。故在刺参人工育苗过程中，要密切注意水质的 pH 变化，以防止未离解氨对刺参幼体及稚参的毒害。

铜、锌、镉、铅、汞等重金属对刺参幼体的毒害作用很明显，自然海水中重金属的含量并不高，对幼体不会产生明显的毒害作用。当育苗场附近有电镀厂、造纸厂、船厂等污染源时，以及使用地下温海水时应注意监测。重金属离子超标时，可用 EDTA 等络合物进行络合。

培育水体中悬浮粒子的混浊度，对幼体发育有明显的影响。混浊度在 200 毫克/升时，幼体发育迟缓、成活率低；150 毫克/升时，幼体正常发育受阻、成活率下降；混浊度在 100 毫克/升和 50 毫克/升时，幼体发育、变态正常、成活率高。试验表明，幼体培育的混浊度不宜超过 150 毫克/升，应为 50～100 毫克/升。

2. 换水　小耳状幼体刚入池时，培育池可注水 1/2 左右甚至更少。幼体初入池时，由于水质比较新鲜，幼体小，投饵量少，藻液累积不多，采用每天只添水 10～20 厘米，不换水，待培育池注满水后再开始换水；也可以在小耳状幼体入池后，立即注满水，开始投饵后即进行换水，每天换水 1～2 次，每次换水量为池水的 1/3～1/2。在培育池池水更新过程中，还应避免幼体的流失。

换水中排水所用的工具有网箱和滤鼓。网箱的形状，一般制作成方形或者圆形，规格要适中，过大操作不便，过小则滤水面积小、抽水急，对幼体易造成损伤。网箱应按所需尺寸固定在框架上，框架起支撑作用，可用 PVC 管制成，框架的大小要略大于网箱的大小。把网箱放入培育池中，网箱上缘要高出池水水面 10 厘米左右。网箱下边应有短的支架，使网箱的底部距池底 15 厘米左右。网箱的上部应设支架，在支架的中间，制成 1 个圆形或方形孔，用于固定虹吸管。这样，便于虹吸管的固定与移动，可避免管口触网吸附幼体。网箱用筛绢网目的对角线，必须小于幼体的体宽，一般可选用 200 目筛绢。滤鼓的直径应尽可能大，以增加滤水面积，加快排水速度。换水时，由于幼体的浮游能力弱，很容易随虹吸水流贴附于网箱或滤鼓的筛绢壁上，吸力越大，水流也越急，幼体贴附现象越严重；幼体贴附于筛绢壁上，往往因机体挤压损伤而死亡。因此，在换水期间，应有专人负责轻轻搅动网箱内外的水体，减少网箱周围幼体的密度，防止幼体贴附损伤；要注意胶管排水口距培育池水表面的水位差应适当，不能过高，过高则虹吸力强、水流急，幼体易因附壁而伤亡；排水管进水口一端，尽量固定在网箱的中央，不要使其靠近筛绢壁。另外，注意换水前后的温差不能太大，一般应控制在 0.5℃。

3. 充气　在静水条件下，耳状幼体多分布于培育水体水面下 10～20 厘米，在阴雨闷热天气，幼体分布更为集中；幼体长时间大量密集，容易造成局部水质的恶化和缺氧，导致幼体发育不良，甚至发生烂胃死亡。因此，在幼体培育期间，需要采取措施，改善幼体在培育池内的分布，通常采用的方法是充气和搅池。充气既可以使幼体分布均匀，又可以补充溶解氧的消耗。

充气石按池底面积计，一般每 3～5 米^2 1 个，微量充气，使水面呈微波状。通气量不宜过大，否则容易将池底沉积的污物泛起，对水质造成不良影响；同时，幼体随水流上下急速翻滚，容易造成损伤，甚至死亡。可以连续通气，也可以间断性充气。

第五节　稚参培育

一、幼体变态、附着

1. 稚参附着基的选择　幼体经五触手幼体发育到稚参后其生活习性发生改变，由原来的浮游生活转变为附着生活，附着基是稚参生存的必要条件。目前，使用的附着基材料主要有筛网（30～60 目）、透明聚乙烯薄膜、透明聚乙烯波纹板 3 种。李莉的研究（2009）表明，附着基类型对刺参幼体的附着变态影响显著。采用透明聚乙烯波纹板作为附着基时，幼体的变态率最高，为 29.3%；其次是塑料薄膜，为 18.4%；网片的变态率最低，为 14.7%。

附着基使用前，应经过严格的消毒处理。新用附着基一般可用高锰酸钾浸泡，若使用多次的陈旧附着基，最好用烧碱浸泡洗涤，并用抗生素如土霉素等彻底消毒。有条件的单位，附着基在投放前，可在其表面培养底栖硅藻。附着的底栖硅藻一方面可以诱导幼体的变态附着，另一方面也可以作为附着的稚参饵料。

2. 附着基的投放　附着基投放时机要适宜，投放过早，不利于幼体在水中的均匀分布，影响幼体发育、变态；投放过晚，部分五触手幼体因找不到合适的附着基质已经落底，影响附着基上幼体附着数量和变态成活率。目前，一般在樽形幼体少量出现后即投放附着基。当水温 18～22℃时，在产卵后的第 8～9 天即可及时投放附着基。目前来看，采用波纹板平放水中获得效果最好。在附着前期，投放饵料较多，并且因为充气的原因，饵料和幼体在水体中能均匀分布。

二、稚参培育

1. 稚参的培育密度　稚参营附着性生活，需要一定的附着面积和空间，来满足其活动与摄食要求。稚参附着密度过大，相对空间和摄取饵料的范围变小，排泄产物增加，难以保证稚参正常生长、发育的需要，正常生活受影响，导致稚参死亡率增加；稚参附着密度过低，不能充分利用已有的附着基空间，单位水体稚参数量减少，出苗量降低，直接影响育苗生产中设施利用率和经济效益。一般稚参附着密度以 0.2～0.5 头/厘米² 为宜。

在生产实际中，稚参附着密度往往难以准确控制。要调整好附着波纹板上的稚参附着密度，一是调整好耳状幼体的密度，使其达到适宜的密度，则能保证附着基上附苗量，耳状幼体的布池密度一般控制在 0.15～0.2 个/毫升；二是通过调整附着基投放数量，调整其附苗密度。

2. 投饵　有条件的育苗单位，可预先在附着基上培养底栖硅藻，为刚附着的稚参提供饵料。因此种方式需要较大的培养空间以及人力物力，目前，很少使用。目前，主要是采用幼体附着后投喂活性海泥和配合饵料的方法。与预先培养底栖硅藻相比，这样可节省大量的人力、物力及育苗成本，唯一不足的是海泥中常含桡足类等有害生物，需在投喂前进行预处理。

稚参附着后，即可投喂配合饵料。由于刚附着的稚参活动能力较弱，初始时饵料投喂应充足，可按每立方米水体每天投喂 2～5 克配合饵料，每天早晚各投喂 1 次。待稚参可在附着基上爬行时，再根据稚参摄食情况、水温高低、水质情况适当增减，以防饵料不足或过剩，影响生长和败坏水质。配合饵料和海泥投喂前，应充分浸泡。投喂时，配合饲料和海泥要搅拌均匀，而且要均匀地泼洒于培育池内各个部位，切不可将大量饲料倾注入培育池的局部地方，以免发生局部培育水环境的恶化，造成稚参死亡。投喂时适量充气，尽量使饵料分布均匀，随后可以暂时停气，让饵料沉淀附着。同时，每次投饵后应停止流水 2～3 小时，以免饲料随流水而流失。最重要的是，确保配合饵料原料的质量。

3. 水交换　稚参完全附着后，可不经过网箱换水。一般每天换水 1～2 次，每次换水量为池水的 1/3～1/2。也可采取常流水的方法进行培育，此种方法虽费用较高，但培育效果好。无论是换水还是流水，应避免桡足类等敌害生物随水进入。

4. 敌害防治　稚参培育期间主要敌害是桡足类，不但与稚参争夺饵料，还可挠坏稚参体表，造成稚参骨片脱落死亡。此外，由于此阶段水温高，细菌滋生快，引起稚参溃烂解体。目前，渔药生产厂家已开发出多种专门针对刺参育苗杀灭桡足类的药物，如灭蚤灵、参蚤清等，可根据使用说明使用。细菌可用土霉素、利福参康等抗生素药物进行预防。

5. 充气　充气的作用一是补充氧气；二是投喂饲料时，使饲料分布均匀。充气量不应过大，使水面呈微波状即可。为了充气均匀，防止死角，避免局部溶解氧过低，可以随时变换气石的位置。

第六节　刺参的中间培育

刺参苗种的中间培育，是指将尚未变色的稚参（俗称小白点）或刚变色的幼参，在便于管理、设施较好的条件下，培育达到上市规格苗种的过程。目的是提高养成阶段的成活率，俗称刺参的"保苗"。当稚参经过 40～50 天的培育养殖，体长一般可达到 2 厘米左右，规格达到 10 万～20 万头/千克。此时刺参体色逐渐由白色变为绿色、红棕色、黄褐色等，进入幼参阶段。幼参的管足已达 8 个以上，活动力和抵抗力明显增强。附着基上和池底积累了大量的粪便和残饵，而且稚参培育密度较大，继续在原池内培养，就限制了幼参的生长。

此时应及时将附着基上的参苗刷下，重新布池，疏散密度。以波纹板为附着基时，可采用将附着基离水后，用木棒敲击波纹板的方法，使稚参从波纹板上脱离。采用其他材料作为附着基时，可以通过在池水中快速提起和放下附着基，借助海水的冲击力，使参苗脱落。剥离下来的稚、幼参，可采用室内、室外两种方式进行中间培育。剥离后继续培养的参苗，可以继续使用波纹板，也可以换成网衣作为附着基。

一、室内中间培育

中间培育池可利用室内水泥池、养成池，也可修建具有塑料大棚专用的中间培育池。

1. 水温的控制 当水温适宜时，参苗生长快，成活率高，因此，刺参苗种中间培育的水温是关键。夏季高温季节，水温过高会造成参苗厌食、生长缓慢甚至死亡。故在高温期，可在培育室和沉淀池等处顶部加盖草帘等遮盖物，以降低内部温度。在天晴风小时，早晨、傍晚和夜间可将培育室开窗通风，并尽量在夜间和早晨进水。有条件的地方，高温期可添加深井水降温。在严寒的冬季，一些生长较慢的苗种往往需要在室内进行越冬，调控水温的费用是中间培育成本的重要组成部分。升温的方法多种多样，有的用锅炉升温，但成本较高；有的用地下海水，或发电厂温水，或利用太阳能升温，或综合利用多种有效措施升温。幼参越冬水温一般保持在 $10 \sim 15$℃ 为宜。

2. 控制保苗密度 中间培育期间苗种的附着密度，是决定保苗阶段成活率的重要环节。当参苗随着个体的不断长大，原有的培育密度就限制了它的生长，此时就需要通过疏苗来控制附着密度，疏苗一般和更换附着基结合进行。不同规格的参苗，培育密度不同（表 12-2）。

表 12-2 不同规格参苗的培育密度

规格（10^4头/千克）	培育密度（头/米^3）
2～20	2 000～10 000
0.2～2	1 000～5 000
≤0.2	500～2 000

3. 饵料投喂 中间培育期间的饲料可以自行配制，也可购买专用配合饲料。投饵应根据参苗摄食、生长发育和水质情况及时调整。每天的投喂量是个变动数，投喂量过大，一方面造成浪费，另一方面残饵腐败败坏水质；投饵太少，不能满足参苗的需求，造成参苗个体差异大，生长缓慢。可通过观察附着基上的残饵量，判断饵料投喂量是否合适，一般依下次投喂时饲料有少量剩余为适宜。饵料一般每天投喂 2 次，白天占 1/3，晚上占 2/3。此外，一定要从参苗摄食和生长情况来及早判断饵料质量，不适宜的饵料要马上更换。

4. 水质管理 保苗过程中物理、化学、生物因子的突然改变，包括温度、盐度、溶解氧（DO）、pH、混浊度（NTU）、氨氮、化学耗氧量（COD）、生物耗氧量（BOD）等的变化，都会对参苗产生影响。

（1）换水 水温低，换水时间间隔长一些，一次换水量少一些。如在冬季，每天可换水 1 次，换水量为池水的 1/2；水温高，换水时间间隔短一些，一次换水量多一些，如在夏季高温期间，每天可早晚换水 1 次，日换水量为 2 个量程，有条件的单位可采用流水培育。应尽量避免在大风浪天气、海水混浊度太大和赤潮时抽水，水质恶化后要抓紧时间换水。

（2）**倒池**　依水质、水温、密度、病害等情况，3～15天倒池1次。夏季高温期，水质容易败坏，要缩短倒池的间隔时间，每3～5天就要倒1次池。倒池排水过程中，用较强的水流冲下池壁和池底的参苗，并将排出带有参苗的水用60～120目的网箱接住。收集过程中要勤换网箱，以免参苗互相挤压损伤。

（3）**盐度与酸碱度**　刺参属狭盐动物，最适盐度为26～32，盐度骤降会造成参苗溃烂甚至死亡；最适pH为7.9～8.4，当pH下降至6.0以下或升至9.0以上时，参苗不伸展，严重的会收缩呈球状，摄食量减少甚至停止摄食，并逐渐死亡。暴雨过后近海盐度与酸碱度会骤降，极易导致参苗大量死亡。此时应减少换水量或短时间内不换水，也可结合使用理化因子较稳定的深井水。

5. 更换附着基　附着基长时间使用后，其上会堆积大量残饵、粪便等污物，易繁生有害病菌，有的还长出许多玻璃海鞘、线虫等，这样很不利于刺参的生长，故附着基要及时进行更换。更换附着基时，将附着基上的参苗抖入水中，然后将参苗收集起来，投放到放有干净附着基的新池中。更换次数依具体情况而定，若参苗密度小、水质条件好、换水量大、投饵不多，则更换不必太频繁。更换附着基时，把参苗按大小进行筛分，把体长基本一致的参苗放到同一培育池中培育。常温越冬低温条件下，勿进行参苗的剥离筛选。

二、室外网箱中间培育

采用室外网箱进行刺参的中间培育，可大幅度降低苗种生产成本，增强刺参的活力，是高效、优质、低成本生产刺参苗种的新技术和发展趋势。

1. 选址　现有的刺参养殖池塘，都可以用来开展刺参的室外网箱中间培育工作。也可选择风浪小的内湾，涨落潮水流变化相对稳定，流速缓慢，风浪较小，低潮时水深应在5米以上。

2. 设施　在池塘或内湾中设置浮筏，浮筏上放置育苗网箱。多个网箱串联成1排，箱距0.5米左右，排距3～10米。池塘中设置的网箱总面积占池塘面积比例应低于30%。在池塘内，网箱规格一般为（2～4）米×（1～2）米×（1～2）米；在内湾，网箱规格一般为（4～5）米×（4～5）米×（2～5）米。网箱四边应高出水面10～35厘米。网箱底距离池塘底或海底不低于0.5米。网箱上方遮盖黑色遮阳网，遮阳网下海水表面光照强度应低于2 000勒。网目的大小至关重要。网目太大，参苗容易外逃，降低产量；网目太小，透水性差。一般放养2万～10万头/千克的参苗，可选择60目网衣；放养1万～2万头/千克的参苗，可选择40目网衣；放养3 000～10 000头/千克的参苗，可选择30目网衣。严格根据参苗大小、海区絮状水生植物量及水体透明度，合理使用网目。随着参苗的生长以及附着杂物的增加，需适时更换网箱，改用网目较大的筛绢网。在保证不漏掉参苗的前提下，尽量使网箱保持较好的透水性。

在池塘内进行网箱中间培育时，先在垂直池塘坝埂方向铺设 2 条平行的聚乙烯绠。绠的两端固定于坝埂上，按照网箱规格用竹竿将绠隔成多个框架，框架四角绑浮漂增加浮力。也可在池塘内按照每排网箱框架的长度下底锚，底锚一定要坚固，防止风大时被拖起；把网箱框架固定在底锚上。2 根绠绳要绷紧，防止框架变形。网箱四角固定在框架内，底边四周挂石坠，使其在水中展开、悬浮。网箱上表面高出水面约 10 厘米。

在海区进行中间培育，可以选择木板做成框架，框架四周固定浮子，使网箱可以在水中浮起。四周利用缆绳和打入海底的木橛固定。固定好之后，在框架下挂聚乙烯网，同时，在网衣底部四周和中点部位装设石坠，使网衣在水中充分展开。

网箱内设置的附着基，可采用聚乙烯网片或者尼龙网片。在网箱框架上每隔 40 厘米左右拴多条平行的细绳，附着基悬挂于细绳上；或者用浮漂将附着基悬浮于网箱内，下端系沉子，也可不铺设附着基。保持附着基与网箱底部有空间，不能直接接触网箱底，防止在保苗过程中网底发黑、发臭。旧附着基在使用前，应通过曝晒和清水洗涤进行消毒处理。

3. 投苗　在春夏季，当水温达到 20℃以上，室内水温与池塘水温温差小于 3℃、盐度差小于 5 时，以 3 000～7 000 头/米³ 的密度投放参苗。如果在秋季放苗，苗种在网箱内越冬，放苗时水温应不低于 10℃。

4. 日常管理　利用网箱在刺参养殖池中培育刺参苗，饵料的投喂量根据网箱周边及附着基上的底栖硅藻量、水温的高低、参苗的密度、大小及参苗的生长情况等灵活掌握。一般按参苗体重的 0.5%～5.0% 投喂，每天傍晚投喂 1 次。以刺参配合饵料为主，辅助投喂海泥等。饵料按一定的比例混合，浸泡 2～3 小时后均匀地泼洒在网箱内。每天观察参苗的摄食、粪便、残饵等。

每天定时定点测量水温、pH、溶解氧、盐度的变化，并做好记录。刺参保苗过程当中，保持水温、盐度等各项指标的基本稳定，关系到保苗成败。在池塘保苗时，水温过高，要加大换水量，同时要保持最高水位，适当增加夜间、凌晨时的进水量。必要时增加海水交换器，进行地下井水与自然海水的温度交换，来达到降温的目的。下大雨时注意及时排淡，减少因大雨带来的盐度变化。

当海水透明度在 40～60 厘米时，水中浮游生物量较丰富，有利于刺参的生长；透明度小于 20 厘米，表明池水过肥，又常常是裸甲藻和夜光藻过多的表现；透明度大于 60 厘米，表明池水较瘦，浮游生物量较小。根据养殖池的水色、透明度，使用微生态制剂如 EM 菌、光合细菌、硝化细菌等调节水质，决定是否需要施肥。使用多年的池塘，可使用底质改良剂，改善养殖池底的底质。

池塘内定时开动增氧机，每天增氧时间不少于 12 小时。连续阴雨天应延长开机时间，尤其是雨季和高温季节，根据情况可全天开机增氧。增氧机具有增氧、搅水和曝气作用，一般选择在中午开增氧机，通过增氧机搅动，增大了池塘溶氧的贮备量，对避免刺参缺氧漂浮和加速底部有机物的分解、促进浮游生物生长有良好作用。

根据水温、附着物繁殖生长情况、刺参苗种情况，每 1～5 天洗刷网箱 1 次，每 10～20 天更换 1 次箱内的附着基，每 10～30 天更换 1 次网箱。夏季休眠期（7～9 月，水温高于 20℃）及冬季低温期（11 月至翌年 3 月，水温低于 10℃），分别选在温度偏低和偏高的时间集中换箱。但换箱不宜频繁，遇到大风天气、海水混浊时，待大风停后洗刷与更换网箱。在更换附着基和网箱时，要将网箱内的其他生物如小鱼、虾、玻璃海鞘等去除，避免其与参苗争食、争空间，而影响参苗的生长及成活。

当冬季池塘结冰时，要将冰面打出透气孔，每 3 天开机增氧 2 小时。当冰面上覆盖积雪遮挡光照时，应延长增氧机开机时间，同时，至少要敲开池塘水面 20％以上的冰层。

当网箱内参苗个体差异较大时，应结合倒箱更换附着基等操作调整培育密度，对参苗进行筛选分级，按不同规格进行培育（表 12-3）。

表 12-3　不同规格刺参苗种的培育密度

参苗规格	培育密度	
（头/千克）	克/米^3	头/米^3
＞400 000	10～30	4 000～12 000
100 000～400 000	30～50	3 000～5 000
20 000～100 000	100～150	2 000～3 000
5 000～20 000	200～300	1 000～1 500
1 000～5 000	500～800	500～800
500～1 000	700～1 000	350～500

第十三章 *13*

刺参养殖

第一节　池塘养殖

一、选址的条件

池塘养殖应针对刺参的生物学需求选择建设的地址，特别要求水源无污染，盐度常年保持在 25 以上（短期可降至 22～23）。建造养参池切忌选在河口处。

底质的类别能够影响养殖用水的水质、饵料生物的组成和丰度。在自然海区，适宜的底质有岩礁底、泥沙底、硬泥底，而以几种底质的组合为最好。在养殖条件下，松软的泥底和纯细沙底应进行改造。底质若为软泥底，应采取措施加以硬化，设置以适宜的隐蔽、栖息场所，同样可以养殖刺参；纯细沙底质，一般水质贫瘠，饵料生物的种类和数量往往很少，需经改造才能建池养参，如掺进泥土、投放石块、移植海草和海藻等。

二、池塘设计

池塘优选建于潮间带中、低潮区。池形及其走向应有利于水的交换，有利于减缓大风大浪的冲击，一般呈长方形，面积 1.0 公顷以上。

在自然海区的调查表明，大个体刺参分布于较深水层。另外，刺参的生长与水温关系密切，池塘深一些有利于调节水位。在炎热的夏季，较深的池水可以减缓日光的照射，减弱池底水温的升高；在严寒的冬季，较深的池水可以减缓气温急剧降低的影响，防止水温过低；同时，有利于刺参大个体和种参的生长繁殖。因此，池深的设计为水位的调节提供了空间，一般池深应在 2 米以上。

如果池子较浅，可顺池塘长轴方向设中心沟，较池底深 0.5～1.0 米，为刺参提供可选择的栖息场所。

三、配套设施

养参池塘应有坚固可靠的防波堤,以能够抵御狂风大浪的冲击。池壁护坡可用石头、水泥板;根据风浪和土质情况,也可以直接用土堤压实,不进行护坡。

应配有进排水系统,进水口和排水口应远离,可设置在池塘的对角线上,尽可能避免难以进行水体交换的死水区,提高水的交换率。为保证池塘能自然进排水,进水口和排水口最好设高低 2 个进排水闸门。低闸门清池排水用,其基面与最低潮位一致;高闸门基部以半潮潮位为准,以便利用潮差向池内自然纳水。闸门选择压缩性小、承压力大的坚实地基上,土质要有一定抗冲能力。进排水闸门一般设 3 道门槽,分别可以安装辅助闸门、主闸门、筛网。闸门采用钢筋混凝土浇筑,每个闸门上方安装启闭机。闸门必须严密性好,不漏水。闸门板应进行防腐处理。闸门处设围网(网目为 0.5 厘米)或筛网(60~80 目),阻挡刺参逃逸。同时,还可阻挡蟹类、鱼类等有害生物的进入。

对于在高潮区建设的池塘,要建设泵站,对于该类池塘要保证每次大潮期可以泵入足够水交换、水质条件合格的海水,水泵应选择低扬程、大流量的立式轴流泵。常用 50~100 千瓦的水泵。水泵的动力系统优先选用三相电机或柴油机。50 千瓦水泵一般每小时可出水 1 500~1 700 米^3。

一些建于潮上带泥滩的池塘,平时利用一些河道进海水,进水不方便,盐度不稳定,水质混浊,雨季盐度骤降,应设立蓄水沉淀池,以适时储存并沉淀海水。沉淀池与养殖池塘容水量以 1:1 为好。

四、栖息环境的设置

营造适宜的栖息环境,可为刺参提供适宜的夏眠和隐蔽场所,有利于提高成活率和养殖效率,有利于管理操作。

1. 设置刺参栖息环境的常用材料

(1) 石块 石块或成堆排列,或成垅排列;堆或垅不宜过大过高,堆的直径和垅的宽可在 1 米左右,堆和垅的高度宜在 1 米以内、0.5~1.0 米较好,以有利于刺参的活动和摄食,有利于扩大刺参的附着面积,提高养殖效率。

(2) 扇贝笼等废旧物品 该类物资应确保对刺参无毒,在使用过程中不向水中释放有害物质。一些软底质的池塘,采用扇贝养殖弃用的废旧暂养笼或养成笼为附着基,取得良好效果。使用时,将扇贝笼逐一连接,然后伸展、绷紧，固定在池底，呈纵向或横向铺设。该类附着基的优点是移动方便，便于池塘清理。

(3) 砖瓦和水泥块　建房用的瓦片，一般 3 片扎成 1 捆、3 捆 1 堆；砖一般用空心砖，交错排列成堆；水泥块可自行设计为多孔状，以有利于扩大附着面积和活动空间。

(4) 人造参礁　水泥制作的人工参礁，适宜硬底池塘。人造水泥参礁应以最大限度地增加附着面积为原则，一般多层、多孔。稀软底质的池塘，可选择用铁丝和聚乙烯网制作的人工参礁。此种参礁重量较轻，不易淤陷。

(5) 编织袋　对于含泥量很多的底质，可在池底及四周铺设编织布，池中以编织布、面袋、网片作为附着基。利用木桩、绳索，将编织袋等搭成人字形、一字形供刺参附着。

以上设置刺参栖息环境的材料，可以根据具体情况，选用几种材料搭配使用。

2. 造礁方法　参礁的数量一般要根据养殖的刺参数量、水深、换水条件而定，一般为 $300 \sim 1\,500$ 米^3/公顷。石块、砖瓦和扇贝笼等的覆盖面，可以占池底面积的 2/3 左右。参礁的堆放形状多样，堆形、垄形、网形均可。附着基要相互搭叠、多缝隙，以给刺参较多的附着和隐蔽的场所。这项工作应在投苗前 1.5 个月开始。

五、放苗前的准备工作

1. 清污整池　虾池改造的养参池，应将养参池及蓄水池、沟渠内的积水排净，封闸晒池，维修堤坝、闸门；清除池底的污物杂物，特别要清除丝状藻；沉积物较厚的地方，应翻耕曝晒或反复冲洗，促进有机物分解排出，适量的有机物是必要的，可作为饵料，但过多容易引起水质败坏。必要时回添新沙，并曝晒数日。新改造池塘应进水浸泡 2 个潮次，每次泡池 3 天，之后将水排除。新建养参池也应经过浸泡冲洗和阳光曝晒，以清除土壤中的有害析出物，为有益生物的繁殖创造条件。纳水前，进水口加 80 目滤水网，以防蟹和鱼等敌害生物的卵及幼体进入。设有蓄水沉淀池的，则蓄水沉淀池进水口加 60 目筛网。在放苗前 $1.0 \sim 1.5$ 个月，要对池塘进行消毒。池内适量进水，使整个池塘及参礁全部淹没。消毒剂选择漂白粉或生石灰，全池泼洒，每公顷用生石灰 $900 \sim 1\,200$ 千克或漂白粉 $150 \sim 300$ 千克，并浸泡 1 周，消毒杀灭病原体和蟹类、虾虎鱼、鲈等敌害生物。对于有虾蛄、蟹类、海葵等敌害生物的池塘，可泼洒敌百虫 10.0 毫克/升杀灭。各种消毒药品的使用方法和效果见表 13-1。

表 13-1 池塘药物的种类、使用方法和效果

(常亚青等，2009)

种类	使用方法	用量	作用	药物失效时间
生石灰	将生石灰倒入池内水坑内加水溶化，向全池泼洒。若使石灰浆与淤泥充分混合，效果更好	水深 5～10 厘米，750～1 100千克/公顷；水深 1 米，1 800～2 250千克/公顷	①杀死野杂鱼、蟹及一些藻类、寄生虫和病原菌；②促使池水碱性增加；③促使淤泥释放氮、磷、钾养分	7～15 天
漂白粉	将漂白粉加水溶解后，立即全池泼洒	水深 5～10 厘米，75～150 千克/公顷；水深 1 米，200 千克/公顷	杀死野杂鱼和其他敌害生物的效果与生石灰无异，但无改良水质和肥水作用	4～5 天
茶籽饼	捣碎后用水浸泡一昼夜，连渣带水全池泼洒	水深 15 厘米，150～180 千克/公顷；水深 1 米，600～750 千克/公顷	杀死野杂鱼、螺类，毒杀力较生石灰稍差	5～7 天
茶籽饼、生石灰混合	将浸泡后的茶粕倒入生石灰水内，搅匀后全池泼洒	水深 1 米，茶粕 550 千克/公顷；生石灰 700千克/公顷	兼有茶粕和生石灰两种药物的效果	7 天
鱼藤精	加水 10～15 倍稀释，全池泼洒	水深 1 米，20 千克/公顷左右	杀死鱼类，对病原菌、寄生虫等无作用	7 天

2. 培养基础饵料 养参池经过浸泡冲洗以后，开始纳水，培养基础生物饵料和有益生物群落，包括繁殖优良单细胞藻类、有益菌群、小型底栖生物等。基础生物饵料营养丰富，含有许多活性物质，对强化刺参营养、提高刺参免疫力和抗逆能力有重要作用。而且可以提高水环境的自净能力，调节透明度，具有高温期缓解池水温度升高、降低氨氮浓度等重要生态功能。

如果水很瘦，可适量施肥，要注意平衡施肥，尽量使用优质有机肥，如发酵鸡粪等；应控制肥料使用总量，使水中硝酸盐符合有关标准的规定；不得使用未经国家主管部门登记的化学或生物肥料。施肥至少在投苗前半个月开始。待清塘药物毒性消失后，将水放干，注入 30～50 厘米海水，进行施肥。碾碎的干鸡粪 300～750 千克/公顷，堆放于池塘四周水中；或尿素、磷酸二氢铵、硝酸铵、碳酸氢铵等，每公顷施肥 30～75 千克。如果水温低，底栖硅藻繁殖较慢，要加大施肥量和施肥次数。可在上次施肥 3～4 天后加水至 0.8～1.0米，再施肥 1 次，用量为 30～75 千克/公顷。

六、放苗

1. 苗种运输 主要有干运法和水运法两种方法。根据运输时间的长短，采用不同的运输方法。近距离运输可采用干运法,参苗装箱运输时装苗厚度控制在10厘米以内,或将参苗放在网袋中沥干水分,时间不要过长也不要反复扯抖网袋,防止受伤。再用塑料袋装苗,挤出袋中的空气,将口扎紧,放在保温箱中加冰袋封好运输,箱内温度在15℃以下,运程时间可持续3小时。长距离运输可采用水运法,把剥离收集的苗种放入塑料袋内,塑料袋加1/3袋的洁净海水并充氧;塑料袋口扎紧,放入泡沫保温箱内;在保温箱内可装入适量冰袋或冰瓶,以保持较低的温度,然后封箱装运。应将参苗以最快速度运到养殖场所,原则上就近买苗,减少运输环节,而且就近的参苗也容易适应当地的环境条件。

2. 放苗条件 放苗应具备以下条件:

(1) 水深 放苗时养成池水深应在1米左右,如果水温适宜,可以浅一些。

(2) 水温 放苗季节一般在春季或秋季。放养苗种时,日最低水温不得低于5℃,水温在10~15℃较为适宜。此时刺参具有较强的活动能力和摄食能力,对环境的适应能力也较强,有利于提高刺参的成活率。放苗温差应控制在3℃以内,盐度差在3个盐度单位以内。春季应该等到天气温差变化幅度较小时放苗,防止寒流而降低参苗成活率。

(3) 水质 放苗池的水质条件应尽量接近苗种培育池的水质状况,避免水质条件的剧烈变化。

(4) 天气 避免在大风、暴雨天气放苗。

3. 放苗规格和密度

(1) 放苗规格 可根据每个养殖场、养殖池的具体情况,选择放养不同规格的苗种。所放的苗种不能过小,苗种过小,其抗病害和对环境的适应能力较弱,成活率较低。一般苗种的规格应在600头/千克以上比较好,条件好的养殖池也可放养1 000头/千克的苗种。

(2) 放苗密度 应根据养殖条件、苗种大小、养成规格和生长情况确定并及时调整。一般第一年可以多放一些,以后逐年适量补充放苗。秋季放苗,苗种规格一般在200~1 000头/千克,投放10~18头/米²;春季放苗,苗种规格一般在50~200头/千克,投放5~12头/米²;放养更大规格的苗种,小于50头/千克,投放3~6头/米²。第二年补充苗种的数量,可根据成活率、生长情况等因素确定。从第三年开始,池内有大中小各种不同规格的刺参,既有达到或接近商品规格的刺参,也有刚放养不久的参苗。如果养殖条件较好,刺参总数可以保持在10~15头/米²。如果要生产大规格的商品参,应酌情少放苗;如果为了适应市场需求,要生产小规格的商品参,可以适当多放苗。

4. 放苗方法 通常采用两种方法：一种是直接投放，就是将参苗直接投放到池塘内的石堆等附着物上，大个体苗种（600头/千克以上）可以采用此法；另一种是网袋投放，将参苗装入20目的网袋中，尺寸为30厘米×25厘米的网袋，每袋所装数量视参苗的大小，一般可装300～500头。网袋系上小石块，以防网袋漂浮和移动。网袋口微扎半开，让参苗自行从网袋中爬出。600头/千克以下的小个体参苗，可以采用此法。

5. 放苗注意事项

（1）注意放苗的水质状况 放苗前必须对养殖池水质进行分析，水质指标符合要求方可放苗。试验观察表明，苗种放养初期阶段的死亡率较高，分析原因可能是放养条件与苗种原来的培育条件相差较大，苗种对新的环境条件不适应所致。因此，放养条件与苗种原来的培育条件尽可能相一致，特别是水温和盐度应尽可能接近或相同。

（2）为苗种提供一个适应过程 为了使购进后的苗种适应池水的温度和盐度，可将装有苗种的塑料袋等浮放在养殖池水面，使袋内外的温度达到平衡一致。然后打开塑料袋，向袋内缓慢加入池水直到袋内的水外溢，使苗种逐步散落入池水中。苗种经过运输，体质和活力会受到一定影响，为苗种提供一个适应过程，有利于苗种尽快地恢复体质和活力、提高成活率。

（3）放苗地点要适宜 应在池水稍浅、环境稳定、水交换条件好、饵料充足、有附着物的地方，多点放苗。不应将苗种直接放到松软的淤泥底上，以免苗种埋在淤泥中致死；不应在迎风处放苗，应在背风处放苗，以避免风浪的冲击。

七、日常管理

1. 常规监测 坚持早晚巡池，检查刺参的摄食、生长、活动及成活情况；监测水质变化，重点监测水温、盐度、溶解氧这些容易波动的指标，定期测定其他水质指标，如非离子氨、有害重金属离子、化学污染物等。如果本单位不具备测定能力，可以委托有关单位测定。养殖场应配备用于常规水质指标监测的仪器，如盐度计（或比重计）、溶氧仪、水温表等。夏季赤潮发生及汛期，定期用显微镜检查池内单胞藻种类和数量，发现问题及时换水或局部按浓度0.1毫克/升泼洒次氯酸钙。在雨季，雨水偏多时谨防盐度骤减，造成刺参溃烂甚至死亡。雨季、高温、连阴天气需密切关注溶氧量，必要时采取增氧措施。

2. 换水 保持水质清新，是加快刺参生长、提高养殖成活率的重要措施。放苗后水可只进不出，2～3天进水10～15厘米。当水位达到最高处时，开始进行换水。换水的目的是为了改善水质，换水量的多少应根据水质情况确定。在保证水质良好的前提下，可以少换水；池内水质状况不佳、水温较高时可以多换水。一般日换水量控制在 10%～30%。如果是自然纳潮，应尽可能把进水口和排水口设置在养参池相对的两端或对角线上，有利于提高水的交换率。换水应保证进水的质量，大雨过后，地面径流入海，农药等有害物质带入海中，海水盐度也可能降低。刺参属狭盐性动物，要严防盐度突变，不宜在短时间内改变 3 个盐度单位，在这种情况下应暂停换水；水源中有害重金属离子的含量较高时，也应适量少换水，或经螯合处理以后再进入池内。池内发生赤潮、透明度突变、水体理化因子不合理时，应加大换水量。

进入夏眠后，应保持最高水位，每天换水量应遵循水质好、水温低、盐度稳定的原则。秋季以后加大换水量，每天换水量在 10%～60%。冬季可只进水不排水，保持最高水位即可。

3. 增氧机的应用 使用增氧机有利于降低养殖水体的透明度，抑制杂藻和病害的发生。有利于防止水体分层，改善刺参栖息环境，提高刺参抗逆性，促进刺参生长。可根据水质状况确定开机时间。

4. 微生态制剂的使用

(1) 种类 微生态制剂包括益生菌和益生化学物质。常用的包括芽孢杆菌属、乳酸杆菌属、光合细菌、噬菌蛭弧菌和酵母等。

(2) 功能 微生态制剂可以作为刺参的饵料，增强刺参的体质和抗病能力，抑制病原微生物的生长和繁殖，可以改善水质和底质。

(3) 注意事项 选用微生态制剂应保证质量并按要求进行储藏，严禁使用超过保质期的产品。

5. 水位和水温的调节 在池水水温超过 17℃时，养参池水位尽可能加深，要保持 1.5～2 米的较高水位，减缓光照和气温对水温的影响，尽可能降低水温，以延长刺参的生长期，确保刺参度夏安全；冬季在池水水温下降到 10℃以下时，也要尽量加深水位，在临近封冰前一定要达到 2 米以上的最高水位，尽可能提高和保持水温，创造刺参正常摄食生长的水温条件。在极端水温条件下，提高水位有利于稳定水温，降低外界温度对养殖水温的影响。在适宜水温（10～15℃）条件下，可适当降低水位，以有利于喜光生物和好氧有益菌群的生长繁殖。

如能利用地下海水水温适宜刺参生长而又稳定的特点，通过注入地下海水，将水温调节到刺参适宜的范围。夏天高温季节降低水温，缩短夏眠时间；冬天严寒季节提高水温，加快生长速度，将会大大提高一年中刺参的生长时间，缩短养殖周期，提前达到商品规格。注入地下海水需多加谨慎，严格检测水质，确保养殖刺参安全和正常生长。

6. 饲料的投喂　要坚持刺参饲料来源的多元化，以培育天然饲料为主。必要时适量投喂人工配合饲料，如果池内天然饲料能够满足需要，可以不投喂配合饲料。

刺参在春秋季节水温为 10～16℃时生长最快，对于养殖密度大或养殖条件较差的池塘，此时应加大饵料投喂量。要根据实际摄食情况调节投喂量，在刺参经常大量出没的地方，设置观察点，观察掌握刺参的摄食情况，以便及时调节投喂量。一般在下次投喂时，上次投喂的饲料应有少量剩余。如果没有剩余全部吃光，可能饲料不足，应适当增加投喂量；如果剩余很多，可能投喂饲料过量，应适当减少投喂量。每天可按刺参体重的 1%～10%投喂，每天 1次，傍晚投喂。投喂的饲料为海藻粉、鱼粉、配合饲料以及海泥等。

夏季水温高于 20℃时，刺参进入夏眠，加之此时水质相对较肥，可停止投喂。冬季水温低于 5℃时，刺参活力减弱，摄食很少或不摄食，此时应停止投喂。

7. 光照强度的调节　刺参对光照强度改变的反应很灵敏。如果光线过强，刺参呈回避反应；光线过强，直射池底，还容易使喜光植物大量繁殖，导致水质恶化。刺参喜弱光，常在夜间或光线较弱的白天活跃，摄食和活动明显增强，因此在养殖池内应设置足够的隐蔽物，如石堆、大型海草、海藻等。对于较小型有条件的池塘，夏季高温季节，可以在池塘上遮盖防晒网来减小光照强度，从而抑制绿藻和蓝藻的大量繁殖。

8. 夏季管理　夏季池塘水温超过 20℃，大个体刺参陆续夏眠。夏眠期间，基本停止摄食和活动，代谢水平降低，应急抗病能力减弱，因此管理上特别要加以精心呵护，而不应放松管理。管理的重点是调控环境条件，优化水质，预防病害，确保刺参安全夏眠。要注意底层水温不超过 28℃。夏季水温高，水中溶氧量降低，另外多种大型藻类（刚毛藻、硬毛藻、浒苔及石莼等）在刺参池塘的适温期大量繁殖生长，高温时这些藻体会大规模死亡，在池底腐烂、发酵，产生了热量及大量有毒物质（氨氮、亚硝酸盐及硫化氢等），导致池塘特别是底部缺氧。因此在夏天，要延长增氧机的开机时间，必要时要适当使用增氧剂。

夏眠期间正值雨季，应密切关注雨水进入引起的盐度变化和可能的水质污染。有的养参池，夏眠期过后刺参存量陡减，损失惨重，究其原因是刺参夏眠期间放松了管理，环境条件没有控制好，导致刺参大量死亡化解。在夏季多雨时节，特别是出现暴雨时，要防止雨水大量流入养参池。雨水大量流入养参池，会造成池水的盐度和 pH 突降，盐度持续过低，将会导致刺参大量死亡；

pH 超出正常的低限值，会使池水水质环境恶劣。此外，如果池内表层大量淡水不及时排出，池水将形成分层现象，阻隔了水体上下溶解氧的流动，同时，水质的突变使大量杂藻腐烂变质沉积池底，增加了有机耗氧量，使底层水体缺氧状态加剧，造成刺参大面积缺氧窒息死亡。

平时要注意天气预报，暴雨来临之前，池水应加至最深。在强降雨后，要及时打开高闸门排掉表层淡水。强降雨过后，要随时监测池内和外海盐度，待外海盐度提升到 26 以上时，再进行换水。建造有高盐度蓄水池或咸水井的单位，可及时补充高盐度水。有条件的还可采取全池泼洒饱和食盐水的补救措施，暂时缓解盐度过低的现象。排出池内的淡水后，应及时采取投施增氧剂或机械增氧法增氧，以迅速消除海淡水分层和顶部淡水层对底层溶解氧传递的隔截作用，有效提高水体底层溶解氧含量。

暴雨过后，应派潜水员彻底清除池底腐败杂藻，同时全池施用水质改良剂和底质改良剂。一方面可以迅速降解底质中氨氮、硫化氢等有害物质含量，有效改善水质和底质生态环境，从根源上遏制病害暴发与流行；另一方面，可迅速提高 pH。待池水 pH 恢复稳定后，可定时投施光合细菌、EM 菌等有益菌液，形成有益菌优势菌群，以抑制有害菌类过量繁殖。强降暴雨期间，要加强巡池和护池管理，发现隐患及时排除。

9. 冬季养殖管理　渤海及黄海北部沿岸的池塘，每年 12 月中旬后会出现不同程度的结冰现象。封冰后池塘环境发生以下变化：一是风力对池水运动不再有影响，风浪增氧作用消失；二是由于冰层遮挡，池水透光减少，冰下浮游植物光合作用产氧量下降；三是池水逐渐出现盐度分层，上层水盐度低，贴近冰面的表层水盐度一般在 10 左右，越往下盐度越高，池底水盐度一般在 35 以上；四是池水温度出现分层，封冰后底层水温开始上升，封冰半个月后池底水温多在 0℃以上，到翌年春化冰前可达 4～6℃，而同期冰面下的表层水温度则在 0℃以下。封冰对池塘管理带来诸多不便，主要抓好以下几方面：

（1）冬季结冰期，可以在冰面上适当的地方打几处冰眼防止缺氧，冰眼占池水表面积的 10% 以上。冬季降雪后要及时清除冰上积雪，保持冰面清洁，提高透光率，增加冰下浮游植物光合作用的强度，提高水中溶氧量。

（2）封冰后由于不能及时换水，沉积到池底的杂藻、残饵、粪便等腐烂后产生的硫化氢等有害物质得不到及时氧化，加之因冰面阻隔不易逸出。随着冰封时间延长，池水溶氧常会逐渐下降、有害气体不断增加，造成水质恶化，影响刺参正常的生命活动，甚至诱发疾病。要依水质变化情况，经常在冰眼处投放增氧剂、底质改良剂，改善水质与底质环境。

（3）冬末、初春冰雪逐渐溶化，池塘表层低盐度水层会进一步加厚，以致池水比重上轻下重，不能形成上下对流，上层较高的溶氧难以输送到底层。随着水温回暖，加剧了池底有机质腐烂和有害病菌的繁殖，加之此时冰层尚未完全化开，有机质腐烂后产生的氨态氮、硫化氢等有害气体不能迅速散发，池底环境恶化。严重的话，会使刺参赖以生存的底层水变成"死水"，引起刺参发病死亡。可先通过排淡闸板排掉表层淡水，一般排掉上层20～40厘米的淡水，并逐渐补充新鲜海水。每次换水量不宜过大，尤其不能提起闸板换水，否则会使底层高盐水大量排出，池水盐度骤降，使稳定了一冬天的水环境突变，导致本已很虚弱的刺参因应激反应发生化皮、吐肠等病害。经过表层淡水的排出，再加上冰面逐渐化开后的风浪作用，上下层水充分混合，再按照量少次多的原则逐渐加大换水量。加水前要留心观察海区水质情况，防止低盐度水入池。因该阶段浅海盐度等理化因子不稳定，换水后最好投抗应激类药物，提高刺参对水环境改变的抗应激能力。冰层完全溶化后，还要对池塘进行一次彻底地消毒处理。

10. 防止污染物入池 在生产操作中，要严防油污等污物带进池中；在投喂饲料、施用药物时，要严把质量关，不得使用劣质产品、过期产品、冒牌产品，防止违禁化学品、违禁药物入池。

11. 及时清除杂物 池内大型藻类、海草、残饵等腐烂后，能造成池底局部缺氧，加之刺参行动慢、夏季又有休眠习性，不能迅速逃离不良环境，往往会引起死亡。所以要及时捞出池内杂物，保持池水清洁。

12. 边生产、边试验 在做好大面积生产管理的同时，进行一些有针对性的小试验。如在更换饲料时，或在大型养参池内设置饲料台（点、框），或在小型水体（如水泥池、水族箱等）中进行喂养试验观察。了解刺参的摄食情况和效果，有的饲料按照有关标准检验属于合格产品，但刺参不爱摄食，甚至有厌食、避食现象，或摄食以后生长缓慢，发生异常；这种情况往往是由于饲料原料不适或加工质量差引起的，这种情况下饲料的效果需要通过喂养试验来检验。

在水质发生大的变化时也应进行试验。现在应用的一些水质控制指标，多是在实验室内单因子短时间试验得到的，有一定局限性。有些化学毒物，如分子态氨氮、一些重金属离子等的毒性作用是缓慢的，需要长时间的观察试验才能表现出来；随时进行观察试验，可以及时掌握水质变化带来的危害。

13. 注意养殖过程的异常现象 在养殖过程中，刺参有时出现一些异常现象，应及时分析原因，采取相应措施。常见的有以下几种：

（1）成活率过低 当放苗量和池内刺参实有数量或采捕数量差别过大，说明成活率太低，必须及时分析原因。如环境条件不适合，纯沙底，水很瘦，饵料生物很少，又不投喂，饵料明显缺乏；附着基太少，池底覆盖面仅 10% 左右，太阳强光直射池底，刺参却无处藏身；鱼类、蟹类等大量繁殖，有些鱼类、蟹类在正常情况下并不捕食刺参，但在饵料奇缺、处于饥饿状态的情况下，刺参苗种和夏眠刺参则成了它们的盘中餐等。诸多因素均会导致成活率过低。

(2) 生长缓慢　养殖多年，能达到商品规格上市的刺参很少，大多数像"小老头"（生长极其缓慢的个体），个体偏小。这种情况，有的是因为饵料不足，自然饵料没有或很少，又没有投喂配合饲料；有的是因为密度过大，甚至在 80 头/米^2 以上，刺参生活空间小。在自然海区，刺参苗经 2~3 年可长到商品规格（200 克左右）；在人工控温养殖条件下，1~2 年可长到商品规格。目前，在饵料充足、水质良好的条件下，秋天放养的当年苗和翌年春天放养的大苗，养殖一年左右应有部分能够达到商品规格，养殖两年应该大部分达到商品规格，否则应分析生长缓慢的原因。

14. 定期清塘　由于刺参池塘养殖长期在有限的水体中，投放大量单一品种的刺参。经常投喂大量的人工配合饲料，残饵、粪便积累，池底污物长期得不到处理。多年养殖的池塘池底出现老化现象，底泥不断增厚，底质出现还原化、酸性化及毒性化。底质的恶化导致底层水长期缺氧，氨氮、甲烷、硫化氢等浓度过高，水质恶化，酸性增加，病菌大量繁殖，导致刺参生长缓慢、饵料系数升高、缺氧、暴发疾病及死亡率高。因此，应定期对刺参养殖池塘进行清塘，将池中的刺参全部移出，清除池底的污物，清洗附着基，重新进行曝晒、消毒、繁殖基础饵料。

第二节　底播增殖

刺参增殖是指在选定海区内，通过改善海区条件、投放种参和种苗等技术措施，增加或改善资源补充量，以补偿由于各种原因致使资源量受到的损失，增加刺参资源、提高产量的活动。刺参具有移动性差、食物链短、适应性强等特点，是一个良好的增殖品种。

通过改造刺参的栖息环境、移植亲参、放流幼参，实践证明以此恢复和增加刺参的资源效果明显成效显著，早已引起国内外水产界的重视。这方面日本开展得比较早，在北海道、石川等地区进行了投放参礁、移植亲参、投放扎成捆的树枝附苗器等试验，同时规定禁捕期、禁捕区和轮捕等措施，使刺参资源得到恢复，产量得到增加。国内刺参增殖，开始于 20 世纪 50 年代，主要增殖措施有环境条件优化、移植亲参、苗种放流等。北戴河沿岸的刺参增殖试验，是国内刺参增殖最早的地方。1953—1957 年，中国科学研究院海洋研究所张凤瀛、吴宝铃等，与河北省水产试验场合作，在北戴河沿岸的北小咀、沙子湾两处进行投石、投树枝捆的增殖试验。通过两年的试验表明，投石给成参、幼参造成了良好的栖息环境，刺参长势良好，能聚集在石堆周围生活。90 年代以后，刺参增殖技术日趋完善。山东、辽宁沿海地区因地制宜，采取了多种增殖措施，增殖效果和经济效益非常明显。

一、海区选择

自然海区中，刺参适宜生活在水质澄清、潮流通畅、无淡水注入、营养丰富的海区。其成体多生活在岩礁、乱石底质和有大叶藻繁生的沙泥底质，岩礁缝、石下为其提供夏眠和藏身处。幼参主要附着于礁石壁，大型藻类，大叶藻的茎、叶，以摄取附着物上繁生的底栖硅藻、原生动物等微小生物及有机碎屑为食。放流海区应选择在有幼参附着生活的岩礁、藻类茂盛地带和浅水水域，海区水质肥沃，营养物质丰富，适宜藻类生长，可提供更多饵料。

二、放流海区改造

由于环境条件完全符合刺参要求的海区是有限的，选择放流增殖海区时，可通过对海区进行改造，以满足刺参的生长需要，达到增殖的目的。目前采用的方法主要是：

1. 投放人工礁　投放人工礁的目的：一是增加刺参的隐蔽场所；二是可增加海藻固生场所，营造良好的环境，以适宜刺参高密度的栖息生活。投礁的数量根据实际情况确定，投礁过少，刺参的附着密度小，影响增殖效益；投礁过多，达不到最佳增殖效果，也造成人、财、物的浪费。海底投礁是刺参增养殖的基础工作，因此，对投礁方式、人工礁大小、人工礁质量、投礁后的水下整理等工作都必须认真对待，丝毫不能马虎。人工礁大小要求在 50～500 千克，材质坚硬无风化。投礁方式根据各海区的具体情况大致分 3 种形式，即堆投、行（垄）投和散投。因为海上作业不同于陆地，投礁前一定要对投放海区进行整体规划设计，定点定线，尽可能做到定点投放，以有利于确定投放苗种位置，有助于获得理想的增殖效果。

人工礁的材质可选用石块、水泥筑件等。近几年来，各地的海洋牧场采用水泥筑件获得初步成效。

2. 移植藻类　通过在适宜的海区投放裙带菜孢子叶、鼠尾藻，在沙泥底质移植大叶藻等方法来营造海底人工藻场，改善环境条件。藻场的形成，有助于缓解海流的作用，有利于有机物的沉积和刺参隐蔽。由于刺参的食源很广，单靠自然沉积的饵料是不够的，只有通过移植和养殖各种藻类与礁石结合成一个良好的生态环境，才能更好地满足刺参对饵料的广泛需求。关于海藻的移植、养殖方法主要采取以下几种：

（1）石头搬移法　刺参夏眠期以后，将潮间带和潮下带浅海处有自然生长海藻的石头搬移到刺参增殖区适合海藻着生的水层。这项工作的关键是在搬运和投放时，应注意尽量减少对石头上面生长各种藻类的损伤，否则将劳而无功。

（2）采孢子投石法　将适宜的石块投入盛有清洁海水的船舱中，然后投放成熟经阴干刺激的种藻，使其大量放散孢子附着在石块上，然后再投放到预先选好的海区中。

（3）绑苗投石法　也叫缠绕苗帘绳法。即把海藻幼苗连同原来附苗的棕绳一起绑到石块上，投放到海底。另外，如果苗帘绳是涂过环氧树脂而变硬无法缠绕的维尼纶绳，则将其截成8～10厘米长的小段，用细聚乙烯线、细钢丝或橡皮筋绑到重100克左右的小石块上，均匀地投放到石堆和坨上即可。也可将截好的小段，每隔一定距离（10～20厘米）绑到旧海带夹苗绳上，然后两端用坠石放到投放的石坨上。

（4）投放种藻法　当海带开始大量产生孢子囊群时，选择其中孢子囊群形成面积较大的夹在苗绳上，绳长2米，每隔10厘米夹1株，然后用坠石沉放到礁石上。也可将选好的种菜装在网兜中或绑在吊绳上用石块沉放到石礁上，时间以投放海区水温上升到21℃左右较为适宜，每隔10米放1绳。

（5）沉设旧浮绠（筏、架）法　将使用多年而且上面附有大量多种海藻的旧筏架，沉设在人工投放的石礁上，让其向石礁上放散孢子，附着生长各种藻类。

（6）移栽和播种大叶藻　在适宜大叶藻生长的刺参增殖区，选择合适的时间将大叶藻连同生长处的泥沙和根茎一起移到适合生长的海底栽种，也可在适宜时间将大叶藻种子播散在适合生长的育秧槽内进行人工育秧。待秧苗生长到一定的时间，将其插栽到适合大叶藻生长的海区。

三、增养殖前清理工作

增养殖前，应尽量清除礁群周围海底能捕食、损伤苗种的敌害生物，如鲈、虾虎鱼、美人虾、猛水蚤等凶猛鱼虾蟹类。根据实践和资料记载，刺参幼体的敌害生物主要有海星、日本蟳、底栖肉食鱼类（黑鲷、黑鲪、六线鱼等）。尽管很难控制，成效不大，但在投苗前，采取各种措施尽量减少敌害的蚕食。采取生物防治的方法，即在投放参苗区域的周围，播撒低值贝类，如贻贝等，将敌害生物吸引在参苗投放区之外,从而减少对刺参苗的摄食;采取工具诱捕的方法,如在参苗的投放区设置一定数量的地笼网,来诱捕日本蟳、黄褐鱼、星鳗等。

四、放流方法与规格

选择身体强壮、活动频繁的参苗,以抵御不良的环境和敌害生物。一般海区放流体长 2.5 厘米以上的人工刺参苗比较适宜,存活率可达到 30% 以上。有些地区,在春季放流经人工越冬后体长在 8~10 厘米的参苗,成活率可达到 90% 以上。放苗时间选择在无大的风浪和非大潮期间。将参苗预先放置在聚乙烯网袋内,将网袋放在盛满海水的容器中,避免互相挤压,由潜水员将参苗轻轻分撒在礁石缝周围。

投放的数量和规格一般控制在成参体长 8~10 厘米,5 头/米² 左右;幼参体长 2~3 厘米,10 头/米² 左右。具体投放数量,还需看增殖区饵料生物的繁殖生长情况。无论是成参还是稚参必须是潜水投放,以保证准确投放到石礁上。

投放参苗和成参的时间应掌握两条原则:一是 7、8、9 月刺参夏眠和繁殖期不能投放;二是 1、2、11、12 月海区偏北大风较多,水温偏低,潜水员不宜下水作业。经过越冬暂养体长 3~4 厘米以上的参苗,4、5 月即可向增殖区投放,或当年育苗长成的大个体在秋季放苗。

五、适时按标准采捕

适时按标准采捕是提高商品价值的关键,同时留足亲体,保障和增强海区的自我繁育能力。所以在刺参增养殖的过程中,必须严格把准采捕期,控制采捕标准,限制采捕量。所谓把准采捕期,就是在刺参产卵繁殖和进入夏眠期严禁采捕,具体时间为 7、8、9 三个月;所谓控制采捕标准,就是等级参的自然伸展体长在 23 厘米以上,收缩后的体长在 18 厘米以上,个体重一般至少在 100 克可以采捕;所谓限制采捕量,就是采取隔年轮捕或分段轮捕的方法,来解决在准捕期内进行超限度的大量采捕而使资源遭到破坏的问题。

第三节 筏式吊笼养殖

大规模的筏式吊笼养殖,于 20 世纪始于福建沿海。当地利用南方冬季水温高、适宜刺参生长的特点,当年秋季从北方购买大规格苗种,经过一个冬天的养殖,于翌年春天收获成参。

一、海区选择

应选择无污染、远离河口、无淡水注入、盐度常年保持在 26～32（短期可在 20～24）、水深在 5 米以上风浪较小的海区，以内湾或近岸为佳。海区应浮泥较多、水质肥沃、透明度小于 1 米，选择在水温 8～20℃ 的时间段进行养殖。

二、养殖设施

1. 筏架或浮筏　筏架结构与渔排或养殖海带的浮筏相似，由木板用螺栓、钢板连接而成，一般规格 4 米×4 米（框内 3.6 米×3.6 米），用泡沫塑料做成的浮子提供浮力，经缆绳用木桩或大石块固定于海底，或者利用当地养殖海带的浮筏。与一般渔排所不同的是，在框的中间固定数根木条或毛竹（每隔60～80 厘米 1 根），每根木条每隔 60～80 厘米挂 1 笼。

2. 养殖笼　刺参养殖笼用聚乙烯材料制成，长方形或近圆形，每笼 5～6层，每层规格为 40 厘米×35 厘米×12 厘米，每层在一边上开一个可活动的窗口，用于投饵等。笼子的四周开有 0.5～1.0 厘米不同规格的孔，用于笼子内外水体交换，层与层用聚乙烯绳子串联固定。养殖笼底部加坠石或沙袋，吊挂水深 1.5～2.5 米。

三、苗种选择与采购

1. 苗种质量　选择的刺参苗体表应无损伤，干净无黏液，肉刺完整尖挺。筏式吊笼养殖如果在南方进行，一般在秋季放苗，翌年春季收获。为了在翌年能达到上市规格，应购买大规格参苗进行养殖，一般选择 16～30 头/千克的苗种。

2. 参苗采集　采捕的苗种一般来源于北方的养殖池塘或海区，应选择晴朗且无风天气下塘采捕参苗。雨天参苗不能出塘，否则被雨淋刺参苗会出现化皮现象。潜水员必须选择规格整齐的参苗，且每次采集参苗不能过多，上岸要及时倒入塑料盘中进行控水，以免造成参苗置放在池边水中缺氧吃水胀肚。

3. 运苗准备　一般参苗采捕后需经过 3～5 天的暂养，排出消化道内容物才能运输，一定程度上可防止运输中吐肠。暂养选择在近苗种采捕地点、交通方便的地方，增氧设施配套齐全，进排水方便且海水盐度在 28～32，一般可以借助附近的育苗场，设施齐全。暂养时每池加水 60～80 厘米，投放参苗5～10 千克/米³。暂养时防止停电造成缺氧死亡，每天全池换水 1 次，排水时避免参苗被流走。

四、苗种运输

用专用的活水车进行运输，将暂养好的刺参，装入圆形塑料筐（盘内及盘盖均铺设筛绢网）。然后放入水桶内，保持水温，运输水温控制在 8~13℃，增氧运输。所用圆形塑料筐一般高 15 厘米左右、直径 60 厘米左右，每个塑料圆框内可装参苗 6~7 千克。到达养殖海区转用活水船运输。参苗运输将近时，提前换水、升温，使参苗尽早地适应养殖海区的温度。

五、放苗

放苗时间一般选择在 11 月，此时南方的水温降低到 20℃以下，北方的参苗可以在南方正常生长，放苗水温最好在 15℃以上。养殖笼每层根据参苗的规格，投放 3~7 头参苗。

六、投饵

在南方进行刺参筏式吊笼养殖，一般采用干海带作为饵料，若用盐渍海带下角料效果更佳。干海带切至 4~5 厘米方块，然后在海水中浸泡至软烂，投喂前按一定比例把鲜鱼料、扇贝边、多维等绞成鱼泥，与海带倒入搅拌机使鱼泥均匀且充分粘在海带上，再进行人工投喂。

投饵量视摄食情况而调整，以不发生腐烂为原则，每隔 3~4 天投喂 1 次。

七、吊笼清理

每次投饵前应将吊笼在水中上下左右晃动几下，使黏附的泥土、残饵、刺参粪便等从吊笼小孔中排走，保证笼内水体交换通畅。发现个别死亡刺参要及时捞出，并集中移至陆上处理。养殖过程中，吊笼易附着生长玻璃海鞘等生物，每间隔 1 次投喂，需清理玻璃海鞘 1 次。在养殖中期应更换 1 次吊笼。

八、适时分苗

由于投放的半成品刺参规格不同，生长差异较大。因此，在养殖过程中应根据刺参生长情况适当分苗稀养。一般经过 30 多天的养成，就可进行 1 次分苗稀养，以后视生长情况决定是否再进行 1 次稀养。

九、日常管理

经常检查养殖设施是否牢固，及时解决出现的问题；做好生产、投饵、销售记录，严格按照无公害产品要求进行生产。

十、养殖时间

福建省闽东地区年最低水温一般都在8℃以上，4月平均水温达18℃，最高水温可达22℃，冬、春季的水温大多在10～15℃，全年适宜养殖时间可达5个月。为了使绝大多数刺参进入夏眠之前达到商品规格，在投放苗种时可视海区水温情况，尽量提前投苗时间，延长生长期。当刺参达到商品规格后，要及时收成。虽然刺参夏眠的临界水温为20℃，但水温超过18℃，参体会缩水降低体重，因此在水温达到18℃时要及时收成。

第四节　室内工厂化养殖

山东、辽宁等部分沿海地区，地下海水盐度在24～30的区间范围。水温年度内变化不大，冬季基本维持在12℃以上，夏季高温季节水温18～19℃，水温终年保持在刺参适宜生长的范围内，有利于加快刺参生长速度，缩短养殖周期。地下海水经过曝气处理后，pH和溶解氧均在刺参适宜范围。地下水有机物含量较少，有机物耗氧量、氨氮、硫化氢等指标，也均未超出刺参生长对水质的要求。部分地区利用地下海水的上述特点，在室内水泥池中投放人工参礁进行工厂化养殖，取得了很好的效果。

一、养殖设施

养殖车间可采用刺参育苗车间，也可采用养鱼大棚。养殖池不宜太大，以长条池为好，便于流水。池内设有多层或多孔的人工参礁。人工参礁材料，可选择瓦片、水泥筑件、石块、扇贝网笼、网片等。人工参礁在投放前，需用高锰酸钾浸泡消毒。人工参礁投放的原则是：数量可根据放养刺参苗种的密度和单个水泥池的面积合理确定，一般参礁的面积可占养殖池底面积的30%～50%，参礁投放后应保证礁与礁之间留有一定的空间，以便于刺参活动摄食。礁行方向与进水方向尽量保持一致，避免礁内形成死角，对刺参的摄食生长产生影响。

二、水温控制

水温最好保持在10～15℃，在此水温范围内，刺参生长最快。

三、苗种放养

工厂化养殖属于精养，刺参苗密度可比室外池塘养殖稍高些。放养30～

120头/米² 不等，根据苗种规格和养殖条件灵活掌握。

受伤的个体或运输过程中吐脏的苗种，要单独放到小试验池中过渡一个阶段后再放到大养殖池进行养殖。投放苗种时，应使参苗均匀撒在参礁上。

四、投喂

刺参工厂化养殖不同于池塘养殖，必须加强饲料投喂管理，以确保刺参正常的生存生长。投喂量应该根据刺参的大小、水温、摄食情况适当调整，一般日投喂量为体重的1‰~8‰。投喂量调节的主要依据是，视刺参对上一次投喂的饲料摄食情况。

饲料种类有专用刺参配合饲料和自制刺参饲料。自制刺参饲料一般为海藻粉（鼠尾藻、马尾藻、海带、石莼等），虾粉，脱脂鱼粉，豆饼，花生饼掺加海泥。饲料要均匀地泼洒在池底参礁附近，便于刺参摄食，要避免饲料堆积，减少残饵腐烂的变质现象。

五、水质的管理

工厂化养殖刺参取水途径有自然海水、鱼类养殖池水和地下井水三种。自然海水一般在外海水温、盐度适宜刺参生长的情况下，经砂滤处理注入刺参养殖池使用；在外海水温不适宜的情况下，使用地下井水或鱼池温排水。鱼池排放水必须经过砂滤，清除鱼的粪便、残饵以及过多的有机废物，再经二次曝气、杀菌后方可注入刺参养殖池，并适量添加新鲜的地下井水实现一水两用，降低成本。避免使用养鱼池用药后或清池时排放的废水，地下井水使用前需进行曝气处理。

养成期采用微流水或间隔流水饲育法。一般日流水量为饲育水体的1~5倍，水温高或养殖密度大时应加大流水量，且刺参个体越大，流水量也应相应增加。每天测量水温2次，一般在每天温度最低、最高两个时段测量，及时了解温度变化情况。定期测量盐度，一般养殖用水盐度不应低于26，最低不低于24。使用充氧泵连续或间歇性充氧。定期监测，保证水溶解氧达到5毫克/升以上，不定期测量 pH。

六、日常管理

日常管理的内容，包括观察刺参的活动、摄食情况，及时发现病虫害，及时清池、调节水温、防病治病等。由于工厂化养殖属于清水养殖，不同于池塘养殖以调节水色来控制透明度，因此需要采取控光措施。室内顶棚需遮挡黑色的帘子，门窗挂帘避光，以利于刺参栖息。

工厂化养殖刺参由于密度过大，必须定期清池，以及时清除池底的粪便、残饵，防止此类物质腐烂变质恶化养殖环境。清池、倒池，是刺参工厂化养殖的又一关键。一般每3～4天清底1次，清除池内粪便和残饵；倒池一般每隔15～30天进行1次，以彻底改善水质。倒池时先将刺参轻轻收集起来，然后将池子及参礁用高锰酸钾或漂白粉彻底消毒，重新布置好参礁，再将刺参放入池中参礁上。操作时速度要快，避免刺参长时间干露池底。同时操作要小心，避免损伤刺参体壁或管足。清池时适当调整参礁的位置。避免参礁长时间摆放在一个位置。礁下水泥池底发黑、发臭，造成局部缺氧，不利于刺参栖息，甚至造成刺参死亡。

由于刺参苗种规格不尽相同，即使是相同规格的苗种，养成期间个体差异也很大。因此工厂化养殖过程中，应视刺参个体差异情况适时进行疏苗、分池工作。一般参苗刚入池时规格较小，放养密度可加大，待参苗生长到一定规格时，应进行疏苗，按大、中、小规格分池养殖。这样既便于投喂相应规格和营养搭配的饲料，又利于不同规格的刺参摄食生长，避免刺参生长的两极分化。

每10～15天随机取样观察刺参摄食、生长情况，每天巡池观察有无异常个体或病害情况，如发现及时拣出，视情况另行处理。每天观察刺参摄食排便情况，为增减饲料提供可靠依据。因为工厂化养殖刺参夜间觅食活动后，会有部分刺参回不到礁中而附着在水泥池壁四周，不利于下次摄食。因此发现刺参附着池壁，应及时将其放到人工礁上。

七、刺参工厂化养殖优势与不足之处

刺参由自然海区生长发展到池塘人工养殖，是养殖技术的一大进步；工厂化养殖又是刺参养殖技术的新突破。但刺参池塘人工养殖与自然海区天然生长，从生存生长环境条件各方面基本差别不大；而工厂化养殖与前两者存在一定的差别，工厂化养殖刺参既有其优势，又存在一定的不足之处。

1. 优势

（1）管理方便　工厂化养殖池水位不要求太深，水质清澈，能够随时观察到刺参的生长情况。发生病害时比较容易防治，而且防治成本要比池塘养殖低。发生病害一般不易蔓延。

（2）生长期相对延长　由于在高温季节工厂化养殖可以使用地下恒温海水，使刺参越过或缩短池塘养殖的夏眠期（一般在100天左右），冬季低温季节又越过池塘养殖的低温停止生长期。因此，工厂化养殖刺参一年四季都处于生长期。

（3）成品刺参捕捞方便，捕捞成本低 自然海区和池塘养殖刺参捕捞均需要潜水员潜水，这不但存在一定的风险，而且相对加大捕捞费用；而工厂化养殖不存在这些问题，只要达到上市规格随时便可捕捉。

（4）工厂化养殖刺参可以规避市场风险，获取更高的效益 池塘养殖刺参，一般到夏眠季节就不宜起捕上市；而工厂化养殖刺参，可以在刺参夏眠季节收获上市，获得较高的经济效益。

（5）成活率高 工厂化养殖刺参在相同的管理条件下，参苗的成活率相对高于池塘人工养殖。

2. 不足之处 一般需要放养规格较大的参苗，放养太小规格的苗种待长至商品规格用时较长。工厂化养殖操作工序相对繁琐，不仅劳动力投入相对偏高些，而且经常扰动参体，对其生长有一定的影响，因此，相同规格的参苗在相同的时间内，要比池塘养殖生长的略慢。工厂化养殖完全依靠人工投喂饲料来维持刺参的生存生长，因此其饲料费用相对于池塘养殖略高些。工厂化养殖在一定程度上改变了刺参的夏眠特性，对其质量是否产生相关影响需做进一步研究。

第五节 海洋牧场

海洋牧场是指在一定海域内，通过人工鱼礁建设和藻类增养殖营造一个适宜海洋生物栖息的场所。在其中施行人工放流，并利用人工投饵、环境监测、水下监视、资源管理等智慧化技术进行渔场的运营管理，以增加和恢复渔业资源的生态养殖渔场。根据国际上已有的经验与相关研究，海洋牧场建设内容可以归纳为5个主要环节与过程：一是生境建设，具体包括对环境的调控与改造工程，以及对生境的修复与改善工程，主要是通过投放人工鱼礁、改造滩涂等措施，为鱼群提供良好的生长、繁殖和索饵的环境；二是目标生物的培育和驯化，采取人工育苗和天然育苗相结合，扩大种苗培育数量，通过生物工程提高种苗的质量，建立种苗驯养场，从采卵、孵化直至育成幼体，实现规模繁殖、优化选择、习性驯化和计划放养；三是智慧化监测能力建设，包括对生态环境质量的监测和对生物资源的监测；四是现代化管理能力建设，包括海洋牧场管理体系建设和管理政策研究等；五是标准化配套技术建设，包括工程技术、鱼类选种培育技术、环境改善修复技术和渔业资源管理技术。为适应当前国家发展的总体战略，海洋牧场的建设和发展，将代表海水养殖业的一个重要发展方向。而刺参是海洋牧场建设中不可或缺的重要生物种类，将在海洋牧场建设的资源补充、生态功能和产业增长等方面发挥重要作用。

第十四章 *14*

刺参营养与饲料

第一节 食性和营养需求

一、刺参摄食特点

刺参为沉积物食性，利用楯形触手，摄食海底和附着基上的沉积物或附着物。刺参的摄食具有昼夜节律和季节性节律。刺参白天隐蔽于遮蔽物之中（如石头下面、水生植物丛中），夜晚出来摄食。野外研究发现，刺参在日落 2 小时后的暗光条件下开始进行摄食活动，其摄食高峰在 21:00～00:00。但这并不表明刺参在全暗条件下会增加摄食，董贯仓等（2009）研究报道了不同光照周期下刺参的摄食率，结果表明，随着光照周期内光照时间的延长，刺参的摄食率先升高后降低，在 14 小时光照:10 小时黑暗条件下摄食率最大。光照强度对刺参的摄食率也有影响，董贯仓等（2009）研究了全黑暗、100 勒、500 勒、1 000 勒、2 000 勒、3 000 勒 6 种光照强度对刺参的影响。结果显示，光小于2 000勒时，随着光照强度的增加，刺参的摄食率增大；但高于2 000勒时，刺参的摄食率下降。以上结果说明，刺参也同样存在一个适宜的光照范围，在此范围内摄食更为活跃。刺参在全光照或全黑暗仍存在显著的昼伏夜出的行为节律，但其在摄食、活动的时间较自然光照条件下相应地缩短或延长，活动节律性变弱。

刺参的摄食量随水温变化，季节性明显。适温期，如春季和秋季摄食活跃，摄食量很大。水温为 10～15℃，刺参的摄食量最大。夏季则很少摄食，此时刺参进入夏眠时期，肠道萎缩。在冬季，刺参基本不摄食，藏匿于附着基中，在天气较暖时，部分刺参会爬出附着基进行摄食。

二、饵料组成

刺参的沉积物食性，导致其可能的食物来源复杂。前期关于刺参食物来源的研究成果，主要是通过观察其消化道的内含物而获得的。刺参在摄食过程中，借触手连泥沙一并吞入。体壁重 2.0～2.5 克的幼参，其消化道内容物除含少量泥沙外，大半是附着性底栖硅藻及有机碎屑等。随刺参的个体增大，其消化道内容物中的泥沙比例随之加大。刺参所摄取的泥沙与其栖息场的底质是一致的。

刺参幼参以及成参消化道食物种类与栖息地环境密切相关，其主要摄食微小动植物（底栖硅藻、细菌、原生动物、蓝藻或有孔虫等）、动植物的有机碎屑、无机物（硅和钙）、动物粪便（包括自己的粪便）等。日本田中等（1939）对北海道的刺参消化管中内容物调查表明，颗粒大小不同的沙泥粒、砾粒、贝壳片等为主体，包括混在其中以硅藻类（60 种）为主的浮游植物、海藻碎片、众多的原生动物（14 种）、螺类及双壳类的幼贝、桡足类、虾蟹类的蜕皮壳、大叶藻碎屑、木屑、尘埃和细菌类等。张宝琳（1995）对灵山岛浅海岩礁区刺参的食性进行了初步分析：刺参胃含物多为粗沙，其中虽有 40 多种生物，但所占的比重极小；植物（含大叶藻和藻类）的重量占绝对优势；动物种数最多的则是苔藓虫，共计 17 种（占 40%）。

近几年来，一些新的技术手段也被用于刺参食性的研究，如脂肪酸标志法、稳定同位素法、高通量测序方法等。高菲（2008）运用脂肪酸标志法，研究了青岛地区池塘养殖刺参的食物来源，结果表明，刺参的主要食物组成是硅藻、鞭毛藻或原生动物、褐藻以及细菌（变形细菌和革兰阴性菌）和大型绿藻。金波昌（2010）应用稳定同位素法，对山东地区池塘养殖刺参食物来源进行了研究，不同食物来源对刺参生长贡献分别为细菌 26.6%（13%～34%）、沉积物 21.5%（4%～40%）、大型藻类 19.1%（0%～52%）、小型底栖生物 18%（0%～49%）及硅藻 14.8%（0%～41%）；张宏晔（2015）运用高通量测序方法，对海州湾前三岛地区刺参胃含物的真核生物组成进行了研究，结果表明，刺参胃含物以硅藻门、甲藻门、节肢动物门、软体动物门和大型藻类为主。冬季和春季刺参的胃含物成分显著不同。冬季刺参胃含物以硅藻、甲藻为主；而在春季，节肢动物、软体动物则成为了刺参胃含物的重要组成成分。

细菌在沉积物食性海参食物链中占有重要地位。海参密集的区域，该区沉积物中含有较高的有机物和细菌。有人认为，细菌是沉积物食性海参的主要食物，在把无机物转化为海参能吸收的有机物过程中起着重要的作用。海参消化道中细菌数量，要比周围环境沉积物中大得多。

也有研究报道，海参具有直接从周围水域中吸收利用溶解有机物的能力，有些营养元素和溶解有机物可由表皮等部位吸收得到。

三、消化吸收

刺参的消化系统相对鱼类简单得多，因此，其肠道消化酶的种类组成和活性高低很大程度地反映了刺参消化能力的强弱，决定着刺参对营养物质的消化吸收能力。研究掌握刺参肠道消化酶的组成及活性变化特性，对研发配制适宜刺参消化吸收的优质高效饲料至关重要。

1. 消化酶的种类 刺参消化道含胃蛋白酶、胰蛋白酶、超碱性消化蛋白酶、丝氨酸蛋白酶、二肽酶、淀粉酶、果胶酶、纤维素酶、地衣多糖酶、脂肪酶、褐藻酸酶、蔗糖酶、几丁质酶、酸性磷酸酶和碱性磷酸酶等 10 余种消化酶类。

(1) **蛋白酶和淀粉酶** 刺参肠道的主要消化酶。刺参主要依靠蛋白酶作用，将摄取沉积食物中的营养成分转化为蛋白质。蛋白酶存在于刺参消化道的各个部位，在刺参肠道诸多消化酶中，其活力是最高的，属于内源性消化酶。且最适 pH 范围较为宽泛，不同肠段蛋白酶的最适 pH 存在不同。前肠蛋白酶最适 pH 偏酸性，中肠和后肠蛋白酶则偏碱性。淀粉酶是刺参的另一主要消化酶，其活力略低于蛋白酶活力，前肠和中肠淀粉酶最适 pH 差别不大，基本接近于中性。

(2) **脂肪酶** 与蛋白酶一样，同属于内源性消化酶。稚参时期肠道就能够分泌该酶，其活力最适处于酸性范围，超过时会显著失活。且与刺参肠道中蛋白酶、淀粉酶、纤维素酶相比，脂肪酶的活力最低，其原因可能是由于脂肪酶最适 pH 与肠道中天然环境 pH 环境相差较大，致使其活力在肠道中难以表现出来。

(3) **纤维素酶** 催化分解纤维素的一类酶。在一些海洋无脊椎动物中，纤维素酶属于内源性消化酶。而刺参肠道中的纤维素酶活力很可能由所摄食外源食物中的微生物所产生，是一种外源性酶。因此，微生物的数量和种类决定了刺参肠道中纤维素酶活力的高低。

(4) **褐藻酸酶** 分解褐藻胶的一种酶。在分解褐藻的胞壁时发挥着重要功能，在微生物和食藻海洋软体动物等（海螺、鲍、挫石鳖等）的消化道中广泛存在。刺参消化道内也具有该酶活性，但活力较低，表明刺参对富含褐藻酸的大型海藻如海带和裙带菜等的消化能力较弱。另外，刺参消化道内的绝大部分细菌都具有降解褐藻胶活性，对摄食食物中褐藻胶的降解起着重要作用。

2. 不同发育阶段的消化酶活性 随着动物机体的不断生长、消化器官的不断发育和内分泌机能的不断完善，其生长所需的营养物质成分和数量也随之变化，消化酶活性则会有一个与之相适应的变化过程。唐黎等（2007）研究表明，耳状幼体至樽形幼体阶段，刺参蛋白酶活力下降，之后随着刺参的发育蛋白酶活性快速上升，稚参蛋白酶活性显著高于耳状幼体；耳状幼体至稚参，淀粉酶的活力逐渐升高，至稚参达最大值；幼体期褐藻酸酶逐渐上升，至五触手幼体达峰值，然后下降，稚参降至最小值；幼体纤维素酶活性一直很低，变化不大，但稚参的纤维素酶活性增强。这可能与不同时期食性与生活方式的转变有关，其间经历了耳状幼体的浮游生活向樽形幼体之后的底栖生活转变，食物也相应地由浮游植物转向了底栖硅藻。

3. 消化酶活性的季节变化 王吉桥等（2007）研究发现，大连地区刺参在1~5月随水温的升高，摄食活动增强，蛋白酶、淀粉酶和褐藻酸酶活力也随之增加；4~5月达最大值，之后随着水温的上升，刺参进入夏眠阶段，酶活力逐渐下降；9~10月中下旬，酶活力又有小幅度回升；11~12月达一年中的最小值。纤维素酶的活力一直很低，季节变化不明显。现已证实，刺参肠道各消化酶活力显著受温度的影响。当刺参处于适宜水温环境下，其体内消化酶活性会随水温的升高而升高，超过适温范围后则会下降。

4. 盐度对刺参消化酶活性的影响 盐度是海洋生物生活环境的重要因素之一，对海洋生物的消化酶可以产生不同程度的影响。分析认为，盐度可能会通过影响动物的生理状态（渗透压的调节等）或通过水体中无机盐离子对酶产生作用等方式，来影响其消化酶活性。刺参属狭盐性海洋动物，其等渗点盐度为31.5左右。在等渗点盐度附近时，刺参活动积极，摄食旺盛，粪便较多，生长也较快。李刚等（2011）试验表明，刺参肠道蛋白酶、淀粉酶和脂肪酶活力随着盐度的升高呈现先升高后下降的趋势，基本上是在刺参的等渗点盐度附近达到最高。推测可能是因为随着盐度升高，海水中无机离子浓度的增大激活了酶的活性；而随着无机离子浓度的继续增大，超过一定的阈值后则对酶的活性起到了抑制作用。

5. 刺参饲料与消化酶活性的关系 饲料的种类、质量及营养成分与消化酶活性有着密切关系，且消化酶活性的变化，可以作为营养状态指标来指导刺参养殖，改善饲养效果。研究发现，饲料中的蛋白质等营养成分的变化，可以引起水产动物体内某些消化酶活性产生不同程度的变化。在刺参饲料与消化酶活性关系的相关研究发现，刺参肠道蛋白酶和淀粉酶活性，对饲料粗蛋白含量具有适应性，且随饲养时间也有适应性变化；而饲料中脂肪水平，对刺参肠道消化酶活性影响的相关报道甚少。樊月居（2010）等在豆粕替代鱼粉对刺参消化酶活性的影响研究中指出，随着豆粕替代鱼粉量的提高，刺参前肠蛋白酶活力呈先升高后降低的趋势。淀粉酶的含量呈上升趋势。其原因可能分别与刺参的食性和低蛋白质需求以及豆粕中淀粉含量的诱导作用有关。陆生植物淀粉，可以提高刺参淀粉酶活性和含量。此外，在饲料中添加合适的添加剂，也可以提高刺参肠道消化酶的活性。包鹏云等（2011）指出，糖萜素中的生物活性成分能使消化道内环境呈微酸性，可促进消化酶的分泌并抑制消化酶的降解，激活消化酶的活性，从而对刺参肠道蛋白酶、淀粉酶和脂肪酶起到正向促进作用。孙永欣等（2008）研究发现，在刺参饲料中添加适量的黄芪多糖，可以通过促进刺参肠道褐藻酸降解菌的生长和繁殖，进而提高肠道褐藻酸酶活力。袁成玉等（2006）研究表明，饲料中添加合适的微生态制剂，能提高刺参肠道中蛋白酶、淀粉酶活性，但对纤维素酶活性影响较小，且对消化酶活性的影响相对稳定。

四、营养需求

1. 体壁生化组成 刺参体壁的主要生化成分、氨基酸组成（表 14-1）和脂肪酸组成（表 14-2），可作为研究其营养特征和研制配合饵料的参考。从已有的报道来看，刺参体壁水分含量在 90.5%～92.0%、蛋白质含量在 3.4%～7.0%、脂肪含量在 0.1%～1.3%、碳水化合物含量在 0.2%～1.1%、灰分含量在 2.3%～3.3%、总氨基酸含量在 43.29～537.6 毫克/克（干重）。

表 14-1 刺参氨基酸组成

单位：毫克/克（干重）

氨基酸名称	含量	氨基酸名称	含量
赖氨酸*	1.48～22.2	异亮氨酸*	1.54～18.0
组氨酸*	4.14～13.2	亮氨酸*	2.06～24.3
精氨酸*	3.47～39.6	酪氨酸*	1.28～15.9
天冬氨酸	4.80～53.9	苯丙氨酸*	1.26～16.9
苏氨酸*	2.61～25.1	谷氨酸	6.4～90.6
丝氨酸	2.12～26.2	蛋氨酸*	0.78～7.8
脯氨酸	1.28～40.5	胱氨酸	15.4～17.6
甘氨酸	4.26～83.7	色氨酸*	1.3～4.3
丙氨酸	2.78～36.5	半胱氨酸	1.9～7.6
缬氨酸*	1.95～25.0	合计	43.29～537.6
甲硫氨酸	5.36～8.26		

注：带 * 的为必需氨基酸（根据有关资料整理）。

表 14-2　刺参体壁的脂肪酸组成及含量

单位：%

脂肪酸名称	含量	脂肪酸名称	含量
$C_{14:0}$	0.81～1.32	$C_{20:5}$	12.70～32.37
$C_{16:0}$	7.77～16.96	$C_{22:0}$	0.26～1.32
$C_{16:1}$	3.62～15.83	$C_{22:1}$	—～2.16
$C_{17:1}$	—～16.12	$C_{22:4}$	2.82～3.78
$C_{18:0}$	1.77～20.07	$C_{22:2}$	—～11.1
$C_{18:1}$	5.91～15.86	$C_{22:6}$	1.47～9.32
$C_{18:2}$	0.67～5.73	$C_{24:1}$	9.40～18.54
$C_{20:0}$	0.30～10.06	饱和脂肪酸总量	22.0～64.0
$C_{20:1}$	—～9.1	不饱和脂肪酸 UFA	55.74～68.53
$C_{20:4}$	6.64～15.06	高度不饱和脂肪酸 HUFA	34.37～37.42

注：—表示未检出（根据有关资料整理）。

　　刺参体壁组成在不断变化中，不同季节、不同发育时期各成分含量不同。李丹彤研究表明，獐子岛海域的刺参体壁各粗成分在 1 月和 5 月存在显著和极显著差异（表 14-3）。

表 14-3　刺参体壁（鲜）的主要化学组成

（李丹彤，2006）

单位：%

主要成分	2003 年 1 月	2003 年 5 月
水分	90.92	92.02*
蛋白质	4.92	3.40**
脂肪	0.10	0.31**
碳水化合物	0.19	0.30**
灰分	2.58	2.93**

注：* 表示有显著差异（$P<0.05$）；**表示有极显著差异（$P<0.01$）。

　　刺参在不同生长发育阶段，体壁的营养组成存在差异。随着刺参的生长发育，其体内的蛋白质含量逐渐升高，水分、脂肪、灰分含量逐渐降低（表 14-4）。天冬氨酸、谷氨酸、丝氨酸、苏氨酸、甘氨酸等几种氨基酸的含量在一定的阶段内，随着个体的生长发育呈现显著升高的趋势；精氨酸含量在从稚参发育到幼参的过程中较为恒定，但是到成参时显著提高；蛋氨酸和苯丙氨酸含量则一直恒定。氨基酸总量、呈味氨基酸、药效氨基酸等的含量都随个体的生长发育呈升高趋势，而7种人体必需氨基酸的含量则较为恒定（表14-5）。

表 14-4　不同发育阶段刺参体壁的营养成分

（宋志东，2009）

单位:%

营养成分	稚参	幼参	成参
水分	93.1	92.6	92.8
蛋白质（DM）	38.26	43.92	49.58
脂肪（DM）	4.61	3.32	2.97
灰分（DM）	47.39	42.70	39.31

注：DM 表示为该种物质所占干物质的比例。

表 14-5　不同生长阶段刺参体壁的氨基酸组成

单位:%

氨基酸种类	稚参	幼参	成参
天冬氨酸	3.24± 0.02[c]	3.97± 0.13[b]	4.76± 0.38[a]
谷氨酸	5.41± 0.05[c]	6.46± 0.06[b]	7.56± 0.77[a]
丝氨酸	1.65± 0.05[c]	1.79± 0.06[b]	2.13± 0.22[a]
苏氨酸	1.72± 0.05[c]	1.96± 0.09[b]	2.31± 0.20[a]
精氨酸	2.25± 0.07[b]	2.62± 0.106[b]	3.40± 0.44[a]
甘氨酸	3.16± 0.00[c]	4.14± 0.07[b]	6.18± 0.66[a]
丙氨酸	2.02± 0.03[c]	2.28± 0.04[b]	2.94± 0.31[a]
脯氨酸	1.21± 0.02[c]	1.52± 0.05[b]	2.07± 0.12[a]
缬氨酸	1.69± 0.07[b]	1.85± 0.05[a]	1.90± 0.11[a]
蛋氨酸	0.70± 0.03	0.76± 0.04	0.72± 0.00
异亮氨酸	1.45± 0.05[cd]	1.57± 0.07[ab]	1.55± 0.11[ac]
亮氨酸	2.17± 0.09[c]	2.29± 0.10[ab]	2.15± 0.13[ac]
苯丙氨酸	1.43± 0.07	1.51± 0.10	1.40± 0.09
半胱氨酸	0.22± 0.03[b]	0.19± 0.02[b]	0.21± 0.07[a]
赖氨酸	2.22± 0.13[b]	1.83± 0.13[b]	1.43± 0.22[a]
组氨酸	0.66± 0.04[c]	0.54± 0.03[b]	0.49± 0.11[a]
酪氨酸	1.59± 0.04[c]	1.11± 0.13[bc]	1.00± 0.53[ab]
氨基酸总量	32.79± 0.82[c]	36.40± 1.28[b]	42.20± 4.49[a]

注：同一项目上标不同字母，表示差异显著（$P<0.05$）。下同。

2. 不同蛋白质和脂肪含量饲料的喂养效果　朱伟（2005）采用藻粉、白鱼粉、酪蛋白、豆粕、面粉和精炼鱼油为饲料原料，配制成含有不同粗蛋白水平和脂肪水平的饲料，对平均初体重为 0.90 克的刺参苗进行投喂。试验期间水温为 12～16℃，试验时间 66 天，喂养效果如表 14-6 所示。

表 14-6　不同蛋白质和脂肪含量饲料的喂养效果

（朱伟，2005）

试验编号	饲料中蛋白质含量（%）	饲料中脂肪含量（%）	质量增长率（%）	脏壁比	成活率（%）
1	12.52	3.14	32.7±4.32[bc]	0.52±0.03[abc]	95.8±1.26
2	18.03	2.91	40.9±8.07[bc]	0.50±0.01[abc]	95.6±1.88
3	26.43	3.11	71.9±24.7[ab]	0.48±0.02[abc]	96.9±1.57
4	31.57	2.92	72.7±16.2[ab]	0.48±0.02[abc]	97.5±1.77
5	36.01	2.95	42.1±19.0[bc]	0.50±0.06[abc]	98.1±0.63
6	44.12	3.13	30.7±3.93[bc]	0.55±0.06[bc]	95.6±1.57
7	12.09	4.79	72.5±15.5[ab]	0.46±0.03[abc]	92.6±2.25
8	18.21	4.69	95.2±11.3[a]	0.41±0.03[ab]	93.7±3.15
9	24.18	4.92	100±9.85[a]	0.40±0.03[a]	90.6±1.88
10	33.21	5.14	77.5±18.5[ab]	0.41±0.04[ab]	98.1±1.20
11	37.59	5.07	37.3±9.52[bc]	0.53±0.04[c]	92.5±3.23
12	43.75	4.87	32.4±25.6[bc]	0.53±0.02[c]	93.1±2.13
13	12.73	7.95	20.1±8.05[c]	0.56±0.03[c]	96.1±2.07
14	18.34	7.80	32.6±12.9[bc]	0.55±0.02[c]	97.5±1.44
15	26.16	7.88	47.7±16.7[bc]	0.54±0.05[c]	96.2±2.17
16	30.34	7.84	41.4±12.3[bc]	0.52±0.02[abc]	95.6±1.57
17	38.16	8.14	39.3±7.86[bc]	0.52±0.05[bc]	87.5±6.85
18	45.13	7.96	13.6±9.25[c]	0.57±0.02[c]	93.1±3.44

　　试验结果表明，刺参的体重增长率明显受饲料中粗蛋白和粗脂肪水平的影响。以粗脂肪为 5%、粗蛋白为 18.21%、24.18%时，体重增长率较高。饲料中蛋白质和脂肪的含量，对刺参存活率影响不显著。刺参的脏壁比受饲料中粗蛋白和粗脂肪水平影响显著，粗脂肪为 5%、粗蛋白为 24.18%时脏壁比最低。

　　王际英（2009）以鱼粉、陆生植物蛋白、扇贝边粉、海藻粉、谷朊粉等为主要原料，配制了粗蛋白水平分别为 25.54%、28.79%、32.30%、35.49%、38.31%，粗脂肪均为 3%左右的刺参专用配合饲料，分别对稚参、幼参、成参进行饲养试验。试验的结果表明，处于不同生长阶段的刺参，对饲料中蛋白质含量的要求也不相同。饲料中不同的粗蛋白水平，对刺参的特定生长率（SGR）影响较为明显，而对成活率、脏壁比和营养组成影响不大；当饲料中蛋白含量分别为 28.79％、32.30％、35.49％和 38.31％时，稚参、幼参、成参的特定生长率最大（表 14-7）。

表 14-7　不同蛋白水平饲料对稚参、幼参和成参生长性能的影响

（王际英，2009）

组别	蛋白质含量（%）	脂肪含量（%）	特定生长率（%）	脏壁比	存活率（%）
稚参（体长约 0.6 厘米，体重约 0.13 克）	25.54	2.95	3.13 ± 0.06^{ab}	0.12 ± 0.02	38
	28.79	3.03	3.80 ± 0.03^{c}	0.14 ± 0.03	36
	32.30	3.05	3.36 ± 0.06^{d}	0.12 ± 0.01	35
	35.49	2.93	3.31 ± 0.07^{d}	0.16 ± 0.03	35
	38.31	2.92	3.22 ± 0.04^{b}	0.12 ± 0.02	37
幼参（体长约 4 厘米，体重约 0.98 克）	25.54	2.95	0.71 ± 0.10^{a}	0.19 ± 0.03	83
	28.79	3.03	0.82 ± 0.09^{a}	0.22 ± 0.02	82
	32.30	3.05	1.44 ± 0.05^{b}	0.22 ± 0.01	79
	35.49	2.93	1.37 ± 0.03^{c}	0.21 ± 0.04	78
	38.31	2.92	1.24 ± 0.11^{c}	0.20 ± 0.03	80
成参（体长约 7 厘米，体重约 2.95 克）	25.54	2.95	0.55 ± 0.09^{a}	0.25 ± 0.06	95
	28.79	3.03	0.65 ± 0.11^{a}	0.27 ± 0.03	93
	32.30	3.05	0.60 ± 0.06^{a}	0.24 ± 0.01	95
	35.49	2.93	0.84 ± 0.04^{b}	0.24 ± 0.05	96
	38.31	2.92	0.79 ± 0.06^{b}	0.26 ± 0.02	96

注：同一项目上标不同字母，表示差异显著（$P<0.05$）。

周玮等（2010）的研究表明，在水温为（14 ± 0.5）℃、盐度为 31～31.5 的条件下，刺参在饲料粗蛋白水平为 19.48％时，其特定生长率和饲料转化效率达到最高水平，且此时的刺参生长能比例也最大。Sun 等（2004）认为，刺参摄食蛋白质含量为 21.5％的饲料时获得最大的特定生长率，显著好于其他不同蛋白水平饲料组的生长效果，且饲料中的苏氨酸、缬氨酸、苯丙氨酸、亮氨酸、赖氨酸、组氨酸、精氨酸等氨基酸在刺参生长中起着极为重要的作用。Seo 和 Lee 在水温为（12.3 ± 2.55）℃条件下，用豆粕粉、鱼油和豆油作为饲料蛋白源和脂肪源。研究发现，刺参生长所需的最佳饲料蛋白质和脂肪含量分

别为 20％和 2％。吴永恒等（2012）则以鱼粉、酪蛋白和马尾藻粉为主要蛋白源，研究了刺参蛋白需求量。结果显示，刺参在饲料粗蛋白含量为 16％时即达到最大的生长速度，之后虽略有下降，但都维持着最高水平的增重率，一直到粗蛋白含量为 24％；且在此范围内，其饲料系数最低，饲料蛋白质效率最高，说明刺参饲料粗蛋白的适宜含量为 16％～24％。李旭等以脱胶海带粉为主成分，辅以酪蛋白、微晶纤维素、啤酒酵母粉、精炼鱼油、复合矿物质与复合维生素等配制成不同蛋白含量的饲料，投喂 6.3～7.4 克/头的幼参。试验期间，养殖水体温度在 17.2～23.5℃。研究结果表明，刺参的幼参配合饲料蛋白质适宜含量为 18.90％～19.87％，以 19.44％蛋白水平最佳。以上有关刺参蛋白需求量研究的差别之处，也可能是试验所用蛋白源、刺参规格大小、养殖环境等的不同引起的。另据研究，若刺参配合饲料中的蛋白源主要不是鱼粉，而是其他藻类，如蛋白质含量高达 55％的螺旋藻粉，则可以大大提高刺参对配合饲料的利用率，饲料的可口性和喂养效果均比较好。

由此可见，刺参配合饲料中粗蛋白的适宜含量为 16％～38％。与其他水产动物相比，满足刺参生长所需的蛋白质含量偏低。在生产中还可以观察到，如果高蛋白饲料投喂不当，对水质污染较明显。因为刺参摄食不像对虾和鱼类那样主动去抢食，而是泥沙和饲料混杂在一起吞入，颗粒饲料需要溃散以后才能摄食。这样，高蛋白饲料溃散过程中会有相当一部分溶失到水中，未溶失部分也容易腐败分解，产生有害物质。

3. 海藻饲料的营养组成　目前，刺参的稚、幼参阶段饵料主要有大型海藻磨碎液和人工配合饲料等。大型海藻磨碎液的种类主要是鼠尾藻、马尾藻、石莼、海带、大叶藻等。传统观点认为，大型藻类中以鼠尾藻、马尾藻等的投喂效果较好，是公认的刺参用优质饲料。然而，鼠尾藻和马尾藻作为刺参稚参阶段的优质天然饵料，由于资源不足，导致其价格居高不下，其供应量的不足已经成为限制刺参苗种和养殖业发展的潜在因素。因此，寻找其他价格低廉、资源丰富的鼠尾藻替代品，是当前刺参饲料业亟须解决的问题之一。

石莼和海带是常见的用于替代鼠尾藻和马尾藻作为刺参饲料原料的大型海藻。朱建新等（2007）将石莼和海带磨碎液应用于刺参饲养，以鼠尾藻干粉作为对照组饲料。结果表明，投喂鲜石莼磨碎液的试验组刺参的体长和体重增长率，都显著高于投喂鼠尾藻干粉，且刺参的平均成活率也高于对照组。不过海带组的刺参在生长过程中出现了前期生长缓慢、后期生长加快的情况，这可能是由刺参幼参在摄食海带初期有一个适应过程，体内有关消化海带营养物质某些消化酶的调节分泌作用造成的。

李旭（2013）研究了海带粉、脱胶海带粉、苜蓿粉和石莼粉 4 种主成分原料对刺参幼参生长、消化生理及免疫性能的影响。结果表明，海带粉、脱胶海带粉、苜蓿粉和石莼粉 4 种原料中，以脱胶海带粉为主成分配制的饲料，能更好地满足刺参幼参生长的营养需求，生长效果最好，显著高于其他 3 种饲料组。脱胶海带是海带经过碱处理，提取了褐藻胶、碘、甘露醇等成分后制得，其中的蛋白质含量和膳食纤维含量均高于鲜海带。且脱胶海带中蛋白质所含必需氨基酸水平相对较高，达到 41%。甘纯玑等（1994）对福建产的脱胶海带粉进行分析指出，其中的粗蛋白含量约为 20%（以干物质计），且蛋白质组成中的蛋氨酸、精氨酸、赖氨酸和半胱氨酸含量较高，分别达到 4.0%、12.7%、13.4%和 13.9%，可满足刺参幼参生长所需的蛋白质含量，从而表现出良好的生长效果。王熙涛从海泥中筛选得到 1 株具有较高褐藻胶降解能力的菌株，对海带原料中大量褐藻胶成分进行发酵降解，从而显著提高刺参对海带饲料原料的利用率，促进其生长性能的提升，饲喂微生物发酵脱胶海带饲料的刺参与饲喂含有鼠尾藻商品饲料的刺参相比，其特定生长率无显著性差异。而且降解产物褐藻胶寡糖，被证明是一种免疫增强剂，对刺参体腔细胞非特异免疫应答具有促进效果，提高了刺参抵御病原灿烂弧菌感染的能力。同时，有效发挥饲料中高活性有益微生物的益生作用，增强刺参肠道消化酶活性，更好地满足刺参对营养物质的吸收利用，并能抑制潜在条件致病菌的生长，促进刺参非特异免疫应答，增强刺参对致病弧菌的抵御能力。

其他应用于刺参饲料源的大型藻类，还包括浒苔、龙须菜等，实践证明，也可得到较好的增重率、成活率和健康状况。以上大型藻类的粗蛋白含量都不高（表 14-8），表明刺参对饲料中蛋白质的需求量并不高。

表 14-8　喂养刺参常用海藻的营养成分（以 100 克干重计）

单位：克

序号	品种	粗蛋白	粗脂肪	糖类	粗纤维	灰分
1	海带（姚海芹，荣成，2016）	10.0~10.7	0.3~1.7		6.3~7.0	35.0~40.7
2	海带（刘艳如，福建，1998）	8.2	0.1	56.2		
3	脱胶海带根（甘纯玑，福建，1994）	13.3			74.7	
4	脱胶海带茎（甘纯玑，福建，1994）	3.9			45.7	
5	脱胶海带渣（甘纯玑，福建，1994）	19.8			52.4	

（续）

序号	品种	粗蛋白	粗脂肪	糖类	粗纤维	灰分
6	龙须菜（*Antonio Galan*，浙江，2010）	18.78	0.68	11.58	4.97	20.70
7	浒苔（*Antonio Galan*，浙江，2010）	14.26	1.28	12.13	3.94	18.10
8	脆江蓠（陈伟洲，广东，2013）	10.12~14.13	0.46~0.72	53.68~60.82	2.74~3.35	6.83~8.45
9	孔石莼（邱贺媛，河北，1998）	16.03	0.23	54.59		21.5
10	鼠尾藻（詹冬梅，荣成，2016）	19.1	2.3		5.4	27.0
11	鼠尾藻（吴海歌，大连，2008）	19.35	0.41	65.60		14.44
12	鼠尾藻（陶平，大连，2001）	17.00	0.17	60.30		23.10
13	鼠尾藻（胡斌，荣成，2016）	14.23	6.05	59		20.72
14	海黍子（陶平，大连，2001）	14.50	0.12	59.30		24.80
15	海黍子（詹冬梅，荣成，2016）	19.3	2.5		6.2	25.9

注：表 14-8 中数据为每 100 克干样品的含量。

　　除上述海藻粉用于刺参饲料外，也有不少学者开始着手研究陆生植物粉在刺参饲料中的应用效果，以寻求更广阔的饲料资源。王吉桥等（2007）研究发现，合适比例的南瓜、木瓜、甘薯、马铃薯等陆生植物淀粉组合可完全替代鼠尾藻，且其营养成分更能满足刺参的生长需要，可用于刺参饲料的配制中。

五、刺参饲料存在的其他问题

　　1. 海泥的使用及问题　在现阶段，刺参饲料在投喂时都会搭配一定比例的海泥。在海泥比例的问题上，人们的认识还不一致，生产厂家往往根据经验，决定海泥的投喂比例。这可能是因为海泥的来源不一，其中的有机质含量也高低不同，所以海泥的添加量也很难确定。优质的海泥新鲜且含有硅藻类、海藻碎片、原生动物、螺类及双壳类的幼贝、桡足类、虾蟹类的蜕皮壳、大叶藻、木屑和细菌类等有机质和泥沙等无机物。许多生产饲料厂商使用的海泥，并不是海滩表层含有比较丰富有机质的海泥，而是直接挖取在形态上相似的海泥，其中的有机质含量很少，所以配制出的饲料效果不够理想。因此，对于海泥的使用应该从有机质含量以及比例入手，合理使用。

随着刺参增养殖业的发展，海泥的需求大大增加，海泥的采挖不仅会投入大量的人力和物力，还会对采泥区域的底栖生物群落造成破坏，扰动近岸海域生态系统。另外，近代工业的迅速发展及各种污染物的排放，使得近岸海洋污染状况日益严重。据报道，青岛地区胶州湾重金属汞、铜以及锌的平均含量为0.08、16.9 和 52.43 毫克/千克。棘皮动物常处于海洋底栖食物链的最高营养级，已有研究发现，它们对金属的富集率很高。因此，海泥的使用会使刺参被动摄食污染物，尤其是重金属，这对刺参的养殖十分不利。因此，对于海泥替代物的研究也提上日程。

近来诸多研究指出，养殖动物的残饵和其他动物的粪便、甚至刺参自己的粪便，在沉积物食性海参的营养中占有重要位置。Tiensongrusmee & Pontjoprawiro（1988）利用鸡粪来增殖细菌，作为海参的营养来源。Kang 等（2003）研究指出，刺参可有效地以混养池中皱纹盘鲍的残饵和粪便（也包括刺参自己的粪便）为食。国内有的学者使用贝类粪便与藻粉搭配作为刺参的饵料，结果表明，贝类粪便的比例在 75% 左右较好（Yuan 等，2006）。Zhou 等（2006）研究表明，刺参单一摄食贝类粪便时，也显示了比较好的生长。但是，由于贝类粪便或者其他水产动物养殖的局限性，只有在刺参与其他各种水产动物混养时，才会显示出其优越性，这大大限制了贝类沉积物作为刺参饵料的应用。

2. 发酵饲料　在刺参苗种生产过程中，部分育苗厂家发现，在基础饲料中添加酵母对饲料进行发酵，刺参生长良好。姜燕（2014）采用发酵饲料和未发酵饲料投喂刺参，通过对刺参特定生长率和饲料效率的对比来看，与未发酵饲料相比，发酵饲料更能促进刺参的生长与饲料效率的提高。可能的原因为投喂发酵饲料后，饲料发酵产生、积累的代谢产物及发酵菌一同被带入养殖环境，经发酵的饲料易于刺参消化吸收；同饲料一起进入肠道的发酵菌，同样可以将刺参摄食的饲料作为底物进行生长代谢，对其中的大分子有机物进行降解。与发酵饲料相比，未发酵的饲料含有的大分子营养物质较多，不利于刺参的消化吸收。此外，发酵饲料在一定程度上提高了刺参的肠道消化酶活性、免疫水平及抗病力。

目前，刺参饲料发酵所采用的菌种，包括酵母菌、芽孢杆菌和乳酸菌等，也可以直接采用 EM 菌液。影响饲料发酵效果的条件，主要是环境温度、饲料含水量和发酵时间，其范围分别为 25～30℃、40%～70%、3～7 天，应根据菌种和饲料成分进行调整。

第二节 免疫增强剂使用

在过去的 30 多年中，国际上为了防治细菌、病毒等微生物感染造成的病害，大量使用抗生素等化学药物治疗。虽然取得了一定效果，但由此带来耐药性菌株不断增加、养殖环境急剧恶化等副作用，药物在水产品中的残留严重威胁到人体健康和安全。因此，人们开始寻找更加安全有效的措施来防治病害。当前以部分抗生素为代表的防治手段，正在世界范围内逐渐被禁用、取缔，符合食品安全、环境友好以及可持续发展战略的免疫增强剂，正成为国际现代水产养殖业病害防治的主流技术措施。

免疫增强剂是指单独或同时与抗原使用，均能增强机体免疫应答的物质。免疫增强剂具有广谱的杀菌性，可以提高水产动物整体免疫能力和动物的生产性能，具有作用广泛、安全性能高等特点，适宜于作为饲料添加剂来开发，也便于在水产养殖业推广应用。该制剂的出现，适应水产养殖业的发展方向，近年来得到了迅猛发展。目前，这方面的工作已迅速成为国内外研究的热点。

一、免疫增强剂种类

免疫增强剂种类繁多，在人类、畜牧、家禽以及水产养殖中都有广泛的应用。其中，目前在水产动物中广泛应用的主要有多糖类、维生素、中草药、微生态制剂、化学合成类等（表 14-9）。

表 14-9　目前水产动物常用免疫增强剂种类

种　类	举　例
多糖类	壳聚糖、海藻多糖、虫草多糖、β-葡聚糖、肽聚糖、脂多糖等
维生素	维生素 E、维生素 C、维生素 A 等
中草药	黄芪、首乌、刺五加、党参、黄芩、贯众等
微生态制剂	光合细菌制剂、芽孢杆菌制剂、乳酸杆菌制剂、噬菌蛭弧菌等
化学合成类	左旋咪唑等

1. 多糖类

(1) 多糖对水产动物免疫功能的调节机理

①对模式识别蛋白（PRPs）及细胞间信号传递的作用：肽聚糖、脂多糖和 β-1，3-葡聚糖等能够被动物识别非己成分的特定蛋白识别，从而引发免疫反应。对非己的识别，是免疫反应至关重要的第一步。这种识别被称为模式识

别，它是由一些蛋白介导的，这些蛋白被称为模式识别蛋白（pattern recognition proteins，PRPs）。在异物侵入前通常存在于血浆或细胞表面，具有对多糖的亲和性，不同的PRPs识别并结合不同的微生物表面分子（分子模式），而这些分子在动物细胞表面是不存在的。分子模式包括微生物细胞壁成分，如革兰阴性菌的脂多糖、革兰阳性菌的肽聚糖以及真菌的β-1，3-葡聚糖等。现已发现，在甲壳动物和昆虫体内具有β-1，3-葡聚糖结合蛋白（BGBP）、脂多糖结合蛋白（LPS-binding proteins）和肽聚糖识别蛋白（PGRP）。这种蛋白可能含两个活性中心，一个活性中心为多糖识别位点，在BGBP中这个活性位点要求多糖至少具有5个β-1，3-糖苷键连接的葡萄糖分子；另一个活性中心是血细胞识别位点，而且后者只有在前者与多糖结合后才可以观察到。

②与凝集素的结合作用：无脊椎动物缺乏特异性免疫，血细胞表面的凝集素可充作识别分子，识别自身和非自身物质。目前已在龙虾、寄居蟹、中国明对虾、日本对虾等甲壳动物体内发现凝集素，紫贻贝（*Mytilus edulis*）和美洲牡蛎（*Crassostrea virgnica*）血细胞膜上也分离出凝集素。李丹彤（2005）也从刺参体壁中分离出凝集素，推测这些分布于膜上的凝集素，在吞噬过程中发挥了识别异己作用。无脊椎动物血淋巴中的凝集素，也具有识别脂多糖和真菌细胞壁上β-1，3-葡聚糖等异源物质能力。凝集素与异源物发生反应，分子结构发生改变，使其可以与吞噬细胞膜结合诱导血淋巴细胞脱颗粒和吞噬作用。

（2）主要的多糖类免疫增强剂

①壳聚糖：又称几丁聚糖，是几丁质经脱乙酰作用而得到的一种氨基多糖。它是甲壳素最重要的衍生物，存在于某些生物体内，特别是真菌的细胞壁上；是迄今为止自然界中发现唯一存在的阳离子碱性多糖，其性质稳定，在密闭干燥容器中常温下可保存3年；壳聚糖由生物体成分合成，因此，具有良好的生物相溶性和生物降解性，目前广泛应用于水产养殖业。

其应用于水产养殖业中，具有以下功能：a. 提高水产动物的生长性能；b. 提高水产动物的抗菌防病能力；c. 增强水产动物免疫力；d. 作为饲料黏合剂；e. 净化水体；f. 对水产品的保鲜作用。

②海藻硫酸多糖：海藻硫酸多糖属于海藻多糖，即低分子量岩藻聚糖硫酸酯。它是褐藻中所固有的细胞间质多糖，具有增强细胞和体液免疫功能、抗凝血、抗肿瘤、抗氧化、抗病毒特别是抑制HIV的生物活性，已引起国际研究者的高度重视。

近年的研究证明，硫酸多糖无论在体内还是体外，都显示了不同程度的抗病毒活性。尤其是与目前使用的其他抗病毒药物相比，其对细胞毒副作用较小而得到广泛的关注，其抗病毒作用是通过抑制病毒的吸附而阻止合胞体的形成发挥作用的。通过筛选适宜大小分子量和结构改造，降低其毒副作用，硫酸多糖有望成为继病毒反转录酶活性抑制剂、蛋白酶抑制剂后的又一类潜在的新型抗病毒药物，将在抗病毒感染方面显示出重要的作用，具有广阔的应用前景。

③β-葡聚糖：β-葡聚糖是葡萄糖的聚合体，是一种天然多糖。大多数为水不溶性或胶质的颗粒，通常存在于特殊种类的细菌、酵母菌、真菌的细胞壁中，也存在于高等植物种子的包被中。从真菌和某些高等植物中提取葡聚糖的免疫增强效果已得到广泛证实。在鱼、虾等水产动物上应用，表明其具有促进生长、增强免疫和提高抗病力的作用。

④肽聚糖（PG）：肽聚糖存在于革兰阳性菌与革兰阴性菌细胞壁中，是由 N-乙酰葡萄糖胺与 N-乙酰胞壁酸形成的二糖通过肽链相互交叉构成的聚合物。不同来源的肽聚糖组成有特异性，肽聚糖被水解后，其活性常会增加，具有包括佐剂在内的多种生物活性。作为一种重要的免疫增强剂，目前已有其防御水产养殖动物感染病毒和细菌的多项报道。

⑤脂多糖（LPS）：LPS 是从革兰阴性细菌的细胞壁中提取，含有 O-抗原和 G-细菌内毒素，其内毒素在增强动物的免疫机制中发挥重要作用。有研究报道，LPS 能够刺激嗜中性粒细胞和巨噬细胞，提高其吞噬活性，还能提高巨噬细胞过氧化物阴离子的产量，对免疫细胞中免疫酶的活力有激活、加强作用。

2. 维生素 具有免疫增强作用的维生素，主要是维生素 C（Vc）、维生素 E（Ve）与维生素 A（Va）。这几种维生素也是水产动物重要的营养物质，其主要功能为抗氧化、保护脂溶性细胞和不饱和脂肪酸不被氧化的作用，也可以作为免疫增强剂添加在饲料中使用。

Vc 是动物生长和维持正常生理机能所必需的营养物质。它能通过非特异性抗病机制，使鱼体抗病能力提高。据报道，饲料中添加 Vc 投喂鱼类后，可显著增强其巨噬细胞吞噬活力、呼吸暴发作用、溶菌酶活性、血清补体活力等。V_E 也是水产动物重要营养物质，在饲料中适量添加，可以作为免疫增强剂，促进吞噬细胞的噬菌作用，增强免疫酶活力。此外，胆碱和泛酸等也可以对鱼类免疫系统产生影响。

3. 中草药 近年来，有关中药在水产养殖疾病防治方面的报道屡见不鲜。中药作为我国的传统药物，其历史源远流长。其固有的多组分，使其对动物机体有了全方位协调和整合作用。中药作为水产动物用饲料添加剂，具有促进机体生长、改善肉类品质、增强机体防御疾病等作用。中草药的功能有营养、增强免疫、抗应激等多方面的作用。其突出的优点是：毒副作用小，不易造成有害残留，从而可以长期添加使用。因此，中草药是水产养殖方面很有开发前途的药物。现已确定，黄芪、刺五加、党参、商陆、白术、马兜铃、甜瓜蒂、当归、淫羊藿、穿心莲、大蒜等可作为免疫增强剂。

二、影响免疫增强剂作用效果的因素

免疫增强剂对养殖动物免疫力的影响，受使用方法、时间、剂量等多种因素的影响。

1. 免疫增强剂的使用方法 主要有注射法、口服法及浸泡法。此3种方法各有优缺点，应根据实际情况选择使用。在研究报道中，很多学者采用注射法，取得了显著的免疫效果。但在实际生产中，这种方法有很大的局限性，因为对每只养殖动物进行注射需要大量的人力，耗费大量的时间。而且养殖动物如果在苗期或个体较小时，这种方法根本不适用。浸泡法因为对养殖动物造成的应激刺激很小，而且可以同时处理很多动物，在生产中具有可行性。然而在浸泡过程中，免疫增强物质是通过鳃及其他器官进入体内，吸收量很少，持续时间较短，这种方法更适于苗期的疾病预防。在生产中以口服法最为实用，这种方法适合于各个生长阶段的个体，而且对养殖动物不会产生应激伤害。但是有时口服法的免疫激活效应，不如注射法明显。

2. 免疫增强剂的给予时间与剂量 免疫增强剂一般应在疾病暴发之前使用，以减少疾病所带来的损失；且需选择恰当的时间长度，因为长期服用常常能引起免疫疲劳问题。对于免疫增强剂长期服用所引起免疫作用的减弱以及免疫指标的疲劳现象，称为免疫疲劳。

免疫增强剂的使用剂量，也是各国学者研究的一个重点。研究表明，免疫增强剂的调节效果与其剂量并非成正比关系。当添加量适宜时，免疫增强剂对养殖动物有促进作用；然而高剂量有时不仅不会增强免疫效果，反而会抑制免疫反应。因此，在使用免疫增强剂时要注意选择使用剂量，使用不当会出现负面效果。

三、微生态制剂在刺参养殖中的应用

从目前使用情况看，微生态制剂在刺参浮游幼体培育和稚、幼参培育中，已得到广泛应用并取得了良好的效果。

微生态制剂（microecological agent）又称微生态调节剂（microecological modulator）等，是指在微生态理论指导下，运用微生态原理，利用对宿主有益无害的活的正常微生物或正常微生物促生长物质经特定工艺制成的用于动物的生物制剂，具有防治疾病、增强机体免疫力、促进生长、增加体重等多种功能，且无污染、无残留、不产生抗药性。

我国对动物微生态制剂的研究始于 20 世纪 70 年代，从 90 年代开始在水产养殖生产中应用。美国 FDA（1989）规定，允许饲喂的微生物约 40 多种。我国农业部 2013 年公布可直接饲喂动物的饲料级微生物添加剂菌种有 34 个：地衣芽孢杆菌、枯草芽孢杆菌、两歧双歧杆菌、粪肠球菌、屎肠球菌、乳酸肠球菌、嗜酸乳杆菌、干酪乳杆菌、德式乳杆菌乳酸亚种（原名乳酸乳杆菌）、植物乳杆菌、乳酸片球菌、戊糖片球菌、产朊假丝酵母、酿酒酵母、沼泽红假单胞菌、婴儿双歧杆菌、长双歧杆菌、短双歧杆菌、青春双歧杆菌、嗜热链球菌、罗伊氏乳杆菌、动物双歧杆菌、黑曲霉、米曲霉、迟缓芽孢杆菌、短小芽孢杆菌、纤维二糖乳杆菌、发酵乳杆菌、德氏乳杆菌保加利亚亚种（原名保加利亚乳杆菌）、产丙酸丙酸杆菌、布氏乳杆菌、副干酪乳杆菌、凝结芽孢杆菌、侧孢短芽孢杆菌（原名侧孢芽孢杆菌）。

1. 微生态制剂的种类 微生态制剂的分类方法有多种，通常分为两类，一是活菌制剂，或称益生菌；二是化学微生态制剂，或称益生素。目前，用于刺参养殖的主要是益生菌。

2000 年，Verschuere 等将益生菌定义为通过改善动物自身或其周围的微生物群落，提高饲料利用率、增加饵料营养、增强动物体对疾病的应答或改善其周围水环境的一种活的微生物添加剂。一般来讲，益生菌菌株从水产动物固有菌群或者外来菌群分离得到。水产动物肠道微生物，可能是由固有菌群和从外界水环境摄取的高水平微生物共同参与构成的。

作为微生态制剂的菌株，应具有以下条件：对宿主无害，不与病原微生物杂交；对胆汁及强酸具有强耐受性；发酵过程产生抑菌物质及乳酸等代谢产物；在体内易增殖；加工处理后仍有高存活率；即使混合在饲料中，室温也能存活很久等。

按微生物的种类有芽孢杆菌制剂、乳酸菌制剂、酵母类菌制剂及光合细菌等；微生态制剂按菌种组成可分为单一制剂和复合制剂。目前，用作刺参微生态饲料添加剂的有益微生物主要有乳酸菌、芽孢杆菌、酵母菌、放线菌、光合细菌等几大类。

（1）酵母 酵母（yeast）为不运动的单细胞微生物，细胞形态有圆形、椭圆形、柱状等。酵母细胞一般比细菌个体大得多，为（1～5）微米×（5～30）微米。其形态大小常受培养条件及培养时间的影响。在液体培养基中，有些酵母能在液体表面形成一层薄膜，还有些种类能在液体底部产生沉淀。在固体培养基上，可形成各种各样的菌落，有湿润的、干燥的、扩散型的，菌落边缘有光滑整齐的、不整齐的，也有的在菌落上具毛刺或乳头状凸起。菌落的颜色各不相同，最常见的是白色和红色，此外，还有淡黄色、紫色和黑色。

分布广泛，土壤、海洋、牛奶、动植物体内、动物排泄物等都能发现酵母菌的存在。对产子囊孢子的酵母来说，尤其喜欢生长在有糖的环境中，如水果、蔬菜、花蜜、植物叶子以及果园的土壤等。

营养类型多数为腐生型，少量寄生型。酵母缺乏叶绿素，不能进行光合作用，所以它们不能自己制造食物，而要依靠现成的食物来生活。大多数种类靠吸取死的有机物质为生，属于腐生型；也有的靠寄生在活的有机体获取它们的食物，引起人、动物、植物的病害，属于寄生型。

适应温度较广，多数酵母在 0～35℃ 的温度条件下生长，最适温度为 20～30℃。酵母具有承受极端低温的能力，在休眠阶段，可利用 −196℃ 的液氮对酵母进行长期保藏。与细菌相反，酵母喜欢在微酸性环境中生长，最适 pH 范围为 4～6。酵母大多为兼性厌氧微生物，在有氧条件下，进行有氧呼吸；在缺氧条件下，进行厌氧呼吸。实际培养中，强烈通气，可使酵母得到更多的能量，获得更大的产量。

酵母细胞营养丰富，蛋白质的含量占细胞干重的 30%～50%，含有动物所需要的 10 种必需氨基酸；糖的含量在 35%～60%，主要为酵母多糖，是酵母细胞壁的组成成分；脂类物质的含量在 1%～5%，含有一般水产饵料中易于缺乏的脂肪酸；酵母细胞中还富含多种维生素，尤其是 B 族维生素，容易被人体吸收；含有多种矿物质，如磷、铁、钙、钠、钾、镁、锌、锰、铬、硒等；酵母是多种微量元素的载体，它能大量吸收和同化微量矿物质元素，并将其从无机状态转化为生物状态，成为容易被人体利用的微量矿物质，目前开发出来的就有富锌酵母、富硒酵母、富铬酵母、富铁酵母等。此外，还含有多种色素和活性物质。酵母细胞壁中的葡聚糖和甘露聚糖具有多种生理功能。酵母葡聚糖是 β-1，3-葡聚糖，它具有活化并增强免疫系统、抗辐射、抗肿瘤等多种功能；甘露聚糖干扰肠道病原菌的定居，改善肠道环境。

酵母作为饵料有明显的优点，首先适口性好。海洋酵母的细胞大小在 10 微米以下，一般为 4～6 微米，适于做刺参耳状幼体的开口饵料和整个幼体时期的饵料；同时，酵母的生产已经实现工业化规模化，技术成熟，产量高，周期短，质量稳定，尤其是粉状干酵母，便于贮存和运输，能有效地保证饵料供应。

在刺参育苗中常用的有红酵母和啤酒酵母等，有液体和固体两种，施用到育苗水体以后有相当一部分呈活体状态。

（2）芽孢杆菌　芽孢杆菌属是一类好氧或兼性厌氧有芽孢的革兰阳性菌，常以链状或成对排列，能运动，无荚膜，是一种重要的益生菌。部分芽孢杆菌能够分泌多种抗菌物质，具有耐高湿、耐酸碱和耐干燥的特点。对营养要求简单，易于分离培养和保存，工业生产技术要求相对较低，同时芽孢杆菌的芽孢能够顺利进入肠道，并不被消化液破坏，并在肠道内复活，是一种非常有发展前景的可以替代抗生素的饲料添加剂益生菌之一。目前，芽孢杆菌在水产上的主要作用如下：

①提高生长性能：芽孢杆菌本身能产生蛋白酶、淀粉酶和脂肪酶等消化酶，帮助分解蛋白质抗营养因子和非淀粉多糖等抗营养因子，从而促进宿主的消化，提高蛋白质效率，提高饲料利用率，多种酶进入宿主肠道后，还可提高宿主本身的消化酶活性，提高了肠道对营养物质的吸收，从而达到促进生长的目的。同时，芽孢杆菌在代谢过程中产生的促生长因子、维生素和氨基酸等多种有益代谢产物，也是促进养殖动物生长的原因。

②改善水环境：芽孢杆菌除了作为饲料添加剂以外，还能作为水质改良剂，改善水环境。芽孢杆菌能够迅速分解鱼的排泄物和残余饵料的有机质，降低水体的富营养程度，减少池底淤泥的生成，有效降低水体亚硝酸盐、氨氮等有害物质含量。

③增强免疫力，提高机体抗病能力：芽孢杆菌可以刺激机体使其处于"免疫准备状态"，从而加快胸腺、脾脏等免疫相关器官的成熟，增加淋巴细胞的数量和对抗原的刺激的反应性，还能刺激机体产生干扰素，提高巨噬细胞的活力，提高机体的体液免疫和细胞免疫水平。在鱼体上，芽孢杆菌主要通过提高宿主的非特异免疫来提高鱼体的抗病能力；另一方面，芽孢杆菌还能通过调整养殖动物的肠道菌群平衡，间接提高机体的免疫力。

④颉颃病原微生物：大量研究表明，芽孢杆菌能够颉颃肠道内的病原微生物，芽孢杆菌至少拥有 55 种以上的与抗菌活性物质合成相关基因，使其能够分泌多种细菌素类、低分子量的抗菌肽、细胞壁降解酶类和其他抗菌蛋白等抗菌物质。这些抗菌物质一方面能够通过诱导细胞凋亡、攻击胞膜和线粒体、抑制细胞壁和蛋白合成，来抑制病原菌的生长繁殖；另一方面，芽孢杆菌能在肠道中与病原菌竞争黏附位点和营养位置，也是芽孢杆菌能够抑制病原菌生长繁殖的原因。

(3) 蛭弧菌 蛭弧菌（*Bdellovibrio*）是 1962 年 Stolp 和 Petold 在土壤中菜豆枯萎病假单胞菌体中分离噬菌体时首次发现的。它是一类非常微小的寄生型细菌，广泛存在于自然水体、污水及土壤中，并能从动物或人体粪便中检出，主要通过黏附、攻击、侵染、裂解其他细菌的方式使自身得以生长繁殖，有类似噬菌体的作用。蛭弧菌的菌体较小，弧状或秆状，革兰阴性，端生单根鞭毛。

噬菌蛭弧菌的宿主范围很广。它可以裂解大多数科属的革兰阴性菌，有些菌株还可以裂解革兰阳性菌、埃希氏菌属，沙门氏菌属、志贺氏菌属、钩端螺旋体、假单胞菌属、变形杆菌属和霍乱弧菌等均可被蛭弧菌裂解。蛭弧菌对致病菌的裂解能力明显大于非致病菌，尤其是肠道病原菌更易被裂解。蛭弧菌还可以裂解军团菌，对肠道病毒也有一定的灭活作用，但其作用机理不同于对细菌。

噬菌蛭弧菌由于其独特的生物学特性，正被越来越多的国内外研究者所重视，蛭弧菌的应用已经成为研究热点。自邵桂元等提出了利用噬菌蛭弧菌控制和减少鱼塘细菌性病害发生的设想以来，国内外许多学者对蛭弧菌生物防治水产动物病害进行了积极的探索。大量研究表明，蛭弧菌能寄生和裂解一些异养细菌（包括有害致病菌），使养殖水体中对养殖生物有害的致病菌数量下降，进而降低了细菌性病害的发生率，提高了养殖生物的成活率。也有研究表明，用添加了蛭弧菌的饲料喂草鱼，草鱼的胸腺和脾脏等免疫器官指数不断升高，溶菌酶活性与血清抗菌活性不断升高，能够在一定程度上提高鱼苗的存活率。将噬菌蛭弧菌制成微生态制剂，加入中国对虾幼体培育水体中，极显著地提高了幼体的变态率和存活率，酚氧化酶和超氧化物歧化酶活力也显著高于对照组。

目前，一些蛭弧菌已经在我国商品化，并在水产养殖中得到了广泛而有效地应用。这些蛭弧菌产品的问世，进一步孕育了蛭弧菌广阔的应用前景。但就总体而言，有关蛭弧菌在水产养殖上的应用尚处于初试阶段，研究所采用的菌株大多取自于淡水，这在一定程度上限制了其应用范围及应用效果。

（4）光合细菌　光合细菌（photo synthetic bacteria，简称PSB）是在厌氧条件或好氧黑暗条件下，利用自然界中的有机物、硫化物、氨等作为供氢体兼碳源进行不放氧光合作用的一类微生物。它广泛存在于自然界的水田、湖泊、江河、海洋、活性污泥及土壤内，尤其是在氧气含量有限而光能到达表面水和泥中含量最多。光合细菌均为革兰阴性菌，不形成芽孢。细胞形态多样，有球状、杆状、半环状、螺旋状，还有突柄种类。有单细胞也有多细胞者，除去可变细菌属（Amoebobacter）之外都以极生鞭毛运动。在分类上，光合细菌属于原核生物界、细菌门、真细菌纲、红螺菌目，可分为紫色细菌和绿色细菌。现已知的光合细菌包括1目、2亚目、4科、19属共约49种，近几年来陆续还有一些新的报道。PSB最主要的科是红色无硫菌科（Rhodospirillaceae）、红色硫菌科（Chromatiaceae）、绿色硫菌科（Chlorobiaceae）、绿色无硫菌科（Chloroflexaceae）。其中，应用于水产养殖中较多的是红色无硫菌科，一般以紫色非硫细菌和紫硫细菌较为普遍。

在人工养殖环境中，光合细菌生物量大，是自然界的几倍甚至几十倍。并且在养殖环境中，由于施肥、投饵及水生动物排泄物造成的污染相当严重，从而导致水产动物缺氧、生病乃至死亡。遇到这种情况，一般需马上换水，但采用换水难以保持池塘水的适当肥度，且受水源水质情况的限制，在解决水质的问题上，效果往往不能令人满意。而光合细菌是光能异氧菌，能在厌氧光照和耗氧黑暗两种不同条件下，以水中的有机物作为自身繁殖的营养源，并能迅速分解利用水中的氨态氮、亚硝酸盐、硫化氢等有害物，能分解水产动物的饵料及粪便，有利于藻类和浮游动物数量的增加，起保护和净化水体水质的作用。目前，光合细菌作为养殖水质净化剂，在国内外均已进入生产性应用阶段。日本、东南亚各国和我国的养虾池和养鱼池均已普遍地投放光合细菌以改善水质，并取得了明显效果。

光合细菌的营养水平非常丰富，蛋白质含量高，达到了 67.4%，超过了酵母、小球藻和大豆；而粗脂肪含量也较高，为 7.18%，高于酵母和小球藻，而 B 族维生素含量也较丰富，总体上也超过了酵母（表 14-10）。另外研究发现，光合细菌中的氨基酸种类齐全，含有 8 种必需氨基酸，各种氨基酸比例合理；光合细菌菌体内含有较高浓度的类胡萝卜素且种类繁多，迄今已从光合细菌中分离出 80 种以上的类胡萝卜素，并不断有新的报道。除此之外，细胞内还含有碳素储存物质糖原和聚 β-羟基丁酸、辅酶 Q 和生长促进因子，可促进鱼的生长具有很高的饲料价值，在养殖业上有广阔的应用前景。中国人民解放军兽医大学军事兽医所（1992）对光合细菌促进对虾生长的机理进行了探讨，认为光合菌能明显促进鱼、虾对蛋白质、氨基酸的消化吸收率，从而促进了其生长，提高了饲料转化率。

表 14-10　光合细菌的营养水平

项　　目	光合细菌	酵母	螺旋藻	小球藻	米	大豆
粗蛋白（%）	67.45	50.8	65.22	53.76	6.43	39.99
粗脂肪（%）	7.18	1.80	1.64	6.31	0.94	19.33
可溶性糖类（%）	20.31	36.10	20.22	19.28	90.60	30.93
粗纤维（%）	2.78	2.70	5.20	10.33	0.35	7.11
灰分（%）	4.28	8.70	7.70	10.22	0.72	5.68
维生素 B_1（微克/克）	12	2~20	55			
维生素 B_2（微克/克）	50	30~60	48			
维生素 B_6（微克/克）	5	40~50	3			
维生素 B_{12}（微克/克）	21	—	2			

（续）

项　　目	光合细菌	酵母	螺旋藻	小球藻	米	大豆
烟酸（微克/克）	125	200～500	118			
泛酸（微克/克）	30	30～200	11			
叶酸（微克/克）	60	—	0.5			
生物素（微克/克）	65	—	—			
辅酶（微克/克）	1 344～3 399	259				

研究和试验证明，光合细菌对许多鱼虾病害有防治效果，如鲤烂鳃病、金鱼水霉病、鳗赤霉病与水霉病、黑鲷擦伤病、对虾烂尾病等的防治效果可达100%。除了可以抑制病原微生物外，光合细菌含有抗病毒因子等多种免疫促进因子，可活化机体的免疫系统，使机体表现出抵抗疾病能力的功能。如光合细菌在繁殖时，可释放具有抗病力的酵素—胰凝乳蛋白酶。该酶对水体中可引起虾类疾病的致病性病原，如嗜水气单胞菌、爱德华氏菌、霉菌等均具有抑制作用以达到预防疾病发生的功效，从而提高幼苗的成活率和成品产量。另外，光合细菌还可以作为一种益生素，起到调节肠道内正常菌群抑制有害菌生长的作用。

光是光合细菌的光合作用中必不可少的，而光照的强度对光合细菌的生长有很大的影响。在供给光照的条件下，光合细菌的活性随着光照强度的增加而增加，但其强度达到一定高度时，会出现光饱和现象；光照强度不足，也会强烈抑制光合细菌的生长。目前，水产上常用的是红色的光合细菌，其在低光照条件下就能满足生成色素的需要。

由于温度是影响微生物生长的最重要的因素之一，因此，温度高低是衡量光合细菌的生长好坏的重要指标，光合细菌可以在10～40℃的温度范围内生长。低温不利于光合细菌的生长和繁殖，5℃以下光合细菌基本停止生长。而温度过高也同样会抑制光合细菌的生长和繁殖，当温度超过34℃后，生长速率出现下降，所以一般认为26～30℃是光合细菌的最适生长温度。

pH对光合细菌的影响，不同学者研究结果不完全一致。王笃彩等（2005）提出，大多数光合细菌的最佳pH为7.5～8.5；而Sawada等认为，还有少数光合细菌pH为6.5～8.8。结果的差异，可能是由于研究的水体的水质不同、温度不同以及实验条件不同，而造成实验结果的差异，也可能是实验操作等原因。

2. 微生态制剂的作用机制

（1）生物夺氧机制　正常情况下，动物肠道内的优势种群为厌氧菌，约占

99%，而需氧菌和兼性厌氧菌只占 1%。有益菌为厌氧菌，若氧气含量升高，则引起需氧菌和兼性厌氧菌的大量繁殖，不利于维持微生态平衡。一些需氧微生态制剂如芽孢杆菌等进入动物肠道后，在生长繁殖过程中可大量消耗过量的氧气，通过"生物夺氧"造成厌氧环境，使需氧型致病菌大幅度下降，有助于厌氧菌的生长而形成优势，从而恢复微生态平衡，起到防止动物患病的作用。

(2) 生物颉颃机制　生物颉颃是指利用微生态制剂，建立机体内正常的微生态平衡，形成有益菌群的优势，竞争性地排斥体内病原菌。微生态制剂中的有益微生物，可竞争性地抑制病原微生物黏附到肠细胞壁上，同病原微生物争夺有限的营养物质和生态位点，并将其驱逐出定植地点。

细菌之间的颉颃作用在自然界中普遍存在，因此，细菌之间的相互作用对于有益菌和潜在致病菌的平衡起着至关重要的作用。在水产动物中，通过改变消化道微生物群落结构，可以作为一个有效的方式消除或者减少潜在的致病菌。Gaixa（1889）首次证实了水体中存在着对弧菌具有颉颃作用的细菌。随后，Rosenfeld 和 Zobell（1947）的研究阐述了海洋微生物抗菌物质的产生。此后的研究开始向生物防控和微生态制剂方向发展。

(3) 增强免疫能力机制　增强动物免疫力是益生菌的重要作用机理。微生态制剂可作为外源抗原或辅剂起机体免疫作用。益生菌能够刺激动物产生干扰素，提高免疫球蛋白浓度和活性，增强吞噬细胞的吞噬能力，增强机体体液免疫和细胞免疫功能，防止疾病的发生。

(4) 改善机体内环境机制　研究表明，动物自身及许多致病菌都会产生各种有毒物质，如氨、细菌毒素、氧自由基等代谢产物。有些有益菌可以阻止毒性胺和氨的合成或把它们分解中和，从而避免这些有害物质对动物机体组织细胞的损害作用。一些好氧菌则通过产生超氧化物歧化酶可以帮助消除氧自由基，减少或消除氧自由基对细胞及细胞器膜质结构的损害。乳酸菌能够产生有机酸和抗菌物质，降低肠道内 pH 和氧化还原电位，有利于宿主的正常生理活动。

(5) 产生有益物质，促进消化酶的活力和营养的吸收　微生态活菌制剂能够在动物体内产生各种消化酶，合成 B 族维生素等动物所必需的营养物质；同时，能促使动物体增加对肠道内容物中钙、镁等营养物质的吸收。

(6) 对水质的影响　在水产养殖中，益生菌对养殖水环境影响的报道有很多，主要集中于光合细菌、芽孢杆菌、硝化细菌或其复合制剂。光合细菌能直接利用水中有机物、氨态氮，还可利用硫化氢，并可通过反硝化作用除去水中的亚硝态氮。芽孢杆菌作为革兰阳性菌，可以更好地将有机物转化为 CO_2，在此过程中高水平的革兰阳性菌可以作用于最小的溶解或颗粒有机碳。在刺参育苗实践中应用的微生态制剂，如芽孢杆菌制剂、蛭弧菌制剂、酵母制剂和低聚糖类制剂等，既发挥了净化水质、防治疾病、促进生长发育的作用，也发挥了生态营养的作用。

3. 微生态制剂在刺参养殖中的应用前景和存在问题　近年来海参养殖发展迅速，带动了益生菌在刺参养殖业的巨大应用前景。袁成玉等（2006）研究表明，微生态制剂对刺参肠道淀粉酶、蛋白酶活力有显著促进作用，对纤维素酶活力影响较小。张涛等（2009）研究表明，饲料中添加 10^3 单位/克乳酸菌和 10^5 单位/克芽孢杆菌 K-3，可以通过提高刺参肠道蛋白酶、淀粉酶、溶菌酶的活性促进刺参生长，降低在灿烂弧菌攻毒试验中的死亡率。薛德林等（2009）以海洋红酵母（*Rhodotorula mucilaginosa*）（浓度为 $1×10^{10}$ 单位/毫升）日投量 10 毫升/米³ 添加到水体时，可以降低刺参幼体烂胃病的发病率；在刺参成参养殖中，以海洋红酵母和光合细菌应用于刺参成参养殖中，能够提高刺参产量 14.3%～16.4%，并可以有效地减少由弧菌引起的刺参溃烂等病害。赵玉明等（2009）以海洋红酵母替代单胞藻应用于刺参幼体培育阶段，可以促进刺参的正常发育和变态。Zhang 等（2010）在饲料中添加 $1.82×10^7$ 单位/克枯草芽孢杆菌投喂刺参，显著提高刺参的生长和体腔细胞吞噬活力。周慧慧等（2010）以芽孢杆菌（GSC-1）、芽孢杆菌（GSC-2）和肠球菌（GSC-3）投喂刺参，发现 GSC-1 可以显著提高刺参的成活率、变色率、溶菌酶活力、酚氧化酶活力、酸性磷酸酶和超氧化物歧化酶活力，并且降低弧菌数量；GSC-3 对溶菌酶、酚氧化酶和生长的作用效果较明显。Zhao 等（2012）以枯草芽孢杆菌 T13 添加饲料投喂刺参 28 天，提高了刺参的生长率、体腔细胞吞噬活力和呼吸暴发活力以及体腔细胞裂解液总一氧化氮合酶活性，并且降低了灿烂弧菌攻毒后的死亡率。Yan 等（2014）检测了分别以 10^4、10^6、10^8 单位/克饵料的马氏副球菌（*Paracoccus marcusii*）DB11 饲喂刺参，检测其对刺参体腔液、肠道和呼吸树免疫活性的影响，得到了良好的效果。

然而，微生态制剂在刺参养殖中的应用还存在很大的盲目性，还有许多问题。在实践中如何根据刺参的生理生态特性，选择对刺参更有针对性更适宜的菌株，并且能使这些菌株在长期使用后也不会发生突变，成为对刺参、环境都有益的菌株；使用活菌微生态制剂的实际效果会受到许多因素的影响，在刺参不同的发育期、不同的育苗和养殖阶段，如何选用适宜的微生态制剂，尚需要做大量工作和深入研究。

4. 刺参肠道微生物研究进展　微生态制剂主要通过作用于动物肠道起作用，对动物肠道菌群的了解是研究和开发微生态制剂的先决条件，因而关于刺参肠道微生物的研究也逐渐展开。众多学者利用传统培养手段和分子生物学的方法，对刺参肠道微生物的组成进行了大量的研究。

(1) 刺参消化道中的微生物　刺参消化道中的微生物和动植物碎屑以及沉积物中含有的微生物，在食物的转化和分解中起重要作用。微生物可能是刺参最重要的饵料之一，占沉积物中有机碳的 30%～100%，刺参对细菌性饵料的消化吸收程度很高。刺参消化道中的细菌数量，比周围环境沉积物中的细菌数量大得多。苏联学者 1977 年的研究表明，刺参肠内的细菌数量从肠的前段向后逐渐减少，说明沉积物中的细菌细胞被消化了。他们的研究结果表明，刺参超过 70% 的能量需求来自于细菌。

(2) 微生物的来源　刺参肠道中的微生物来源于吞食的泥中。前肠具有选择性吸收微生物的作用，其微生物主要来源于食物中的藻类碎屑，研究发现，前肠中异养细菌总数高于后肠及底泥中 30 倍。底泥中芽孢杆菌属的细菌在肠道中绝少发现，而柄杆菌属的细菌能在后肠富集定居，反映了机体对微生物具有调节控制作用。褐藻酸钠降解菌群以及几丁质降解菌群，在刺参消化道和体表的比例都明显高于栖居地泥。肠道中的褐藻酸钠降解菌群比栖居地泥高出 10 倍左右，进一步说明刺参能够选择性地摄取藻类碎屑以及其中的微生物。

(3) 微生物种类　研究结果显示，刺参肠道微生物主要为需氧型微生物和兼性厌氧型微生物。细菌是主要的微生物种类，优势菌群主要为弧菌和假单胞菌两属。此外，在刺参肠道中也发现了酵母菌属、芽孢杆菌属、希瓦氏菌属、假交替单胞菌属、不动杆菌属、气球菌属、肠球菌属、梭菌属、发光菌属、葡萄球菌属、丙酸菌属和 Kushneria 菌属等。

据中国科学院海洋所孙奕等（1989）研究，从刺参消化管、体腔液和表皮上分离到的 359 株细菌分别属于 11 个主要属：弧菌属、假单胞菌属、奈瑟氏球菌属、不动杆菌属、柄杆菌属、黄杆菌属、节杆菌属、微球菌属、黄单胞菌属、棒杆菌属、产碱菌属；57 株酵母菌分别属于 4 个属：球拟酵母属、红酵母属、隐球酵母属、德巴利氏酵母属。肠道微生物的特异性主要体现在后肠，后肠的菌群种类繁多，前肠相对单一；后肠中分离到极为少见的柄杆菌属（Caulobacter）菌株，且饥饿时比例较高，其在后肠富集定居，可能与刺参机体的选择调节和营养吸收等功能有关；肠道微生物的组成和生理生化特性，反映了刺参选择性摄取藻类营养的特点，显示了微生物在刺参消化吸收中的积极作用。高菲（2010）利用 PCR-DGGE 技术，分别研究了池塘养殖和底播刺参前肠、中肠和后肠内含物的细菌群落组成。发现池塘养殖刺参后肠内含物的条带数目显著高于前肠和中肠（$P=0.003$、$P=0.016$），表明刺参后肠内含物的细菌多样性最高，其次是中肠，前肠内含物的细菌多样性最低。池塘养殖刺参消化道内含物的细菌群落可主要归属于 5 大类群，即 α-变形菌纲（α-proteobacteria）、γ-变形菌纲（γ-proteobacteria）、δ-变形菌纲（δ-proteobacteria）、拟杆菌纲（Bacteroidetes）和柔膜菌纲（Mollicutes）。刺参前肠、中肠和后肠内含物的优势菌群均为 γ-变形菌纲。底播养殖刺参前肠、中肠和后肠内含物以及栖息地底泥的细菌，主要归属于 6 个细菌类群：γ-变形菌纲（γ-proteobacteria）、δ-变形菌纲（δ-proteobacteria）、ε-变形菌纲（ε-proteobacteria）、α-变形菌纲（α-proteobacteria）、拟杆菌纲（Bacteroidetes）和放线菌纲（Actinobacteria）。其中，优势菌群均为 γ-变形菌纲（相对含量为36.1%～58.8%）。

(4) 影响刺参肠道微生物组成的因素　刺参肠道微生物的形成过程是非常复杂的，刺参肠道微生物的形成与生活环境有着密切的关系。同时，饲料组分和微生态制剂的使用，都会对刺参肠道微生物的组成产生重要影响。

①季节变化对刺参肠道微生物的影响：刺参的生长环境中存在大量的微生物，刺参在摄食过程中吞噬大量的微生物。其中某些微生物由于适应肠道环境而在肠道中定植，成为刺参体内的常驻菌群，因而刺参肠道中微生物的组成与环境中微生物的组成具有高度的一致性。

季节变化会对刺参肠道微生物的组成产生重要影响。温度是影响细菌生长的主要因素，因而随着季节的变化，环境温度也不断发生变化，因而导致环境中微生物的组成和数目发生动态变化，最终影响刺参肠道中微生物的组成和数量。张文姬（2011）对冬季和春季刺参肠道微生物多样性研究结果显示，冬季刺参肠道内以革兰阳性菌为主，优势菌为弧菌属、芽孢杆菌属和假单胞菌属；然而夏春季刺参肠道内以革兰阴性菌为主，优势菌为弧菌属和假单胞菌属，芽孢杆菌属的比例明显降低。

②饲料添加剂与微生态制剂对刺参肠道微生物的影响：研究表明，饲料组成会影响动物肠道微生物的组成。饲料中添加剂会抑制和阻止肠内有害菌的发生，使有益菌增加，恢复维持健康的肠内菌群，从而对刺参肠道的微生物组成产生重要影响。

(5) 刺参肠道微生物功能　近几年来，人们对健康刺参肠道微生物功能进行了广泛的研究。目前对于刺参肠道产酶微生物功能的研究，主要集中在产酶和抑菌两个方面，对其他方面的功能研究较少。

①产生消化酶：刺参肠道微生物可以产生多种酶类，如蛋白酶、脂肪酶、淀粉酶、纤维素酶、褐藻胶裂解酶、木聚糖酶、琼脂水解酶等。孙奕和陈骉（1898）首先发现，刺参肠道内含有能够分解褐藻酸钠、几丁质、琼脂、淀粉、明胶和酪蛋白的微生物，经鉴定为弧菌属、假单胞菌属、黄杆菌属和芽孢杆菌

属。肠道中产酶微生物的存在，对提高宿主消化酶活性有重要的作用。李凤辉的研究（2014）表明，芽孢杆菌属是刺参成参肠道中主要的产酶微生物，可以产生蛋白酶、淀粉酶和纤维素酶。肠道微生物较高的产酶能力，表明它们在刺参消化过程中发挥着重要的作用。

②抑菌作用：动物肠道中的微生物能够通过产生抑菌物质，来抑制病原菌在宿主肠道表面的定植。灿烂弧菌是刺参"腐皮综合征"重要的病原菌之一，研究表明，从刺参肠道中分离出的益生菌。有抑制灿烂弧菌生长的作用。李虹宇等（2012）研究发现，从刺参肠道中分离出的多种微生物，能够抑制灿烂弧菌的生长。其中，假单胞菌属的菌株（CG-6-1）抑菌效果最强，并且发现此菌株能够产生蛋白质类的抑菌物质。

第十五章 *15*

刺参常见病害及防治

随着苗种培育和养殖规模的迅猛扩张，刺参病害现象也日渐凸显。刺参苗种期和养成期常见疾病与防治措施如下。

第一节　苗　种　期

1. 烂边病（图 15-1A～D）

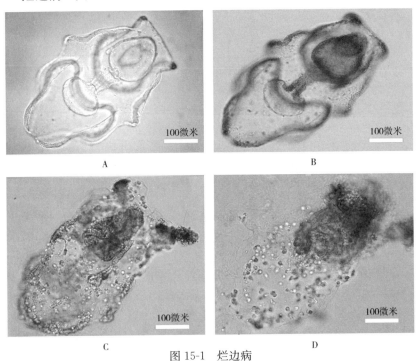

图 15-1　烂边病

A. 显微镜下正常的耳状幼体呈透明状态　B. 感染初期幼体边缘变得粗黑、模糊不清　C. 感染加重，幼体外缘处体壁崩解　D. 整个幼体解体死亡

【流行情况】3～6月，刺参耳状幼体时期是烂边病的高发时期。该病是辽宁、山东、河北等地苗种繁育时期较为流行的重要疾病之一，流行范围广，死亡率高。

【症状】患病初期，耳状幼体活力与摄食力下降。显微镜下观察可见幼体边缘突起处组织颜色加深变黑，并逐步出现溃烂，最后整个幼体解体消失。感染存活的个体发育迟缓，变态率和成活率显著降低。

【病因】病原为迟缓弧菌（*Vibrio lentus*）、革兰阴性杆菌。通常在养殖水质条件差、亲参暂养期长、洗卵与选优工艺不规范、幼体培育密度过高等情况下发生。镜检患病个体病灶组织处，发现大量运动活跃的细菌。

【防治措施】①对育苗用水应进行沉淀、过滤、消毒等处理；②缩短亲参暂养时间，产卵前应对亲参进行健康检测和消毒处理；③幼体需要经过选优后布池，并控制幼体培育密度，一般培育密度不超过 0.5 个/毫升；④预防时使用双氧水 0.5 毫升/米³全池泼洒，2～3 天使用 1 次；⑤治疗时，参考使用恩诺沙星 1～2 克/米³药浴，隔天使用，连续使用 2～3 次，直至痊愈。

2. 烂胃病（图 15-2A～C）

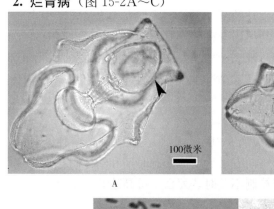
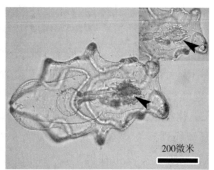

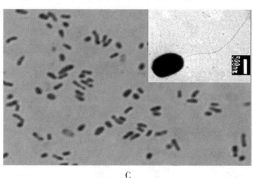

图 15-2 烂胃病

A. 正常耳状幼体的胃，外观呈规则的梨形，胃壁组织结构清晰　B. 胃部组织上皮细胞大量脱落、崩解，导致胃萎缩　C. 致病原——灿烂弧菌的革兰染色及电镜照片

【流行情况】该病在山东、辽宁、河北等地区刺参育苗期的中耳幼体和大耳幼体时期发生。发病的高峰期在 3～6 月，高温期也容易暴发此病。

【症状】患病幼体摄食减少或停止摄食，发育缓慢、规格不整齐，从耳状幼体到樽形幼体的变态率低。显微镜下观察发现，幼体胃壁增厚、粗糙，胃的周边界限变得模糊不清，继而萎缩变小、变形；严重时整个胃壁发生糜烂，最终导致幼体死亡、解体。

【病因】病原为假交替单胞菌（*Pseudoalteromonas* sp.）、灿烂弧菌（*Vibrio splendidus*），也有报道一种未鉴定的病毒也可引发该病症。造成发病的主要原因：①投喂的饵料品质差，如变质的藻液；②投喂的饵料种类不当，不易消化的单一藻种如扁藻或小球藻；③某些细菌和病毒感染幼体，也可导致此病发生；④育苗水质恶化或培育密度较高时容易发病。显微镜下可观察到患病幼体胃中有大量的细菌，严重感染的个体胃壁组织发生溃疡、结构模糊，胃腔消失。

【防治措施】①用单胞藻类如角毛藻、盐藻、金藻，同时，配合海洋酵母等投喂幼体，满足幼体发育和生长的营养需求；②加大换水量，减少水体中病原数量和有害物质；③将优选幼体培育密度控制在 0.2～0.5 个/毫升；④预防时使用聚维酮碘 0.3～0.5 毫升/米^{3}全池泼洒，3～4 天使用 1 次；⑤治疗时参考使用庆大霉素 2～3 克/米^{3}药浴，药浴时间保持 8 小时以上换水，隔天使用 1 次，连续使用 4～7 天。

3. 化板病（图 15-3A～C）

【流行情况】该病也称"滑板病""脱板病"。在我国刺参苗种繁育的主产区均有发现，多发生在樽形幼体向五触手幼体变态时期和幼体附板后未变色的稚参阶段。该病传染性强，若控制不及时，死亡率可高达 90％以上。

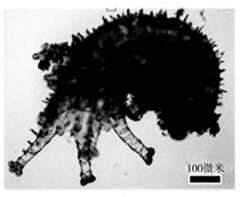

100微米

A

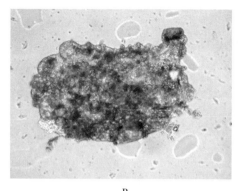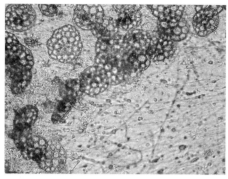

B C

图 15-3 化板病

A. 显微镜下的正常稚参 B. 患病稚参体表溃疡，呈铁锈色
C. 稚参解体后，脱落于池底的骨片（显微镜观察）

【症状】患病的刺参幼体收缩，触手不伸展，对外界刺激反应迟钝，附着力降低；幼参不摄食或者摄食能力下降；严重感染时，幼体从波纹板附着基上脱落于池底，部分幼体溃烂、解体，在附着基上留下白色斑点痕迹。

【病因】病原有迟缓弧菌（*Vibrio lentus*）、副溶血弧菌（*Vibrio parahaemolyticus*）等细菌，呈现出病原的多样性特征。显微镜下可观察到患病的幼体体表有褐色锈斑和污物，有的患病个体包被一层透明的薄膜。

【防治措施】①对养殖用水采用二次砂滤并经过紫外线消毒处理，保证育苗用水的清洁卫生；②饵料源应经过严格的微生物检测，保证饵料质量安全，根据幼体摄食状况适时调整饵料投喂量和频次，避免过量投饵或饵料不足；③育苗过程中适时倒池、换板，控制苗种密度、定期分苗；④定期使用微生态制剂，改善附着基上的微生态环境；⑤定时镜检观察幼体健康状况，做到早发现、早治疗；⑥发现病情后，建议池中泼洒多黏菌素等抗菌药物，用量为 2～3 克/米^3，浸浴 6 小时以上换水，隔 1 天用 1 次，连续施用 3 次，以药浴和口服同时处理进行治疗，口服时用量为 3～4 克/千克饲料。

第二节 养 殖 期

1. 腐皮综合征（图 15-4A～D）

【流行情况】该病也称"化皮病""皮肤溃烂病"或者"围口膜急性肿胀病"，是当前养殖刺参危害最为严重的疾病之一。初冬 11 月至翌年 4 月初是该病的高发期，在稚参培育、保苗期幼参和养成期刺参均可被感染发病。发病后死亡率可达 80％以上，属急性死亡。

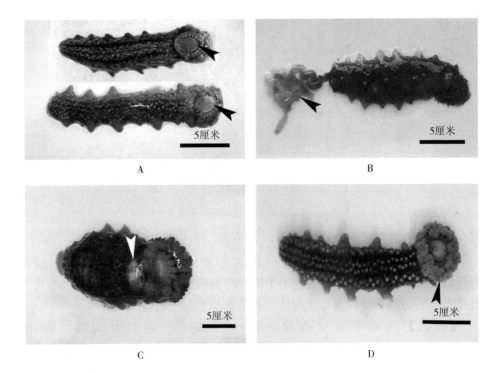

图 15-4　腐皮综合征

A. 感染初期病参围口膜肿胀　B. 病参出现排脏现象　C. 感染中期病参口腹部表皮出现溃烂
病灶　D. 病参棘刺秃钝，触手不能收缩体内

【症状】感染初期刺参多出现摇头现象，继而发生口部肿胀、不能收缩与闭合；感染中期参体收缩、僵直，肉刺秃钝变白，体表出现小面积溃疡，大部分感染的刺参会出现排脏现象；感染末期溃疡面积扩大，体壁深层溃疡处呈蓝白色，最后刺参死亡后溶化为鼻涕状的胶体。

【病因】该病的病原具有多样性，假交替单胞菌（*Pseudoalteromonas nigrifaciens*）、灿烂弧菌（*Vibrio splendidus*）、维氏气单胞菌（*Aeromonas veronii*）、蜡样芽孢杆菌（*Bacillus cereus*）、假单胞菌（*Pseudoalteromonas* sp.）、恶臭假单胞菌（*Pseudomonas putida*）、副溶血弧菌（*Vibrio parahaemolyticus*）、哈维氏弧菌（*Vibrio harveyi*）、溶藻弧菌（*Vibrio alginolyticus*）等细菌均可导致此病发生。

【防治措施】该病以预防为主，主要的预防措施包括：①购买参苗时选择体表无损伤、肉刺完整、身体自然伸展、活力好、摄食能力强、粪便成条状的参苗，结合显微观察和病原菌检测等手段，确认其健康程度；②投放苗种的密度适宜，保持良好的水质和底质环境；③采取"冬病秋治"策略，入冬前后定期施用底质改良剂氧化池底有机物，杀灭病原微生物，改善刺参栖息环境，使刺参安全越冬；④加强日常管理，发现刺参患病后，应遵循"早发现、早隔离、早治疗"的原则，及时将出现发病症状的个体拣出后进行隔离治疗或掩埋处理；⑤有加热条件时，可提温保苗，保持水温在 14℃以上，提高刺参的摄食与抗病能力；⑥治疗时建议使用头孢噻肟钠浸浴或口服治疗，用量分别为药浴每立方米水体 1～2 克，口服每千克饲料 2～3 克（可依据病情和饲料种类适当调整用量），连续投喂 7 天为一个疗程。

2. 霉菌病（图 15-5A～D）

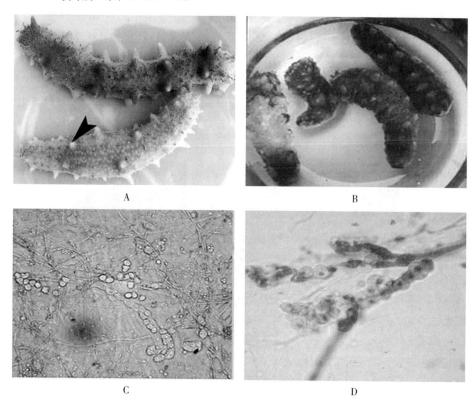

图 15-5　霉菌病

　　A. 刺参发病初期，少量棘刺秃钝变白　B. 严重参体僵直，棘刺连同周围表皮溃烂、消失，形成大面积的蓝白色斑块　C. 显微镜下观察的菌丝体和孢子囊　D. 亚甲基蓝染色后的菌丝体和孢子囊

【流行情况】4～8 月为该病的高发期。在辽宁、河北、山东、江苏等主产区均有发生，幼参和成参均可感染。目前，尚未发现霉菌病导致刺参大批死亡的案例，但发病后刺参生长缓慢、外观品质下降，影响销售价格。

【症状】感染的刺参出现表皮水肿，呈现柔软松弛状，体表色素减退，体壁薄而透明。发病后期棘刺顶端发白，严重感染时，刺参背部棘刺连同周围表皮溃烂，形成大面积的蓝白色斑块。

【病因】病原为霉菌。由于有机物积累或大型藻类腐败沉积，致使霉菌大量滋生；另外，投喂发霉饲料或投喂量过多，也容易引起该病的发生。显微镜下观测病灶组织的水浸片，可发现病灶处有大量霉菌菌丝体结构，并可见孢子囊以及孢子囊内的分生孢子；菌丝可深入到病灶深层组织，造成体壁组织溃疡感染。

【防治措施】该病以预防为主，主要的预防措施包括：①防止投喂发霉、变质的饵料，避免投喂饵料过多，保持养殖系统清洁；②控制好水体透明度，防止大型藻类的过度繁殖，及时清除池塘中的大型藻类或污物，防止池底环境恶化；③有计划收获刺参，定期倒池、清淤、晒池、消毒，防止过多有机物累积和霉菌的滋生；④可用生石灰（使用量225～375千克/公顷）抑制霉菌的滋生和生长。

3. 盾纤毛虫病（图15-6A、B）

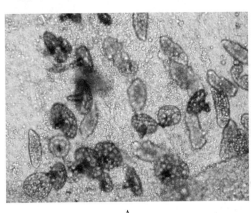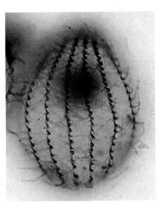

图15-6　盾纤毛虫病
A. 显微镜下的刺参骨片和纤毛虫　B. 氨银染色后蟹栖拟阿脑虫外形（显微镜）

【流行情况】该病全年均可发生，主要感染苗期稚、幼参，在水温10～20℃时发生率较高。盾纤毛虫病的传播速度快、感染率高、治疗难度大，往往伴随细菌的交叉感染，容易引起参苗的大规模死亡。

【症状】苗期稚参停止摄食，附着力下降，继而出现"脱板"现象。严重时刺参体表发生溃烂，虫体从体表溃烂处进入体腔内，容易导致稚参死亡。保苗期幼参感染细菌性腐皮综合征后，易在病灶组织处发现大量盾纤毛虫的积聚，形成继发性感染。

【病因】主要致病病原为蟹栖拟阿脑虫（*Paranophrys carcini*）（图 15-6B）。该纤毛虫活体外观呈瓜子形，虫体平均大小为 38.4 微米×21.7 微米。体表具有体动基列 11 列，有大核和小核各 1 个。主要发病原因是养殖水环境恶化、有机物增多或患细菌性疾病的参苗继发性感染此病。显微镜下可观察到虫体攻击参苗并逐步钻入深层组织内，继而在参体内钻营、繁殖。与细菌混合感染情况下，加速组织溃烂，导致参苗死亡率更高。

【防治措施】该病主要有以下防治措施：①养殖用水应经过严格砂滤、消毒处理；②及时清除池底和排水沟中的污物，定期用生石灰消毒排水沟；③分池倒苗或者更换附着基时，要避免将收集参苗的网袋直接接触排水沟底部，应使用专用的集苗器，防止排水沟中有害微生物的交叉污染；④适时倒池、更换附着基，保持池底和附着基表面的清洁卫生；⑤饵料应经过消毒处理后再投喂；⑥疾病高发时期或者感染初期，及时使用穿心莲、大青叶、金银花等具有抗菌免疫双效的中草药，并使用青蒿、槟榔、川楝子等具有驱虫作用的中草药控制病情。

4. 后口虫病（图 15-7A、B）

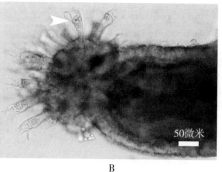

图 15-7 后口虫病

A. 后口虫感染后导致刺参排脏 B. 大量后口虫寄生于刺参呼吸树表面

【流行情况】该病在刺参保苗期发生率较高，常发月份为 2～4 月和 11～12 月；发病水温 4～12℃，刺参养成期池塘水温 20℃以上时也有发现。在辽宁、山东、河北等刺参主养区均有检出。患病刺参的死亡率较低，感染严重的刺参容易出现排脏。

【症状】该虫寄生于刺参呼吸树，患病个体外观正常，多有排脏反应，排脏后丧失摄食能力，参体消瘦，活力减弱，容易由其他病原引起继发性感染。

【病因】病原为一种拟唇后口虫（*Boveria labialis*），虫体长 40～75 微米、体宽 20～27 微米。整体外观呈火炬状，前端钝圆，尾端宽大，周身覆盖大量纤毛；口器位于体后端截面上，口纤毛发达。

显微观察发现，在呼吸树囊膜内外均有大量虫体寄生，寄生虫的头部能钻入呼吸树组织内，造成组织损伤和溃烂，继而虫体以其组织碎片为食。

【防治措施】预防该病的发生，主要有以下几个措施：①养殖用水应经过沉淀、砂滤、消毒处理；②在整个养殖系统中避免残饵、粪便等有机物的过度积累，及时清除池底和排水沟内污物，防止后口虫的滋生；③适时倒池、换板，保持养殖环境清洁；④发现养殖刺参出现排脏现象时，利用显微镜镜检呼吸树等组织和池底污物，区分排脏是由细菌还是后口虫感染所致，一旦确诊为后口虫病，可在育苗池中投喂青蒿、槟榔、川楝子等具有驱虫作用的中草药控制病情，同时通过倒池，将排除的呼吸树等内脏组织以及池底污物清出养殖系统。

5. 萨氏皮海鞘（图 15-8A、B）

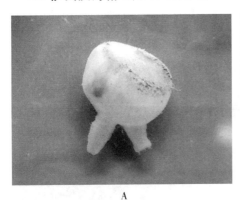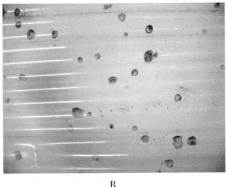

A   B

图 15-8　萨氏皮海鞘
A. 萨氏皮海鞘外观形态　B. 刺参保苗车间内波纹板附着基上生长的大量萨氏皮海鞘

【流行情况】海鞘附着于水中硬质物体上，营固着生活，身体透明，内脏团清晰可见，身体上端可见水管系统（进水管和出水管）。体壁能分泌一种类似植物纤维素的被囊鞘，被囊是透明的；随着个体老化被囊变成棕褐色，透明度减小。

经鉴定，黄渤海刺参主产区发现的海鞘主要是萨氏皮海鞘（*Ciona savignyi*）。该种海鞘在稚幼参苗种池、浮筏养殖吊笼、养殖网箱和围堰养殖池塘中较为常见。在北方地区，4～10 月是海鞘繁殖的高峰期，越冬保苗期也有发现繁殖现象；在南方地区，2 月开始即可发现养殖吊笼外附着大量海鞘，大量的海鞘附着在刺参附着基上。随着升温育苗、反季节养殖刺参的开展，在刺参养殖系统中可全年发现有海鞘的滋生。

【危害】海鞘属滤食性生物，附着在刺参附着基上，不仅会与刺参争夺生活空间和饵料，而且会大量消耗溶解氧，同时向水中排泄代谢物，从而影响刺参的生长速度。在养殖网箱和吊笼上大量附着海鞘能直接影响水流交换，进而影响网箱和吊笼内的水质，导致刺参生长速度慢、产量低下，也容易引发细菌性腐皮综合征。

【防控措施】育苗养殖用水要严格沉淀、二次精细砂滤；定期清除沉淀池、砂滤池中的海鞘；海鞘数量较大时，应施用使君子、茶籽饼（或茶皂素）、川楝子等组成的复方中草药浸泡杀除海鞘，浓度为 10～15 克/米^3，浸泡 24 小时后换水；此外，勤倒池、常换附着基，也能避免海鞘的大量繁殖。

参 考 文 献

包鹏云，丁鉴锋，常亚青，等，2011. 糖萜素对海参生产性能和消化酶活性的影响［J］. 饲料研究，3：62-65.

常亚青，于金海，马悦欣，2009. 刺参健康增养殖实用新技术［M］. 北京：海洋出版社.

陈伟洲，钟志海，刘涛，等，2015. 光照强度和温度对智利江蓠生长及生化组分的影响［J］. 海洋湖沼通报（1）：28-34.

丁伟，2003. 海参养殖技术［M］. 潍坊：潍坊市新闻出版局.

董贯仓，2009. 光照及投礁方式对刺参（*Apostichopus Japonicus*）行为、生长的影响及其机制［D］. 青岛：中国海洋大学.

甘纯玑，施木田，彭时尧，1994. 海藻工业废料的组成及其利用价值［J］. 天然产物研究与开发，6（2）：88-91.

高菲，2008. 刺参 *Apostichopus japonicus* 营养成分、食物来源及消化生理的季节变化［D］. 青岛：中国科学院研究生院（海洋研究所）.

高菲，2010. 刺参栖息地与消化道细菌多样性分析［D］. 青岛：中国水产科学研究院黄海水产研究所.

姜森颢，董双林，高勤峰，等，2012. 相同养殖条件下青、红刺参体壁营养成分的比较研究［J］. 中国海洋大学学报自然科学版，42（12）：14-20.

姜燕，2014. 刺参发酵饲料的制作工艺与应用效果研究［D］. 青岛：中国海洋大学.

金波昌，2010. 池塘养殖刺参（*Apostichopus japonicus*）食物来源的稳定同位素法研究［D］. 青岛：中国海洋大学.

李丹彤，2005. 刺参凝集素的分离纯化及其性质［J］. 水产学报，29（5）：654-658.

李丹彤，常亚青，陈炜，等，2006. 獐子岛野生刺参体壁营养成分的分析［J］. 大连海洋大学学报，21（3）：278-282.

李凤辉，2014. 刺参消化道微生物组成及其产酶功能研究［D］. 上海：上海海洋大学.

李刚，唐学玺，窦勇，等，2011. 盐度对刺参消化酶活力的影响［J］. 海洋环境科学，30（1）：61-63.

李虹宇，张公亮，侯红漫，等，2012. 仿刺参相关微生物对致病灿烂弧菌的拮抗及机理研究［J］. 食品工业，33（9）：117-120.

李莉，2009. 中国青刺参和日本红刺参苗种培育的生物学研究［D］. 青岛：中国海洋大学.

李莉，2012. 刺参池塘网箱苗种中间培育技术研究［J］. 水产养殖，33（12）：14-15.

李爽，李耕，潘玉洲，等，2016. 刺参生殖腺发育的生物学零度和有效积温研究［J］. 安徽农业科学，44（1）：81-82.

李双双，2013. 海洋噬菌蛭弧菌分离鉴定及培养条件优化研究［D］. 大连：大连海事大学.

李旭，2013. 刺参幼参饲料原料选择与蛋白质营养需求的研究［D］. 扬州：扬州大学．

廖玉麟，1997. 中国动物志：棘皮动物门 海参纲［M］. 北京：科学出版社．

刘艳如，李治，1998. 海带的深加工及营养成分分析［J］. 食品工业科技，19（2）：54-54.

刘永宏，李馥馨，宋本祥，等，1996. 刺参（*Apostichopus japonicus* SelenKa）夏眠习性研究Ⅰ——夏眠生态特点的研究［J］. 中国水产科学，3（2）：42-49.

楼允东，2009. 组织胚胎学［M］. 北京：中国农业出版社．

吕伟志，戴晓军，李东站，2006. 低盐海水池塘养殖刺参试验［J］. 齐鲁渔业，23（6）：3-5.

樊月居，2010. 饲料中用豆粕替代鱼粉对仿刺参幼参生长、体成分及消化酶活性的影响［J］.大连水产学院学报，25（1）：71-75.

庞振国，2006. 刺参的性腺发育及受精细胞学研究［D］. 青岛：中国海洋大学．

邱天龙，2013. 刺参生态苗种繁育关键技术原理研究与应用［D］. 青岛：中国科学院大学．

任义波，2009. 光合细菌对大水面养殖生态作用的研究［D］. 青岛：中国海洋大学．

宋志东，王际英，王世信，等，2009. 不同生长发育阶段刺参体壁营养成分及氨基酸组成比较分析［J］. 水产科技情报，36（1）：11-13.

隋锡林，1988. 海参增养殖［M］. 北京：农业出版社．

孙佳敏，2015. 刺参摄食行为和消化生理的实验研究［D］. 青岛：中国海洋大学．

孙景伟，赵连军，2013. 刺参海区网箱生态育苗技术［J］. 齐鲁渔业，30（12）：27-29.

孙丽娜，2013. 仿刺参 *Apostichopus japonicus*（Selenka）消化道再生的组织细胞特征与关键基因分析［D］. 青岛：中国科学院研究生院（海洋研究所）．

孙永欣，2008. 黄芪多糖促进刺参免疫力和生长性能的研究［D］. 大连：大连理工大学．

谭杰，孙慧玲，高菲，等，2012. 刺参受精及早期胚胎发育过程的细胞学观察［J］. 水产学报，36（2）：272-277.

唐黎，王吉桥，许重，等，2007. 不同发育期的幼体和不同规格刺参消化道中四种消化酶的活性［J］. 水产科学，26（5）：275-277.

孙奕，陈骋，1989. 刺参体内外微生物组成及其生理特性的研究［J］. 海洋与湖沼，20（4）：300-307.

万玉美，赵春龙，崔兆进，等，2015. 鱼礁区与池塘养殖刺参体壁营养成分的分析及评价［J］.大连海洋大学学报，30（2）：190-195.

王春生，宋志乐，2010. 海水安全优质养殖技术丛书 刺参 鲍 海胆 海蜇［M］. 济南：山东科学技术出版社．

王吉桥，唐黎，许重，等，2007. 仿刺参消化道的组织学及其4种消化酶活力的周年变化［J］.水产科学，26（9）：481-484.

王吉桥，蒋湘辉，赵丽娟，等，2007. 不同饲料蛋白源对仿刺参幼参生长的影响［J］. 饲料博览，19（10）：9-13.

王际英，宋志东，王世信，等，2009. 刺参不同发育阶段对蛋白质需求量的研究［J］. 水产科技情报，36（5）：229-233.

王建超，2016. 芽孢杆菌的筛选鉴定及对鲤鱼免疫和消化功能影响［D］. 长春：吉林农业大学.

王霞，李霞，2007. 仿刺参消化道的再生形态学与组织学［J］. 大连海洋大学学报，22（5）：340-346.

王连华，2005. 刺参健康养殖技术［J］. 中国水产，47（1）：54-57.

吴永恒，王秋月，冯政夫，等，2012. 饲料粗蛋白含量对刺参消化酶及消化道结构的影响［J］. 海洋科学，36（1）：36-41.

谢忠明，隋锡林，高绪生，2004. 海参海胆增养殖技术［M］. 北京：金盾出版社.

邢坤，2009. 刺参生态增养殖原理与关键技术［D］. 青岛：中国科学院海洋研究所.

薛德林，胡江春，王国安，等，2008. 海洋红酵母、光合细菌、黄腐酸在海参育苗和养成中的应用效果［C］. 第七届全国绿色环保肥料（农药）新技术新产品交流会会议论文集.

杨秀兰，王鹏飞，焦玉龙，等，2005. 刺参中间培育及生长特性的研究［J］. 齐鲁渔业，22（10）：1-4.

姚海芹，王飞久，刘福利，等，2016. 食用海带品系营养成分分析与评价［J］. 食品科学，37（12）：95-98.

于东祥，孙慧玲，陈四清，等，2010. 海参健康养殖技术［M］. 北京：海洋出版社.

余致远，2013. 北参南养——海上筏式笼养技术［J］. 水产养殖，34（5）：27-28.

袁成玉，张洪，吴垠，等，2006. 微生态制剂对幼刺参生长及消化酶活性的影响［J］. 水产科学，25（12）：612-615.

张安国，李成华，金春华，2013. 刺参南移浑水区吊笼养殖技术［J］. 科学养鱼，29（6）：44.

张宝琳，孙道元，吴耀泉，1995. 灵山岛浅海岩礁区刺参（*Apostichopus japonjcus*）食性初步分析［J］. 海洋科学，19（3）：11-13.

张宏晔，2015. 海州湾前三岛海域底播刺参群体生态分布特征及其食性分析［D］. 青岛：中国科学院大学.

张莉恒，丁君，韩昭衡，等，2015. 仿刺参骨片的种类和形态学研究［J］. 海洋科学，39（4）：8-14.

张琴，2010. 刺参（*Apostichopus japonicus* Selenka）高效免疫增强剂的筛选与应用［D］. 青岛：中国海洋大学.

张群乐，刘永宏，1998. 海参海胆增养殖技术［M］. 青岛：青岛海洋大学出版社.

张少华，张秀丽，刘振林，等，2004. 刺参对盐度的适应范围试验［J］. 齐鲁渔业，21（12）：9-10.

张涛，白岚，李蕾，等，2009. 不同添加量的益生菌组合对仿刺参消化和免疫指标的影响［J］. 大连海洋大学学报，24（s1）：64-68.

张文姬，2011. 仿刺参肠道菌群多样性研究［D］. 大连：大连工业大学.

张永胜，2013. 光照对刺参（*Apostichopus japonicus*）苗种培育的影响及其机制的研

究 [D].青岛：中国海洋大学.

赵鹏，2010. 刺参摄食选择性的基础研究 [D]. 青岛：中国科学院研究生院（海洋研究所）.

赵世民，1998. 臺灣礁岩海岸的海参 [M]. 臺北：國立自然科學博物館.

赵玉明，毛玉泽，2009. 海洋酵母培育仿刺参 Apostichopus japonicus 浮游幼体研究 [J]. 中国农业科技导报，11（3）：71-75.

周慧慧，马洪明，张文兵，等，2010. 仿刺参肠道潜在益生菌对稚参生长、免疫及抗病力的影响 [J]. 水产学报，34（6）：775-783.

周玮，张慧君，李赞东，等，2010. 不同饲料蛋白水平对仿刺参生长的影响 [J]. 大连海洋大学学报，25（4）：359-364.

朱峰，2009. 仿刺参 Apostichopus japonicus 胚胎发育和主要系统的组织学研究 [D]. 青岛：中国海洋大学.

朱建新，刘慧，冷凯良，等，2007. 几种常用饵料对稚幼参生长影响的初步研究 [J]. 渔业科学进展，28（5）：48-53.

朱伟，麦康森，张百刚，等，2005. 刺参稚参对蛋白质和脂肪需求量的初步研究 [J]. 海洋科学，29（3）：54-58.

Antonio Galan，张威，苏秀榕，等，2010. 浒苔和龙须菜营养成分的研究 [J]. 水产科学，29（6）：329-333.

Edds K，1993. Cell biology of echinoid coelomocytes. I：Diversity and characterization of cell types [J]. Journal of invertebrate pathology，61（2）：173-178.

Hetzel H R，1963. Studies on holothurian coelomocytes. Ⅰ. A survey of coelomocyte types [J]. Biological bulletin，125（2）：289-301.

Eliseikina M，Magarlamov T，2002. Coelomocyte morphology in the holothurians Apostichopus japonicus（Aspidochirota：Stichopodidae）and Cucumaria japonica（Dendrochirota：Cucumariidae）[J]. Russian Journal of Marine Biology，28（3）：197-202.

Hillier B，Vacquier V，2003. Amassin，an olfactomedin protein，mediates the massive intercellular adhesion of sea urchin coelomocytes [J]. Journal of Cell Biology，160（4）：597-604.

Inoue M，Birenheide R，Koizumi O，et al.，1999. Location of the neuropeptic NGIWY amide in the holothurian nervous system and its effects on muscular contraction [J]. Proceeding of the Royal Society B，266（1423）：993-1000.

Kang K H，Kwon J Y，Yong M K，2003. A beneficial coculture：charm abalone Haliotis discus hannai，and sea cucumber Stichopus japonicus [J]. Aquaculture，216（1）：87-93.

McElroy S，1990. Beche-de-mer species of commercial value-an update [J]. Beche-de-mer Information Bulletin，2：2-7.

Pawson D L，Fell H，1965. A revised classification of the dendrochirote holothurians [J].

Breviora，214：1-7.

Purcell S，Samyn Y，Conand C，2012. Commercially Important Sea Cucumbers of the World [C]. Rome：Food and Agricultural Organization of the United Nations.

Seo J Y，Lee S M，2015. Optimum dietary protein and lipid levels for growth of juvenile sea cucumber *Apostichopus japonicus* [J]. Aquaculture Nutrition，17 (2)：56-61.

Sun H，Liang M，Yan J，et al.，2004. Nutrient requirements and growth of the sea cucumber，*Apostichopus japonicus* [C]. In：Lovatelli A，Conand C，Purcell S，Uthicke S，Hamel J F，Mercier A. (Eds.)，Advances in Sea Cucumber Aquaculture and Management. Rome：FAO，pp. 327-331.

Yang H，Hamel J F，Mercier A，2015. The sea cucumber *Apostichopus japonicus*：History，biology and aquaculture [M]. New York：Academic Press.

Yuan X，Yang H，Zhou Y，et al.，2006. The influence of diets containing dried bivalve feces and/or powdered algae on growth and energy distribution in sea cucumber *Apostichopus japonicus* (Selenka) (Echinodermata：Holothuroidea) [J]. Aquaculture，256 (1)：457-467.

Zhou Y，Yang H，Liu S，et al.，2006. Feeding and growth on bivalve biodeposits by the deposit feeder *Stichopus japonicus* Selenka (Echinodermata：Holothuroidea) co-cultured in lantern nets [J]. Aquaculture，256 (1-4)：510-520.

图书在版编目（CIP）数据

海珍品绿色养殖新技术：海马　鲍　海参/张东，柯才焕，孙慧玲主编 . —北京：中国农业出版社，2020.6

ISBN 978-7-109-26745-9

Ⅰ . ①海… Ⅱ . ①张… ②柯… ③孙… Ⅲ . ①海马属—海水养殖②鲍鱼—海水养殖③海参纲—海水养殖 Ⅳ . ①S968

中国版本图书馆 CIP 数据核字（2020）第 054176 号

中国农业出版社出版

地址：北京市朝阳区麦子店街 18 号楼

邮编：100125

责任编辑：林珠英　黄向阳

版式设计：杜　然　责任校对：吴丽婷

印刷：北京中兴印刷有限公司

版次：2020 年 6 月第 1 版

印次：2020 年 6 月北京第 1 次印刷

发行：新华书店北京发行所

开本：700mm×1000mm　1/16

印张：16.75

字数：296 千字　插页：2

定价：68.00 元